郑东旖 育儿经

郑东旖 著

吉林科学技术出版社
JILIN SCIENCE & TECHNOLOGY PUBLISHING HOUSE

图书在版编目（CIP）数据

郑东旖育儿经 / 郑东旖著．-- 长春 : 吉林科学技术出版社，2014.3
ISBN 978-7-5384-7472-5

Ⅰ．①郑… Ⅱ．①郑… Ⅲ．①婴幼儿一哺育一基本知识 Ⅳ．①TS976.31

中国版本图书馆CIP数据核字（2014）第041184号

郑东旖 育儿经

著　　郑东旖
出版人　李　梁
策划责任编辑　孟　波　端金香
执行责任编辑　解春谊
模　　特　于镱宁　姜凯添　迟轶轩　陈豫璇　张卓尔　李佳殷
田昊雨　景书笛　图鹏琪　孙靖航　魏安然　李子坤
小　宇　邵巾轩　八　斤　陈祉妤　刘婧琪
封面设计　长春市一行平面设计有限公司
制　　版　长春市一行平面设计有限公司
开　　本　710mm×1000mm　1/16
字　　数　500千字
印　　张　28
印　　数　1—15000册
版　　次　2014年5月第1版
印　　次　2014年5月第1次印刷

出　　版　吉林科学技术出版社
发　　行　吉林科学技术出版社
地　　址　长春市人民大街4646号
邮　　编　130021
发行部电话/传真　0431-85635177　85651759　85651628
85635181　85600611　85635176
储运部电话　0431-86059116
编辑部电话　0431-85642539
网　　址　www.jlstp.net
印　　刷　长春第二新华印刷有限责任公司

书　　号　ISBN 978-7-5384-7472-5
定　　价　49.90元

前言

QIAN YAN

儿保专家 郑东旖

终于完成了我的梦，写一本中国的育儿经。

我1994年从苏州医学院毕业后就一直在北京酒仙桥医院（2003年后改名为清华大学第一附属医院）做医生，虽然一直从事的是儿童预防保健工作，但那时由于自己并没有养育孩子的实际经验，很多知识都仅仅局限于理论。直到2002年我的女儿派派出生，真正做了妈妈以后，才发现原来和自以为专业性、技术性很强的医生工作相比，“为人父母”才是一项专业性、技术性更强的长期工作，做好这项工作既需要知识的深度，又需要知识的广度。一个好的父母，同时要兼具营养师、心理医生、教育家等多种技能。在养育女儿的过程中，我把以前的书本上的专业知识逐步应用到实际生活中去，一方面，以前的专业知识确实给了我很大帮助，让我在育儿过程中比别的妈妈少走了很多弯路，这是一个儿童保健医生当母亲所能享受到的得天独厚的优势；另一方面，我也发现理论和现实总是有差距，有一些理论上的指导意见可能并不适合每一个孩子，我则可以结合专业知识和实际育儿经验分析地来吸收、改良；而且，有一些育儿的经验和小窍门，只有亲自带过孩子的人才能体会到，这是任何一本书上也无法学到的。所以，我写这本书的目的，既想把我的这些育儿的经验和小窍门告诉其他的爸爸妈妈，也是想让新手爸妈更好地认识和了解孩子的特点和需求，从而尽可能地按照每个孩子独特的成长需要作出正确的反应。此外，我非常感谢我的女儿派派，对于我而言，她自己的成长过程就是每天摆在我面前的一份天然的教科书，她既让我从她每天的变化中验证了书中所讲的婴幼儿一般发育规律，更让我深刻地了解到每一个孩子都是与众不同的，作为父母，我们需要在了解同龄孩子一般发育状况的前提下，认同、尊重自己孩子的独特的成长过程，不能机械地按照书上的理论带孩子，而要因人而异、因材制宜，循序渐进地养育孩子。

虽然目前市场上的育儿书籍数不胜数，但是我想，既然研究儿童预防保健这一领域已经20年，做妈妈也已经11年，我就要充分利用我的双重角色，把这两方面的知识很好地融合起来，根据自己多年的工作经验和育儿经验，按照孩子从出生到3岁的时间顺序，把一些最科学、最实用的儿童保健知识以最生动的方式告诉新爸爸、新妈妈，让每一位读这本书的父母都能从中有所收获。

这本育儿书籍的第一个着眼点在于，展示不同年龄段孩子特殊的生理和心理需求。只有了解了这些需求，才可能满足这些需求，孩子也才会尽可能好地成长。我们需要在掌握一般发育规律的情况下才能领会孩子在各个领域成长时表现出来的丰富性和多样性，从而进行一些个体化的调整。比如说，过去观念认为婴儿4个月后都要开始添加泥糊状食物，实际上，在婴儿4~6月龄期间，每个孩子由于其母亲乳汁量的不同、孩子的发育状况不同，适宜开始添加泥糊状的时间也不同。因此，标准化的育儿规则并不适用。要尽可能地在养育过程中正确了解孩子的发育状况，理解孩子的个性，当然，这对于父母来说无疑是一个很大的挑战。

这本育儿书籍的第二个着眼点在于，将最新的、最先进的育儿知识呈现在读者面前。比如说宝宝从纯乳类的液体食物向固体食物逐渐过渡的食物转换过程（旧时称辅食添加），以前关注得更多的是营养素添加问题，现在就不仅要关注营养素添加的品种、质地，同时要注意喂养或进食行为，以及饮食氛围、饮食环境，因为对于婴幼儿来说，养成良好的饮食习惯和获得充足、均衡的营养素同样重要。又比如说，对确诊为牛奶蛋白过敏的婴儿，应坚持母乳喂养，可继续母乳喂养至2岁，但母亲要限制奶制品的摄入。如果没有母乳或母乳不足，应首选氨基酸配方或深度水解蛋白配方奶，不建议选择部分水解蛋白配方奶或大豆配方奶。因此，从这些知识点上来说，这本书对于基层预防保健工作人员来说也是一本非常有益的科普读物。

这本育儿书籍的第三个着眼点在于，将过去书本上提到的一些理论化的育儿知识细化、实用化，并加入一些实际经验，使其更具有可操作性，也给家长提供更明确的指导。比如说，许多妈妈会遇到母乳储存的问题，但是在不同的温度下母乳到底能存放几小时、如何用储奶袋冷冻母乳、冷冻时的注意事项、冷冻后的母乳如何复温等等，在很多书籍中都没有讲解得很详细，造成新妈妈看了书也仍然不清楚到底如何操作。这些细节问题，在这本书中都会详细提到。

这本育儿书籍的第四个着眼点在于，将过去沿袭了多年的、在理论上和实践中已证实的育儿误区进行纠正，避免后面的新手爸妈再走弯路。比如说，过去孩子1～4个月，家长给孩子添加的第一种食物往往是蛋黄，并且认为这样可以预防婴儿贫血，从而造成很多孩子出现过敏症状。实际上，第一种引入的泥糊状食物应该是既易于吸收、又不易产生过敏、而且还能预防贫血的铁强化米粉。这本书会对育儿常见误区一一进行勘误。

在我的前几本书中有很多重要内容都没有很详细地展开，这本书也让我有机会填补这些空白，更详细地阐述孩子从出生到3岁之间应注意的问题。比如如何从婴儿出生后就开始进行适宜的早期阅读、早期阅读的要领和注意事项，以及如何给孩子选择疫苗等等。这些内容父母一旦掌握，会让孩子受益终生。

在多年的保健工作和育儿过程中，我一直都注意增强家长的自主性和自信心，让他们尽可能能够按照正确的方法处理日常护理中出现的问题。在这本新书里，我的目标仍未改变，同时我还借此机会添加了很多有用的育儿建议和信息，让父母和基层保健工作者进一步了解不同月龄婴幼儿的存在状态，更近距离地走入他们的世界，以便充分认识和享受孩子成长中的快乐和魅力。

由于篇幅等原因，这本书未涉及3岁以后的育儿知识，那些知识将在以后的书中涉及。尽管目前这本书可能仍有不足，但是我相信这本生动的、实用的育儿书籍一定会给基层预防保健工作人员和新爸爸、新妈妈带来很多帮助。

郑东旖

目录

1 第一章 新生儿期

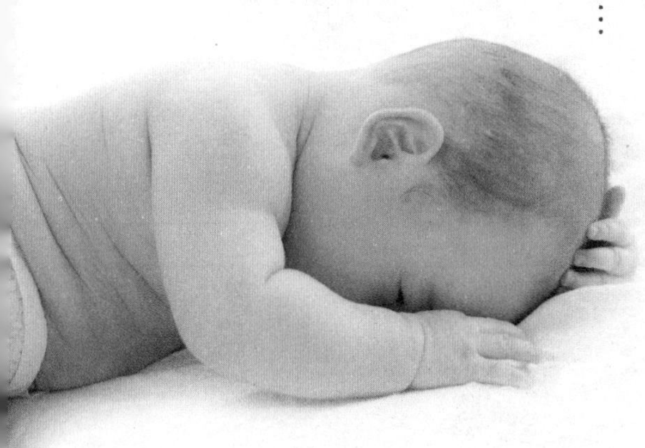

2 第二章 1月龄的宝宝

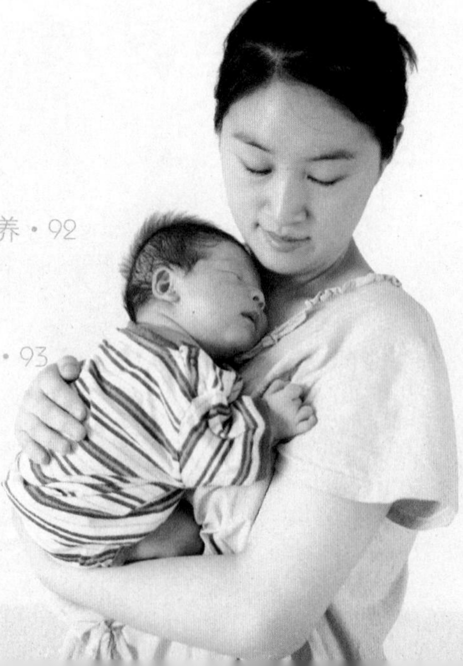

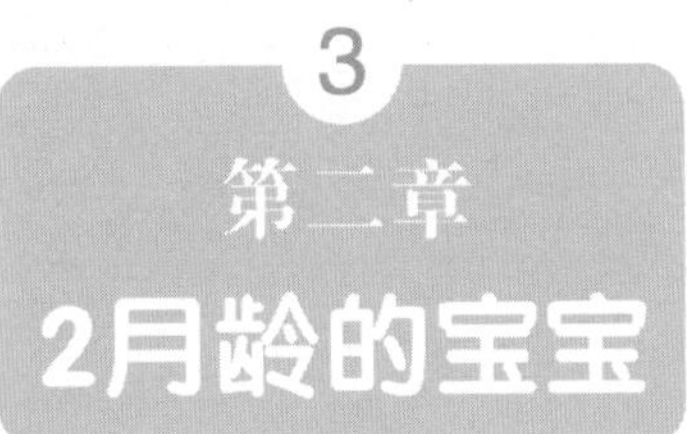
3
第二章
2月龄的宝宝

4

第四章 3月龄的宝宝

5

第五章

4月龄的宝宝

6 第六章 5月龄的宝宝

7 第七章 6月龄的宝宝

8

第八章 7月龄的宝宝

9

第九章　8月龄的宝宝

10

第十章 9月龄的宝宝

11

第十一章 10月龄的宝宝

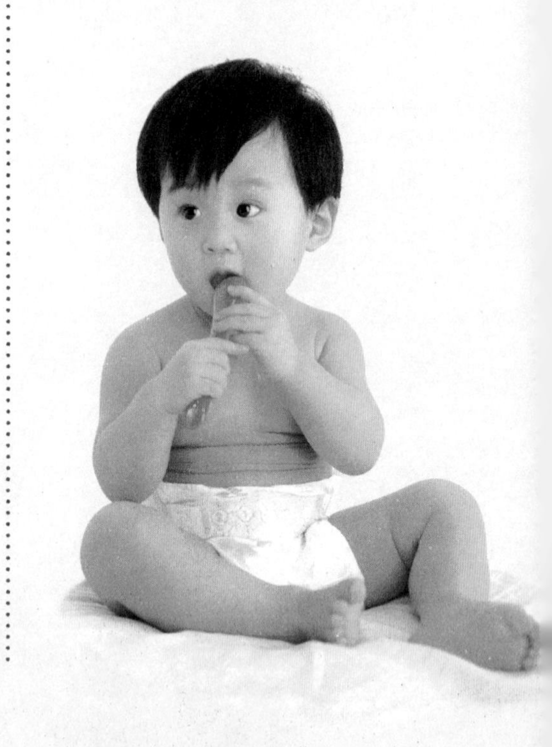

12

第十二章 11月龄的宝宝

13

第十三章 1岁~1岁半的幼儿

14

第十四章 1岁半～2岁的幼儿

15

第十五章 2～3岁的幼儿

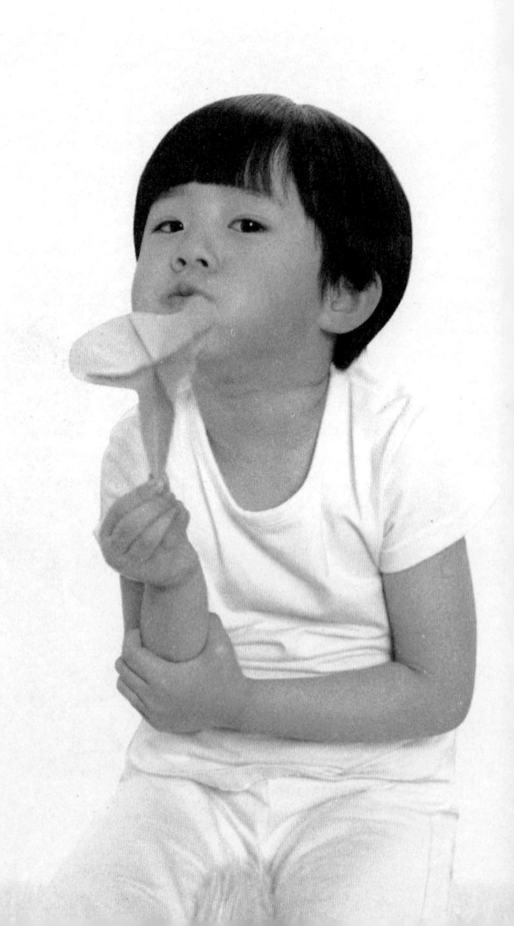

新生儿期

新生儿的概念

Xinsheng'er de Gainian

新生儿的分类

新生儿的分类方法有多种，最常用的是依据胎龄分类和依据体重分类。下面我们可以通过表格了解新生儿的各种类型。

什么是新生儿

从娩出到诞生后28天的婴儿，称作新生儿。新生儿诞生至28天的这段时间，称为新生儿期。

根据月龄分类

类型	标准	表现
足月儿	指胎龄满37～42周的新生儿	各器官、系统发育基本成熟，对外界环境适应能力较强
早产儿	胎龄满28周至不满37周的新生儿	尚能存活，但由于各器官系统未完全发育成熟，对外界环境适应能力差，患各种并发症的概率大，因此要给予特别的护理
过期产儿	胎龄满42周以上的新生儿	过期产儿并不意味着他们比足月儿发育得更成熟，相反一部分过期产儿是由于母亲或胎儿患某种疾病造成的，出生后危险性更大，所以一定要认真监护

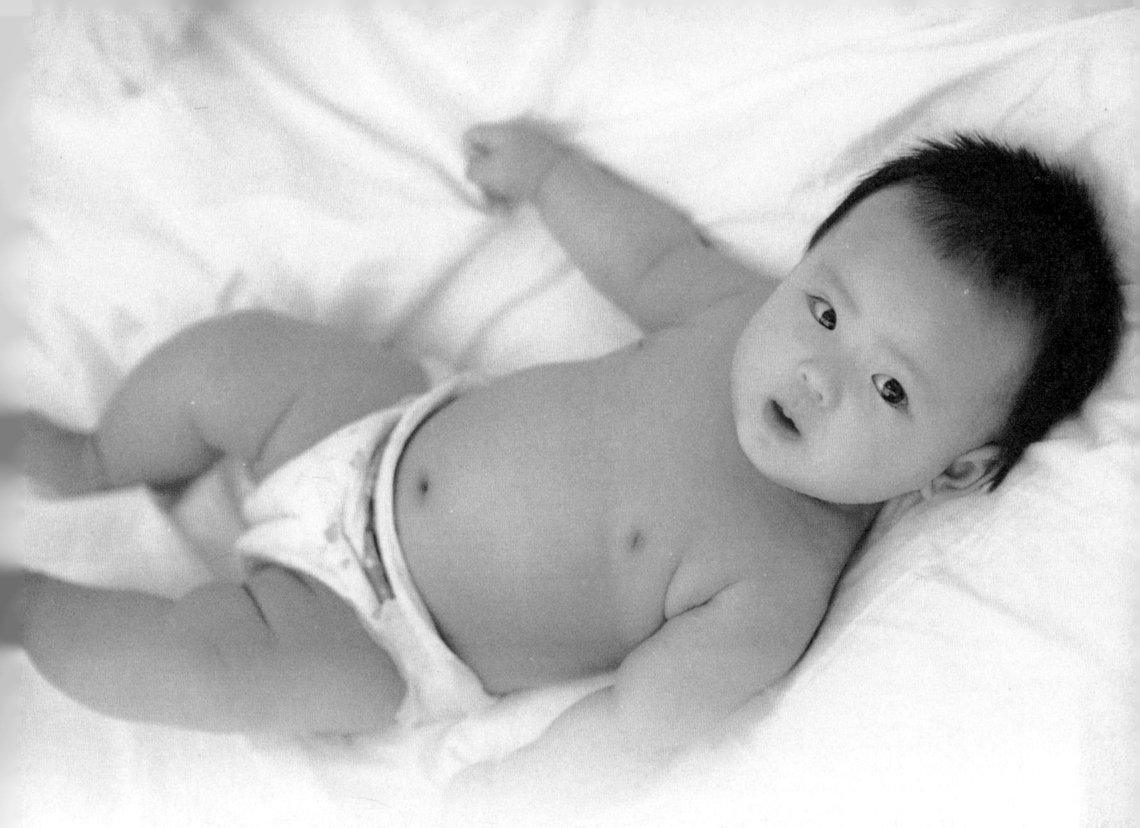

根据体重分类

类型	标准	表现
低出生体重儿	出生体重小于2 500克的新生儿	低出生体重儿大部分为早产儿，部分为足月儿或过期产儿。这样的宝宝有一套严格的护理方法，请严格按照医生的建议进行护理
正常体重儿	出生体重在2 500～4 000克的新生儿	足月正常体重儿是最健康的宝宝，可参考本书内容进行护理
巨大儿	出生体重超过4 000克的新生儿	一部分巨大儿是由于母亲孕期营养过剩引起，但部分巨大儿是由于母亲或胎儿患某些疾病所致，如母亲患糖尿病，胎儿有Rh溶血症等，所以不能盲目认为新生儿越胖越好，要加强监护

了解了你的宝宝属于哪一类新生儿，就可以按照不同的要求，来呵护新生儿娇嫩的生命，让你的宝宝更健康的成长。

新生儿阿普加评分

Xinsheng'er Apujia Pingfen

新生儿在出生后需要接受人生中第一次测试评分，这被称为阿普加评分，是医生经过对新生儿总体情况的测定后，打出的分数。

这次测试包括对新生儿的肤色、心率、反射应激性、肌肉张力及呼吸力、对刺激的反应等项进行测试，以此来检查新生儿是否适应了生活环境从子宫到外部世界的转变。

这种评分是对新生儿从母体内到外环境中生活的适应程度进行判断，也为宝宝今后神经系统的发育提供了一定的预测性。但家长不用过分的关注这个分数，尤其是分数在8分以上的新生儿，不是只有满分的新生儿才是健康的。

项目	评分标准		
	2分	1分	0分
皮肤的颜色	全身皮肤粉红	躯干粉红，四肢青紫	全身青紫或苍白
心率	心跳频率大于每分钟100次	小于每分钟100次	没有心率
对刺激的反应	用手弹新生儿足底或插鼻管后，新生儿出现啼哭，打喷嚏或咳嗽	只有皱眉等轻微反应	无任何反应
四肢肌张力	若四肢动作活跃	四肢略屈曲	四肢松弛
呼吸	呼吸均匀、哭声响亮	呼吸缓慢而不规则或者哭声微弱	无呼吸

新生儿体格标准

Xinsheng'er Tige Biaozhun

身体发育状况

婴儿从出生到出生后1个月，这是婴儿脱离母体，来到人世的第一阶段。为了适应新的环境而独立生存，此时婴儿的身体内部还要不断地发生一系列的变化。这段时期对婴儿来说，最重要的莫过于安静、保温、营养和防止感染等，须精心护理。

新生儿的体格发育规律

首先宝宝生长发育有阶段性，年龄越小，体格增长越快。如宝宝出生后的身长前半年每月平均增长2.5厘米，后半年平均每月增长1.5厘米，而1～2岁每月平均增长0.83厘米。其次生长发育是由上到下，由近到远，由粗到细，由低级到高低，由简单到复杂。

如宝宝出生后的运动发育规律为：**先抬头，后抬胸，再会坐、站、走；从臂到手，从腿到脚的活动；先全手掌拿物，发展到手指的灵活运动等，各器官系统发育不平衡。**大脑的生长发育先快后慢，生殖系统的发育先慢后快，淋巴系统的发育先快后回缩，皮下脂肪的发育先快后慢，以后再稍快，肌肉组织到学龄期才加速发育。

项目	正常标准	宝宝情况	医师建议
体重	男婴平均体重3.30千克，女婴平均体重3.20千克	_____千克	新生儿出生后一周有体重减轻的现象，称为生理性体重下降，这是暂时的，10天内会恢复

续表

项目	正常标准	宝宝情况	医师建议
身长	男婴平均身长49.9厘米，女婴平均身长49.1厘米	______厘米	男婴比女婴略长。有些宝宝身高与遗传有关，当然过高或过低还要求助于医生明确诊断
头围	男婴平均为34.3厘米，女婴平均为33.9厘米	______厘米	你的宝宝其头围只要不低于33.5~33.9厘米的均值就视为正常
胸围	男婴平均为32.65厘米，女婴平均为32.57厘米	______厘米	宝宝其胸围只要不低于32.57厘米的均值就视为正常
头部	新生儿的头顶前中央的囟门呈长菱形，开放而平坦，有时可见搏动，囟门大小1.5~2.0厘米	______情况	父母注意保护新生儿的囟门，不要让它受到碰撞。大约1岁以后它会慢慢闭合
腹部	腹部柔软，较膨隆	______情况	新生儿的腹部很柔弱，不要磕着、碰着，尤其不要着凉
皮肤	全身皮肤柔软、红润，表面有少量胎脂，皮下脂肪已较丰满	______情况	有些新生儿出生时浑身沾满黄白色的胎脂，这对皮肤有保护作用，无需擦掉或洗去
四肢	双手握拳，四肢短小，并向体内弯曲	______情况	有些新生儿出生后会有双足内翻，两臂轻度外转等现象，这是正常的，大多满月后缓解，双足内翻大约3个月后就会缓解
呼吸	新生儿以腹式呼吸为主。每分钟可达40~45次	______情况	新生儿的呼吸浅表且不规律，有时会有片刻暂停，这是正常现象，不用担心
心率	每分钟为90~160次	______情况	新生儿的心率比成人快，当你发现这个现象后，不要大惊小怪

新生儿生理特点

Xinsheng'er Shengli Tedian

呼吸特点

新生儿以腹式呼吸为主。每分钟可达40～45次。新生儿的呼吸浅表且不规律，有时会有片刻暂停，这是正常现象，不用担心。

睡眠特点

一天之内新生儿90%的时间处于睡眠状态，所以他醒着的时间总共才2～3小时，新生儿不断地进行着睡眠——觉醒周期的循环更替，这个循环以每30～60分钟循环一次。此周期包括六个状态：深睡、浅睡、瞌睡、安静觉醒、活动觉醒及啼哭。

刚出生的新生儿自己无能力控制和调整睡眠的姿势，他们的睡眠姿势是由别人来决定的。新生儿初生时保持着胎内的姿势，四肢仍屈曲，为使在产道咽进的羊水和黏液流出，生后24小时内，可采取头低右侧卧位，在颈下垫块小手巾，并定时改换另一侧卧位，否则由于新生儿的头颅骨骨缝没有完全闭合，长期睡向一边，头颅可能变形。如果新生儿吃完奶经常吐奶，在刚喂完奶后，要取右侧卧位，以减少漾奶。

排泄特点

新生儿一般在生后12小时开始排胎便，胎便呈深、黑绿色或黑色黏稠糊状，这是胎儿在母体子宫内吞入羊水中胎毛、胎脂、产道分泌物而形成的大便。3～4天胎便可排尽，吃奶之后，大便逐渐呈黄色。吃配方奶的宝宝每天1～2次大便，吃母奶的宝宝大便次数稍多些，每天4～5次。若新生儿出生后24小时尚未见排胎便，则应立即请医生检查，看是否存在肛门等器官畸形。平常在新生儿大便后应用温水清洗，并拭干。

请家长们注意

新生儿尿的次数多，这是正常现象，不要因为新生儿常尿，就减少给水量。尤其是夏季，如果喂水少，室温又高，新生儿会出现脱水热。尿布湿了应及时更换，会阴部要勤洗。

新生儿第一天的尿量为10～30毫升。在生后36小时之内排尿都属正常。随着哺乳摄入水分，新生儿的尿量逐渐增加，每天可达10次以上，日总量可达100～300毫升，满月前后日总量可达250～450毫升。**纯母乳喂养的新生儿如果每天排尿不足6次，须注意入量是否太少。**

体温特点

新生儿不能妥善地调节体温，因为他们的体温中枢尚未成熟，皮下脂肪薄，体表面积相对较大而易于散热，体温会很容易随外界环境温度的变化而变化，所以针对新生儿，一定要定期测体温。每隔2～6小时测一次，做好记录（每日正常体温应波动在36℃～37℃），出生后常有一过渡性体温下降，经8～12小时渐趋正常。室内温度应保持在22℃～26℃。

冬季出生的新生儿尤其要注意保持合适的房间温度，以婴儿手足暖和为适宜。

血液循环

新生儿出生后随着胎盘循环的停止，改变了胎儿右心压力高于左心的特点和血液流行。卵圆孔和动脉导管从功能上的关闭逐渐发展到解剖学上的完全闭合，需2～3个月的时间。新生儿出生后的最初几天，偶尔可以听到心脏杂音。

新生儿心率较快，每分钟可达120～140次，且易受摄食、啼哭等因素的影响。

体态特点

新生儿神经系统发育尚不完善，对外界刺激的反应是泛化的，缺乏定位性。妈妈会发现，新生儿的身体某个部位受到刺激时，全身都会抖动。清醒状态下，新生儿总是双拳紧握，四肢屈曲，显出警觉的样子；受到声响刺激，四肢会突然由屈变直，出现抖动。妈妈会认为新生儿受了惊吓，其实这是新生儿对刺激的泛化反应，不必紧张。

新生儿颈、肩、胸、背部肌肉尚不发达，不能支撑脊柱和头部，所以新手爸爸妈妈不能竖着抱新生儿，必须用手把新生儿的头、背、臀部几点固定好，否则会造成脊柱损伤。这也是减少新生儿溢乳的有效方法。

名称	特点
头部	新生儿头部一般都相对较大，由于受产道挤压可能会有些变形，看着不是很顺眼。头部一般呈椭圆形，像肿起来一样。这是由于胎儿在产道里受到压迫引起的。头胎胎儿或年龄大的母亲所生的胎儿，头部呈现椭圆形更为明显。由于以后他能自然地长好，所以不必特别担心
身体和四肢	正常新生儿的体重一般在2.5～4千克，身长在46～52厘米，头围34厘米，胸围比头围略小1～2厘米
囟门	一般在这个时期新生儿以不睡枕头为好。抚摸新生儿头顶时，会发现头顶上有一块没有骨头软乎乎的地方，这就是新生儿的囟门。囟门是头骨在通过产道时为了能变形而留下的空隙。这是因人而异的。头顶囟门呈菱形，大小为1.5～2厘米，可以看到皮下软组织明显的跳动，是头骨尚未完全封闭形成的，要防止孩子的囟门被碰撞到，可以用手轻轻地抚摸
眼睛	每个孩子都是按照自己的节奏，睁开眼睛看世界的，有的孩子雄心勃勃，非常急迫。有的孩子则需要一些时间来适应。很多妈妈都注意到，孩子刚来到这个世界的时候，通常都会只睁开一只眼睛“扫视”周围，你千万别感到奇怪，这是孩子最独特的方式。有些新生儿的一只或两只眼睛的眼白部位会有血点，面部会有些肿胀，做妈妈的也不要着急，这些很可能是分娩时由产道挤压造成的，几天后就会慢慢消退。一般来说，剖宫产的孩子就不会出现这些现象
小脸	新生儿的小脸看上去有些肿，眼皮厚厚的，鼻梁扁扁的，每个宝宝都好像是一样的，这是因为新生儿体液量高达体重的80%所致

新生儿主要指标测量方法

Xinsheng'er Zhuyao Zhibiao Celiang Fangfa

体重

给宝宝脱去外衣、鞋、袜、帽子及尿布，待宝宝正好排完大小便后测量较准。冬季需注意室内温暖。

身长测量法

测量新生儿的身长，需要由两个人进行。让宝宝平卧在稍硬一点的床上，将头扶正，一人用手固定好宝宝的膝关节、髋关节和头部，另一人用皮尺测量，从宝宝头顶部的最高点，至足跟部的最高点。测量出的数值，即为宝宝身高。

胸围测量法

软皮尺经过宝宝两乳头，平行绕胸一周，数值即胸围。

头围测量法

让宝宝平卧，用左手拇指将软尺零点固定于宝宝头部右侧眉弓上缘处，经枕骨粗隆及左侧眉弓上缘回至零点，使软尺紧贴头皮，周长数值即宝宝头围。

前囟测量法

新生儿前囟呈菱形，测量时，要分别测出菱形两对边中点连线的长度。比如一边连线长为2.0厘米，另一边连线长为1.5厘米，那么宝宝的前囟数值就是2.0厘米×1.5厘米。

新生儿生长发育规律

Xinsheng'er Shengzhang Fayu Guilv

体重发育规律

新生儿体重的发育，不是孤立的，与许多因素有关。新生儿出生1个月内，一般来说体重增加1千克是正常的。这与婴儿出生时的体重密切相关。出生体重越大，满月后体重相对越大；出生体重越小，满月后体重相对越小。

新生儿体重，平均每天可增加30～40克，平均每周可增加200～300克。这种按正态分布计算出来的平均值，代表的是新生儿整体普遍情况，每个个体只要在正态数值范围内。或接近这个范围，就都应算是正常的。体重指标是这样，其他指标也是这样，新手爸爸妈妈千万不要为这些微小的差异而着急。

婴儿体重标准值的计算公式是：出生体重（千克）+月龄×70%。但这仅是一个平均值，实际上出生体重较大的婴儿，满月时的体重，往往超过平均值很多。有的新生儿，出生后的前几天里，体重不但没有增加，反而减少了。

请家长们注意

新生儿在出生后2～4天会出现生理体重下降的现象，一般下降不超过出生体重的7%～10%。随着吃奶量的增加，其体重从4～5天开始回升，7～10天的时候即可恢复到出生时的体重。

身高发育规律

新生儿出生时的平均身高是50厘米，个体差异的平均值在0.3～0.5厘米，男、女新生儿平均有0.5厘米的差异。新生儿满月前后，身高增加3～5厘米为正常。

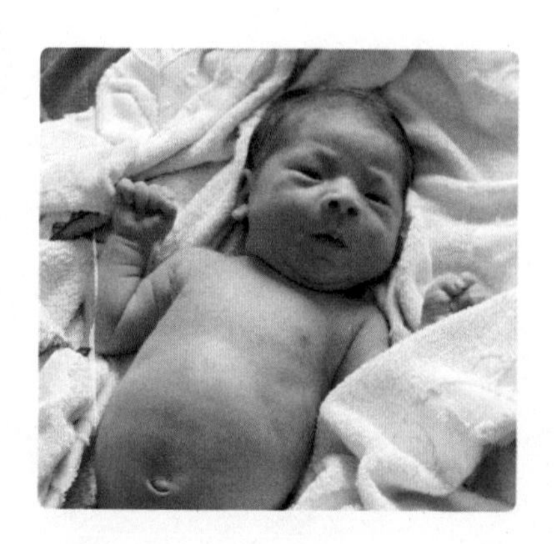

新生儿出生时的身高与遗传关系不大，但进入婴幼儿期，身高增长的个体差异性就表现出来了。

头围发育规律

新生儿头围的平均值是34厘米。头围的增长速度，在出生后头半年比较快，但总的变量还是比较小的，从新生儿到成人，头围相差也就是从十几厘米到20厘米。头围增长是否正常，反映着大脑发育是否正常。

满月前后，宝宝的头围比刚出生时增长两三厘米。如果测量方法不对，数值不准确，误以为宝宝头围过大或过小，会给新手爸爸妈妈带来不小的麻烦。

囟门发育规律

新生儿前囟门的斜径平均是2.5厘米左右，但个体差异较大，须让儿保医师结合其他情况综合作出判断。如果宝宝前囟门小于1厘米，或大于3厘米，就应引起重视，因为前囟门过小常见于妈妈孕期补钙过多、小头畸形，前囟门过大常见于脑积水、佝偻病、呆小病等。

家长把头围、囟门视为脑部发育的象征，非常重视，这固然是件好事，但面对体检数值，往往会因为一点点的差异引起焦急，是完全没有必要的。本来宝宝并没有什么病，却因为一次测量结果而担心，为宝宝做没有必要的检查和治疗，这就过度了。

新生儿特有生理现象

Xinsheng'er Teyou Shengli Xianxiang

溢乳

什么是新生儿溢乳

溢乳即漾奶，是新生儿常见的现象，就好像宝宝吃多了，有时顺着嘴角往外流奶，或有时一打嗝就吐奶，这些一般都属生理性的反映。这与新生儿的消化系统尚未发育成熟及其解剖特点有关。

正常成人的胃都是斜立着的，并且贲门肌肉与幽门肌肉一样发达。而新生儿的胃容积小，胃呈水平位，幽门肌肉发达，关闭紧，贲门肌肉不发达，关闭松，这样，当新生儿吃得过饱或吞咽的空气较多时就容易发生溢乳，它对新生儿的成长并无影响。

新生儿溢乳的处理方法

每次喂完奶后，竖抱起新生儿轻拍后背，即可把咽下的空气排出来，且睡觉时应尽量采取头稍高右侧卧位，便会克服溢乳的发生。侧卧位可预防奶汁误吸入呼吸道并由此引起的窒息。为了防止宝宝头脸睡歪，应采取这次奶后右侧卧位，下次奶后左侧卧位。若发生呛奶，应立即采取头俯侧身位，并轻拍背，将吸入的奶汁拍出。

新生儿刚吃过奶后，不一会儿就似乎全吐出来了，这时有些家长可能怕新生儿挨饿，马上就再喂。遇到这样的情况应该怎么办?

遇到这种情况时要根据新生儿当时的状况而定：有些新生儿吐奶后一切正常，也很活泼，则可以试喂，如新生儿愿吃，那就让新生儿吃好；而有些新生儿在吐奶后胃部不舒服，如马上再喂奶，新生儿可能不愿吃，这时最好不要勉强，应让新生儿胃部充分休息一下。

一般情况下，吐出的奶远远少于吃进的奶，家长不必担心，只要新生儿生长发育不受影响，偶尔吐一次奶也无关紧要。若每次吃奶后必吐，那么就要做进一步检查，以排除疾病而致的吐奶。

胎记

新生儿出生后可在皮肤或黏膜部位出现一些与皮肤本身颜色不同的斑点或丘疹，称为胎记。

新生儿的胎记发生率约为10%，大部分胎记只是影响美观，不需要特别处理，但是有些胎记会合并身体器官的异常，必须积极治疗。

几种常见的胎记	特点
鲑鱼红斑	约1/3的新生儿都会出现这种胎记，是一种淡红色的斑块，不高出皮肤表面，多出现在后脖颈上、两眼中间、前额及眼睑上
草莓斑	很常见，刚出生时很少发生，一般4～6周时才会出现。开始时通常是一片苍白的区域，随后很快变成一块深红的凸出斑块，很像草莓的光亮表面。草莓斑大多在八、九岁前自行消退，很少需要治疗。若长在脸面等地方，必要时可用激光等进行治疗。不论长在哪个部位的草莓斑迅速增大，并明显高出皮肤表面时，也应请皮肤科医生检查
葡萄酒样痣	出生后不久即出现，可随身体长大而增大，颜色可逐渐加深。为一个或数个淡红色或紫红色斑片，压之退色，外形不规则，表面光滑，在头颈部较多见。发于枕部及额部或鼻梁部者往往自行消退，较大的或广泛的损害则终身存在。本病常伴有某些较大血管的畸形
蒙古斑	这种胎记平坦、光滑，出现于臀部、腰部或背部的一些界限分明的色素沉着区域，通常是蓝灰色，看上去像是一片淤青，在黄种人中很常见，通常在1～5岁时消失

生理性黄疸与病理性黄疸

正常的生理性新生儿黄疸一般在出生后的3～5天出现，到10天左右就基本消退，最晚不会超过3周。大部分的新生儿黄疸都会在第二周消退。假如在第二周，父母依然发现宝宝出现比较明显的黄疸，这个时候就需要多留心，及时区分生理性黄疸与病理性黄疸对宝宝治疗大有益处。

新生儿黄疸的区别	
生理性黄疸	黄疸色不深，妈妈会发现宝宝的食欲依然很好，精神也不错，没有过多的吵闹现象。在7～10天的时候就会自然消退
病理性黄疸	黄疸出现早，可在出生后24小时内出现，且程度重，发展快。不仅面黄、白眼球黄，可能手心足心都出现黄染，并伴有宝宝精神差、嗜睡、不吃奶，甚至有高热、惊厥、尖叫等

生理性黄疸与病理性黄疸的护理	
生理性黄疸	生理性黄疸通常是由于新生儿的肝脏功能不成熟而造成的。随着新生儿肝脏处理胆红素的能力加强，黄疸会自然消退，所以生理性的黄疸，家长一般不需要额外的护理，在孩子黄疸期间可以适量多喂温开水或葡萄糖水利尿
病理性黄疸	严重的病理性黄疸可并发脑核性黄疸，通常称“核黄疸”，造成神经系统损害，导致儿童智力低下等严重后遗症，甚至死亡。父母需要仔细观察宝宝的黄疸变化，当出现特殊情况时，应及时送往医院，请求医生的帮助。病情严重者，如果延误治疗就会造成脑神经系统不可逆转的损害。针对此病，重在预防。对黄疸出现早的、胆红素高的应及时治疗，疑有溶血病的做好换血准备，防止核黄疸的发生

生理性体重降低

新生儿出生后的最初几天，睡眠时间长，吸吮力弱，吃奶时间和次数少，肺和皮肤蒸发大量水分，大小便排泄量也相对多，再加上妈妈乳汁分泌量少，所以新生儿在出生后的头几天，体重不增加，甚至下降，是正常的生理现象，俗称“塌水膘”，新手妈妈不必着急。在随后的日子里，新生儿体重会迅速增长。

鹅口疮

鹅口疮是由于新生儿感染了白色念珠菌所致，多发生于早产儿、低体重儿或免疫功能低下的儿童。主要表现为舌面上像盖了厚厚的一层奶凝块，不易擦掉，如强行剥离，可有浅表出血。有时上颚、牙龈处也有，重者可累及咽喉部，有些婴儿出现吞咽困难和吸吮后哭啼。

出现鹅口疮后，要更加注意奶具消毒，妈妈在喂奶前后也要注意清洁乳头，避免与宝宝反复交叉感染。可以适当使用抗真菌药物，如用制霉菌素混悬液涂擦口腔。

鼻尖上的小丘疹

新生儿出生后，在鼻尖及两个鼻翼上可以见到针尖大小、密密麻麻的黄白色小结节，略高于皮肤表面，医学上称粟粒疹。这主要是由于新生儿皮脂腺潴留所引起的。

几乎每个新生儿都可能出现，一般在出生后1周就会消退，这属于正常的生理现象，不需任何处理。

皮肤红斑

新生儿出生头几天，可能出现皮肤红斑。红斑的形状不一，大小不等，颜色鲜红，分布全身，以头面部和躯干为主。新生儿有不适感，但一般几天后即可消失，很少超过1周。有的新生儿出现红斑时，还伴有脱皮的现象。

四肢屈曲

细心的家长都会发现自己的宝宝从一出生到满月，总是四肢屈曲，有的家长害怕，宝宝日后会是“O”型腿，干脆将宝宝的四肢捆绑起来。其实，这种做法是不对的。

正常新生儿的姿势都是呈英文字母“W”和“M”状，即双上肢屈曲呈“W”状，双下肢屈曲呈“M”状，这是健康新生儿肌张力正常的表现。随着月龄的增长，四肢逐渐伸展。而罗圈腿即“O”型腿，是由于佝偻病所致的骨骼变形引起的，与新生儿四肢屈曲毫无关系。

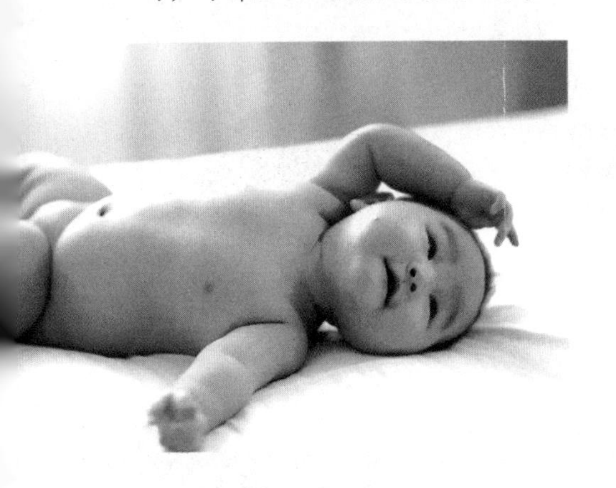

先锋头

胎儿在分娩过程中随着阵阵宫缩，头部受到产道的挤压，使颅骨发生顺应性变形而被挤长。同时，头皮也由于挤压而发生先露部分头皮水肿，用手指压上去呈可凹陷性鼓包，临床称产瘤。一般宝宝出生后1～2天自然消退。对新生儿健康无影响，不需要处理。

头颅血肿

有时可以看到部分新生儿的一侧头部或双侧头顶有一个鼓包，其大小从枣子到苹果大小不等。摸上去有波动感，宝宝不痛，鼓包不跨过骨缝。这是由于在娩出产道过程中，颅骨骨膜下血管破裂出血之故。

淤血一般在40天左右钙化，形成硬壳，3～4个月才能渐渐被吸收。但需注意的是：**头颅血肿存在期间，要注意头部清洁，洗头洗澡时，勿用手揉搓，更不能用空针穿刺抽血，以免引起细菌侵袭，形成脓肿。**

假月经和白带

有些女婴的家长可能会发现，刚出生的女婴就出现了阴道流血，有时还有白色分泌物自阴道口流出。这是由于胎儿在母体内受到雌激素的影响，使新生儿的阴道上皮增生，阴道分泌物增多，甚至使子宫内膜增生。

胎儿娩出后，雌激素水平下降，子宫内膜脱落，阴道就会流出少量血性分泌物和白色分泌物，一般发生在宝宝出生后3～7天，持续1周左右。无论是假月经还是白带，都属于正常生理现象。家长不必惊慌失措，也不需任何治疗。

出汗

新生儿手心、脚心极易出汗，睡觉时头部也微微出汗。因为新生儿中枢神经系统发育尚未完善，体温调节功能差，易受外界环境的影响。

当周围环境温度较高时，婴儿会通过皮肤蒸发水分和出汗来散热。所以，妈妈要注意居室的温度和空气的流通，要给宝宝补充足够的水分。

挣劲

新手妈妈常常问医生，宝宝总是挣劲，尤其是快睡醒时，有时憋得满脸通红，是不是宝宝哪里不舒服呀？宝宝没有不舒服，相反，他很舒服。新生儿憋红脸，那是在伸懒腰，是活动筋骨的一种运动，妈妈不要大惊小怪。把宝宝紧紧抱住，不让宝宝挣劲，或带着宝宝到医院，都是没有必要的。

打嗝

新生儿吃得急或吃得不舒服时，或者有时是毫无原因的，就会持续地打嗝。有效的解决办法是，把宝宝放在床上，妈妈用中指弹击宝宝足底，令其啼哭数声，哭声停止后，打嗝也就停止了。或者给宝宝喂几口温热的水或奶，或者干脆让宝宝翻身过来在床上趴1～2分钟，打嗝也会停止。弹击足底抑制打嗝的办法，在操作中常常失败，原因往往是妈妈心疼宝宝，不舍得用力，宝宝哭的程度和时间都不够。宝宝哭上几声，比宝宝持续打嗝要好受得多。

新生儿的哭，有利于锻炼身体，想想看，如果助产士不拍打新生儿的足底，不刺激新生儿大声地哭，新生儿的肺脏就不可能完全张开，就不会有充分的气体交换，就可能出现湿肺的病变。所以说，当宝宝打嗝时，弹击宝宝足底，使小家伙放声大哭，不仅抑制了打嗝，还锻炼了身体，有百利而无一害，妈妈放心去做吧。

肠绞痛

虽然名为“肠绞痛”，实际上并没有什么特别的问题存在。严格来说，它并不是一个病名，而是一种“综合征”，往往由于宝宝肠道内积气太多、肠蠕动不协调所致。

常发生在3个月龄以内的新生儿，不过约有10%的小新生儿发病期会延长至4～5个月龄以上。新生儿长大之后，随着神经生理发育的逐渐成熟，肠绞痛的情形自然就会逐渐改善。

发病症状

肠绞痛常见的症状是突发性剧烈哭闹，甚至哭到脸红脖子粗；有些新生儿还会有头部摇晃、全身拱直、呼吸略显急促的现象；同时腹部往往会有些鼓胀、两手会握拳、两脚则会伸直或弯曲，四肢末端则常会呈现冰冷。

上述这些表现可以持续数十分钟至数小时之久，无论如何摇、抱、哄，往往都不太有用，直到宝宝精疲力竭方才罢休。有时在排便或放屁后会稍有改善。此病发生原因仍然不明，可能与便秘、胀气、腹泻或牛奶过敏等有关。

新生儿肚子太饿或太饱，也常会引起新生儿哭闹，此时，因为吸入更多的空气，更容易造成腹胀。此症也和个人体质有关，一样是胀气或绞痛，有些新生儿反应就比较激烈。

缓解方法

当新生儿因肠绞痛发作而哭闹不安时，可将新生儿抱直，或让其俯卧在热水袋上，以缓解疼痛的症状。给予通便灌肠，有时也会有效。若是仍无法改善，或连续几个晚上都会发作，就必须找医生做详细检查。预防方面，可以改善喂奶技巧，每次喂奶后要注意轻拍排气，并给予新生儿稳定的情绪环境，这些都可以减少发作的频率。若尝试了各种方法均无效的话，可以改喂防过敏的新生儿奶粉，有时也可以得到良好的效果。

在诊断新生儿肠绞痛前，必须先排除肠胃道其他病态性的疾病，如胃食道逆流、幽门阻塞、先天性巨结肠症等。如果确定没有任何病理性因素存在，那么父母就需耐心对待自己的宝宝，度过3个月的“阵痛期”。

新生儿的先天反射

Xinsheng'er de Xiantian Fanshe

所有健康新生儿都具有一些本能的反射活动，它帮助新生儿度过离开母亲子宫的最初几周。比如你触摸他的眼睑，他就会闭上眼睛，如果你用大拇指和示指轻轻夹住他的鼻子，他就会用双手做出挣扎的状态。

在新生儿生理和智力水平逐渐发育成熟，能够进行更自觉的、有意识的活动后，这种先天反射就会消失。儿科医生会测试新生儿的反射反应，它可以总体反应新生儿的机体是否健全，神经系统是否正常。

觅食、吮吸和吞咽反射

当你用乳头或奶嘴轻触新生儿的脸颊时，他就会自动把头转向被触的一侧，并张嘴寻找。这种动作就是觅食反射。每个新生儿出生时都具有吮吸反射，这是最基本的反射行为，这种反射使新生儿能够进食。

将奶嘴放进新生儿口中，他就开始吸吮。吸吮运动极其强烈，甚至在乳头的吸吮刺激移开之后仍会继续很长时间。吸吮的同时，新生儿天生会吞咽，这也是一种反射。**吞咽行为可以帮助新生儿清理呼吸道。**

握持反射

儿科医生都会检查新生儿的握持反射。测试方式是把手指放在新生儿的手心，看看他的手指会不会自动握住医生的手指。很多新生儿的反应都很强烈，紧紧攥住别人的手指，甚至你可以这样把他们提起来（但是建议你不要做这个尝试）。

这种反射一般在3～5个月消失。当你轻触他的脚底时，你会发现他的脚趾也蜷起来，好像要抓住什么东西似的，这样的反射将持续一年。

紧抱反射

也被称为“惊吓”反射或莫罗氏反射。将新生儿的衣服脱去，儿科医生会用一只手托着新生儿的臀部，另一只手托着他的头，然后突然使新生儿的头及颈部稍向后倾，正常的宝宝会四肢外展、伸直，手指张开，好像在试图寻找可以附着的东西，然后新生儿会缓缓地收回双臂，握紧拳头，膝盖蜷曲缩向小腹。新生儿身体的两侧应当同时做出同样的反应。如果宝宝突然听到巨大的声响，也会是这种反射。

紧抱反射消失的时间是在宝宝2个月的时候。

行走反射

用双手托在新生儿腋下竖直抱起，使他的脚触及结实的表面，他会移动他的双腿做出走路或跨步动作。如果他的双腿轻触到硬物，他就会自动抬起一只脚做出向前跨步运动。

这种反射会在1个月消失，与孩子学走路没有关系。

请家长们注意

在出生10～12个小时后新生儿就开始了人生的第一次排便，即胎便。新生儿的胎粪呈墨绿色、黏稠的糊状，会有很多次。如果出生后24小时仍未排便或排出的胎便呈咖啡色或柏油样，那就要请医生检查新生儿是否患有先天性肛门闭锁等疾病。

爬行反射

当宝宝趴着的时候，会很自然地做出爬行姿势，撅起屁股，膝盖蜷在小腹下。这是因为他的双腿就像在子宫里面一样仍然朝向他的躯体蜷曲。当触碰他的双腿时，他或许能够以不明确的爬行姿势慢慢挪动，实际上只是在小床上作轻微的向上移动。

一旦宝宝的双腿不再屈曲且能躺平，这种反射即行消失，通常为2个月。

新生儿的喂养方法

Xinsheng'er de Weiyang Fangfa

坚持母乳喂养

对于刚出生的宝宝来说，最理想的营养来源莫过于母乳了。因为母乳的营养价值高，且其所含的各种营养素的比例搭配适宜。母乳中还含有多种特殊的营养成分，如乳铁蛋白、牛磺酸、钙、磷等，母乳中所含的这些物质及比例对宝宝的生长发育以及增强抵抗力等都有益。

母乳近乎无菌，而且卫生、方便、经济，所以对宝宝来说，**母乳是最好的食物，它的营养价值远远高于任何其他代乳品。**

母乳的主要营养成分	
蛋白质	大部分是易于消化的乳清蛋白，以及抵抗感染的免疫球蛋白和溶菌素
脂肪	含有不饱和脂肪酸。由于母乳中的脂肪球较小，易于宝宝吸收
糖	主要是乳糖，有利于钙、铁、锌等营养素的吸收，还能增强宝宝消化道抗感染能力
牛磺酸	母乳中含量适中，牛磺酸和胆汁酸结合，可促进宝宝消化
钙、磷	虽然含量不多，但比例适宜，易吸收

母乳与配方奶的对比

等量的母乳和配方奶，两者热量和营养成分相差无几，但进入宝宝体内，两者并不相同。

母乳中的蛋白质比配方奶中的蛋白质易于消化（宝宝3个月后才能很好地利用配方奶中的蛋白质），母乳中的铁60%可被吸收，而配方奶中的铁的吸收率不到50%。此外，母乳方便、安全，经济，而且还含有从母体中带来的免疫抗体。

母乳的几个阶段

初乳	量少，每次喂哺量仅15～45毫升，每天250～500毫升。质略稠而带黄色，含脂肪较少而蛋白质较多（主要为免疫球蛋白），维生素A、牛磺酸和矿物质的含量颇丰富，并含有更多的抗体和白细胞。初乳中还含有生长因子，可以刺激小儿未成熟肠道的发育，为肠道消化吸收成熟乳作了准备，并能防止过敏物质的吸收。初乳虽然量少，但对正常宝宝来说已经足够了
过渡乳	总量有所增多，含脂肪最高，蛋白质与矿物质逐渐减少
成熟乳	蛋白质含量更低，每日泌乳总量多达700～1000毫升。由于成熟乳看上去比配方奶稀，有些母亲便认为自己的奶太稀薄。其实，这种水样的奶是正常的。
晚乳	总量和营养成分都较少
前奶	外观比较清淡的水样液体，内含丰富的蛋白质、乳糖、维生素、无机盐和水
后奶	因为含有较多的脂肪，故外观较前奶白，脂肪使后奶能量充足，它提供的能量占乳汁总能量的50%以上

不宜母乳喂养的情况

这些情况不宜母乳喂养	
乙型肝炎患者	乙肝表面抗原阳性的母亲哺乳，并不增加婴儿感染乙肝的危险性。因此，只要新生儿在生后12小时内注射了乙肝免疫球蛋白和乙肝疫苗，就可以母乳喂养。但如果妈妈乳头有损伤、宝宝发生口腔溃疡时应暂停哺乳
乳房疾病患者	乳母患乳房疾病时，如乳腺炎等，应暂缓母乳喂养。解决的方法是：一定要在得到治疗后，再进行母乳喂养，在此期间可将乳汁挤出或用吸奶器吸出，经消毒后喂给宝宝
心脏病、肾脏患者	乳母患有严重的心脏病、肾脏疾病等，不宜进行母乳喂养。但若心功能、肾功能尚好，可以适当进行母乳喂养

母乳喂养不容易患感冒，这样的说法正确吗？

母乳里富含各种免疫物质，如免疫球蛋白、乳铁蛋白、低聚糖、益生菌等，因此，母乳喂养的婴儿消化系统感染、呼吸道感染、过敏的发生率都比人工喂养婴儿要低。

禁止母乳喂养的情况

这些情况禁止母乳喂养	
白血病病原体携带者	乳母为白血病病原体携带者时，不要进行母乳喂养，以免淋巴细胞内的病毒随母乳进入宝宝体内
艾滋病患者	乳母为艾滋病患者，提倡人工喂养，避免母乳喂养，杜绝混合喂养
宝宝患有苯丙酮尿症	若宝宝患有苯丙酮尿症等特殊遗传代谢疾病，不宜进行母乳喂养，而要使用专门的奶粉喂养

宝宝出生后多长时间开始喂奶

宝宝出生后，应尽早进行哺乳，这样可以促进母亲乳汁分泌。初乳含有丰富的抗体，应该及时让宝宝吃上母亲的初乳。一般情况下，若分娩的母亲、宝宝一切正常，0.5～1小时就可以开奶。

宝宝刚出生，第一次喂奶在什么时间比较好？

宝宝出生半个小时之内，就应让宝宝吸吮母亲的乳头。因为宝宝出生后20～30分钟内的吸吮反射最强，所以即便此时母亲没有乳汁也可让宝宝吸一吸，这样不但可尽早建立妈妈的催乳反射和排乳反射，促进乳汁分泌；还利于母亲子宫收缩，减少阴道流血。宝宝出生后接触母亲越早，持续时间越长，对宝宝的心理发育越好。

哺乳次数、时间与喂奶量

1～3天的宝宝，按需哺乳，每次喂10～15分钟（要遵循按需哺乳的原则，根据个体差异而定）。4～14天的宝宝，每2～3小时喂奶一次，每次喂20～30分钟，每次喂30～90毫升（要遵循按需哺乳的原则，根据个体差异而定）。15～30天的宝宝，每隔2～3小时喂奶一次，每次约30分钟。

喂奶时间可安排在上午6、9、12时；下午3、6、9时及夜间12时、后半夜3时，每次喂奶70～100毫升（要遵循按需哺乳的原则，根据个体差异而定），每天哺乳不少于8次。

怎样能让新生儿不吐奶？

尽量不要让宝宝平躺着吃奶，每次喂奶之后，将宝宝的头竖起来，用手轻拍宝宝的后背，直到宝宝打嗝为止。

母乳喂养的姿势

乳母可以坐在床上或椅子上给宝宝喂奶。宝宝3个月之前不宜采用卧位哺乳的方式，以免乳母睡着了，乳房堵住了宝宝的鼻子，造成窒息。母乳喂养时不要只将乳头塞进宝宝嘴里，应该连乳头下面的乳晕部分也塞入宝宝嘴里，因为宝宝不是用舌头吸吮，而是用两颊吸吮，用上下唇挤压乳窦。

请家长们注意

刚开始喂母乳时，应该让宝宝两侧乳房换着吃，没有受过刺激的乳头，如果宝宝连续吸15分钟，就很容易发生皴裂。

无论选择哪种姿势，请确定宝宝的腹部是正对自己的腹部，这有助于宝宝正确地吮吸。不要仅用双手抱着宝宝，应将宝宝搁在自己的大腿上。

● 侧抱法

侧向抱着宝宝，用妈妈的手腕支撑着宝宝的颈部，颈部的来回扭动不利于宝宝的吸吮。侧抱便能让宝宝的嘴正好对着乳头。

● 直立抱法

让宝宝坐在妈妈的大腿上，妈妈的手支撑着宝宝的身体和颈部。适合乳头扁平或短小的妈妈。

宝宝刚出生没多久，怎样进行喂奶才舒服，什么样的姿势才能使他不哭闹呢？

喂哺宝宝的姿势很多，但都应保持舒适的体位，且保持心情愉快，全身肌肉松弛，这样有利于乳汁的排出，喂哺时宝宝的身体要与母亲的身体紧密相贴，宝宝的头与双肩要朝着母亲乳房方向，嘴与乳头的位置是水平的且不要让宝宝的鼻部受到压迫。刚开始喂母乳时，不要只将乳头塞进宝宝嘴里，应该连乳头下面的乳晕部分也塞入宝宝嘴里，因为宝宝不是用舌头吸吮，而是用两颊吸吮，用上下唇挤压乳窦。

白天母乳哺喂怎么进行

找一个舒服的、带坐垫的靠背椅，乳母完全坐在椅子里，让背部完全依靠在椅背上，然后在哺乳乳房一侧的脚下搁一只小凳子架起这侧腿，将宝宝的头枕在乳母的胳膊弯上，胳膊弯舒适地放在架起的腿上。把这侧乳头连乳晕一起放入宝宝嘴中，要尽可能让宝宝嘴唇能裹着乳晕，这样可以促使泌乳。一侧吃空后，再以同样姿势把宝宝换到另一侧乳房、胳膊弯和腿上。

宝宝吃饱睡着后要及时抽出乳头，不要让他老含着乳头，因为那样不仅不利于宝宝口腔和乳母乳头的卫生，还易引起宝宝依恋乳头的不良习惯，甚至会引起宝宝的呕吐或窒息。

夜间母乳哺喂怎么进行

夜晚乳母的哺喂姿势一般是侧身对着稍侧身的宝宝，母亲的手臂可以搂着宝宝，但这样做会较累，手臂易酸麻，所以也可只是侧身，手臂不搂宝宝进行哺喂。或者可以让宝宝仰躺着，母亲用一侧手臂支撑自己俯在宝宝上部哺喂，但这样的姿势同样较累，而且如果母亲不是很清醒时千万不要进行，以免在似睡非睡间压着宝宝，甚至导致宝宝窒息。

晚上哺喂不要让宝宝含着乳头睡觉，以免造成乳房压住宝宝鼻孔使其窒息的危险，也容易使宝宝养成过分依恋母亲乳头的娇惯心理。

怎样教宝宝吮吸母乳

宝宝第一次吮吸妈妈乳头的小嘴含接姿势要正确，如果第一次就错误吮吸，往后要纠正困难较大。开始喂奶时用乳头触碰宝宝的嘴唇，此时宝宝会把嘴张开。让乳头尽可能深地放入宝宝口内，使宝宝身体靠近自己，并且使其腹部面向并接触你的腹部。

如果宝宝吃奶位置正确，嘴唇应该在外面，而不是内收到牙龈上。可以看到宝宝的下颚在来回动，并且听到轻微的吞咽声。宝宝的鼻子会接触乳房，但是可以呼吸到足够的空气。如果觉得疼痛，说明姿势错了。将宝宝从乳头上移开，再试一次。将手指轻轻放在宝宝的嘴角让宝宝停止吮吸乳房。

用奶瓶喂养的正确方法

1.注意查看奶嘴是否堵塞或者流出的速度过慢。如果将奶瓶倒置时呈现“啪嗒啪嗒”的滴奶声就是正确的。

2.喂宝宝奶粉时最常用的姿势就是横着抱。和喂母乳时一样，也要边注视着宝宝，边叫着宝宝的名字喝奶。

3.母乳喂养时，宝宝要含住整个乳头才能吮吸到乳汁，在喂奶粉时也要让宝宝含住整个奶嘴。

4.避免宝宝打嗝，在喝奶时应让奶瓶倾斜一定角度，以防空气大量进入。

母乳喂养的注意事项

如何判断母乳不足

与配方奶不同的是母乳的量是没法目测的，因此很多的妈妈常怕宝宝吃不饱，怕宝宝营养跟不上会影响宝宝的正常发育。

在出生后的第一个月里，如果宝宝每天体重增加30克，那么就说明奶水足够宝宝所需了。

判断方法	
1	宝宝含着乳头30分钟以上不松口
2	明明已经哺乳20分钟，可间隔不到1小时又饿了
3	体重增加不明显

母乳过多的应对措施

要检查宝宝含乳头的方法是否正确母乳过多很有可能是由于宝宝含乳头方法不当引起的。妈妈在漏奶和喷奶的时候，宝宝很难含住乳头，所以妈妈可以在喂奶前，用手挤出一些奶，让奶流得慢一些或者改变喂奶姿势，或者两指用剪刀式托乳房的姿势喂奶，可以使乳汁流速变缓，让宝宝能够很好地含住乳头。

试试用一侧乳房喂上2～4次，如果宝宝乳头含得很好，但是母乳仍然过多，妈妈可以试试用一侧乳房喂上2～4次。在两个小时之内只用同一侧的乳房喂养宝宝，适当挤出一点另一侧乳房的奶缓解涨奶的不适。

防止宝宝吐奶的方法

坐在膝盖上

让宝宝坐在膝盖上，然后用一只手撑住宝宝头部和胸部，用另一只手轻轻地拍打后背。

把宝宝的脸部贴在妈妈的胸前

把宝宝的脸部贴在妈妈的胸前，然后轻轻地抚摸后背。由于妈妈的腹部挤压到宝宝的腹部，因此宝宝很容易就会打嗝排出气体。

将宝宝扛在肩膀上

抱住宝宝，然后扛在肩膀上，使宝宝的腹部贴到妈妈的肩膀上。由于宝宝的腹部受到肩膀的挤压，因此容易打嗝。

人工喂养

当母乳不能满足宝宝或母乳不足时就要采取适当地增加配方奶的喂养，以满足宝宝的正常发育。第一次喝配方奶多少会有些忐忑，什么时候开始喝或者如何能够实现母乳到配方奶的顺利过渡呢？接下来的内容将详细地为你介绍。

如果母乳不足，就只能用配方奶代替

配方奶喂养也是可以的

虽说母乳喂养的好处有很多，然而在必要的时候也可以使用配方奶喂养。从营养的层面来说喝配方奶是没有问题的，妈妈也可以像哺乳时一样享受到其中的乐趣。妈妈可以抱着宝宝，边跟他说话边喂宝宝吃。不仅仅是奶水不充足的情况下才可以这么做，比如当妈妈在哺乳后很累的时候，也可以用配方奶来作为中间休息时候的能量补充。

● 什么时候开始用配方奶补充能量

当母乳供给不充足的情况下，就可以使用配方奶。在宝宝1个月健康检查时跟医生认真地交流，如果宝宝的体重增长没有达到应有的幅度，就可以考虑用配方奶来补充。而如果在哺乳初期乳房没有完全地疏通开的情况下还是要尽量用母乳喂养，以便使母乳更加充足。

● 采取混合喂养

在混合喂养时，首先要喝母乳，接下来再喝配方奶。配方奶每次要在哺乳前准备好，以便哺乳结束以后马上喂配方奶，全过程最好在30分钟左右内结束。母乳在早上、中午的时候比较充沛，可以不用补充配方奶。

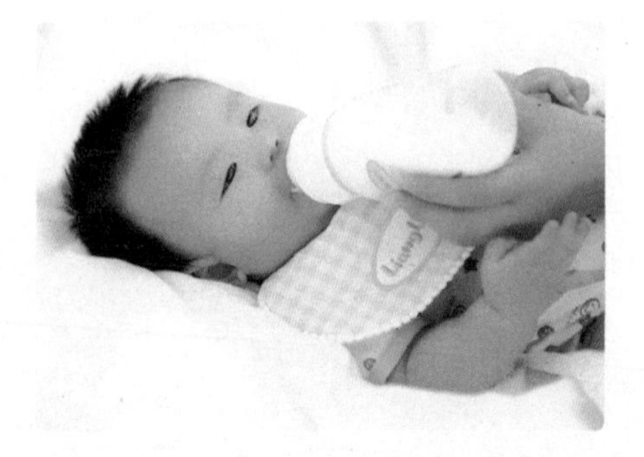

混合喂养搭配要点

1.30分钟完成配方奶的冲泡和喂养。
2.每次必须先喂母乳。
3.仅在傍晚或夜间补充配方奶。

奶瓶的种类

奶瓶的材质分为玻璃和塑料两种。玻璃的奶瓶耐热易清洗。主要用在消毒次数较多的时期；塑料的奶瓶轻便，外出携带也方便。二者可以根据不同的月龄和场合交替使用。

随着宝宝食量的增大，要选择大容积的奶瓶

奶瓶的容积不同，品牌也有所不同。比如用于盛装果汁和白开水的奶瓶就有50毫升的，也有240毫升的，具体可以根据宝宝的饮用量加以选择。

奶嘴的种类

奶嘴的材质包括像乳房一样柔软天然橡胶材质、防裂无臭的硅胶材质及介于二者之间的混合材质3种，您可以根据个人的喜好及宝宝实际使用情况进行选择。

奶嘴孔的形状和大小

随着宝宝不断地成长，奶嘴的形状及其孔的大小也要不断地变化，孔的大小要根据不同时期宝宝对奶嘴的吸力选择合适的大小。

可以给宝宝喂营养型饮料吗？

如果只是偶尔补充是可以的，偶尔地给宝宝喝些营养型的饮料不会对母乳哺乳产生不利的影响。但是如果过频地喂给，就会使宝宝产生一定的依赖性，从而对正常的饮食产生影响。

妈妈可以喝酒吗？

不能。宝宝会通过乳汁摄取到部分酒精，所以，过多地饮酒会造成宝宝也摄入高浓度的酒精。而适量的话，比如一杯啤酒还是可以的。

配方奶喂养的基本知识

起初，无论是妈妈还是宝宝遇到配方奶喂养都会感到不知所措，下面就告诉你如何冲制配方奶及如何喂养。

● 冲泡方法

将沸腾的开水冷却至40℃，然后马上将开水注入奶瓶中，或用开水和事先晾好的凉白开兑至40℃的温水。

水量按照奶粉罐上的说明，如一平匙奶粉兑30毫升水或60毫升水计算。

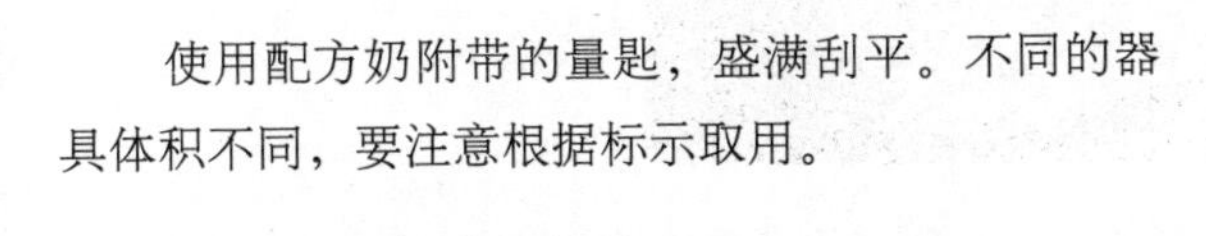

使用配方奶附带的量匙，盛满刮平。不同的器具体积不同，要注意根据标示取用。

在加配方奶的过程中要数着加的匙数，以免忘记所加的量。

轻轻地摇晃加入配方奶的奶瓶，使其溶解。该步骤是必须要做的。

上下振动时容易产生气泡，要多注意。

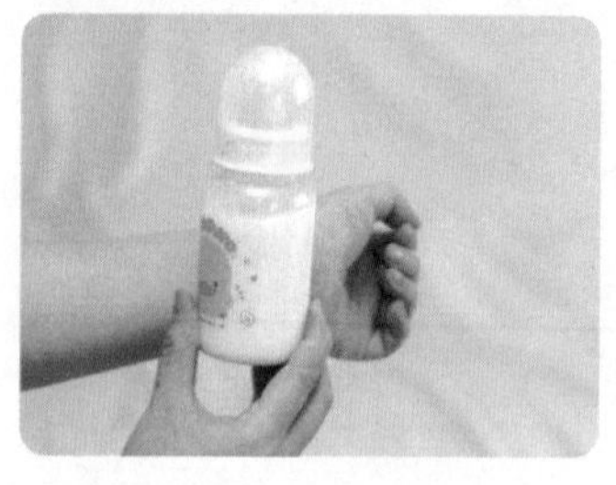

用手腕的内侧感觉温度的高低，稍感温热即可。如果过热可以用流水冲凉或者放入凉水盆中放凉。

● 夜间冲泡

床边放置调乳的器皿、准备好换用的衣服及尿布等

为了让宝宝一哭就能马上喝到奶，可在床边准备好奶瓶、配方奶、开水等冲配方奶时的必需品。还要准备好换用的尿布及为出汗而准备的衣服等。

准备一个温奶宝

将需要的水量放在一个干净的奶瓶里，将温奶宝调至合适的温度，睡前将奶瓶放在适温的温奶宝中。

当夜里宝宝想喝奶时，直接把奶粉放在奶瓶中摇匀即可，方便省时。

在瓶子里储存凉开水放到冰箱里冷却

将热水倒在奶瓶中在冰箱里冷却，这样就能大大缩短冲泡的时间。

准备两个保温杯，提前准备好适宜温度的开水

提前准备好两个保温杯，一个里面装有热水，一个里面装有凉开水，当宝宝要喝奶的时候将这两个保温杯中的水混合再冲配方奶，将会更加快捷。

请家长们注意

夜间频繁哺乳要持续2～3个月的时间，之后就会逐渐地减少夜间哺乳的次数。睡前可以喂宝宝些配方奶，以保存夜间醒来的时候母乳充足。在宝宝白天睡觉的时候，妈妈也要抓紧时间补充自己的睡眠。

冲泡配方奶的水温多少度合适?

不管是用矿泉水还是自来水，都要烧开后才能冲泡配方奶。生水有可能被微生物污染，因此不适合免疫力差的宝宝吃。将烧开的热水凉到50℃～60℃以后，再冲泡配方奶。当奶水的温度达到40℃左右时，就可以喂宝宝了。

● 哺乳方法

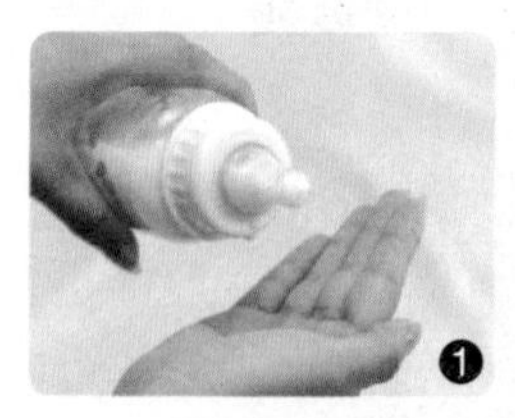

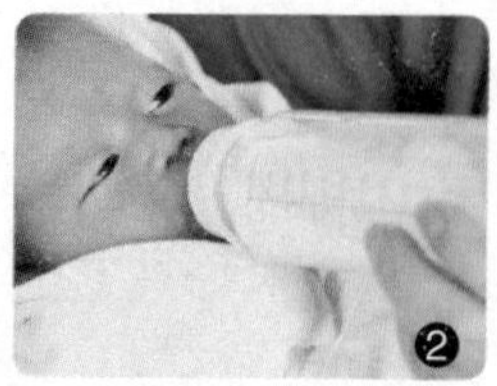

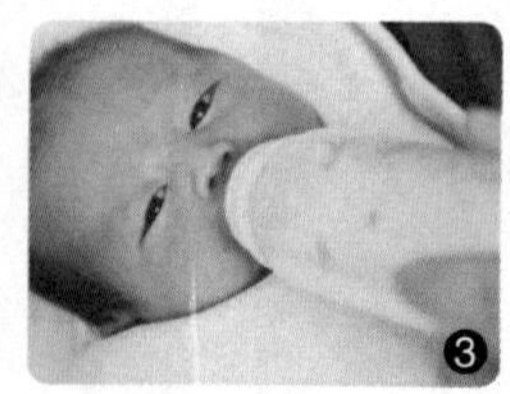

❶确认奶嘴没有堵塞

注意查看奶嘴是否堵塞或者流出的速度过慢。如果将奶瓶倒置时呈现“啪嗒啪嗒”的滴奶声就是正确的。

❷抱着哺乳

喂给配方奶时最常用的姿势就是横抱。和喂母乳时一样，也要边注视着宝宝，边叫着宝宝的名字喝奶。

❸让宝宝含住奶嘴的根部

喂母乳时，宝宝要含住妈妈的乳头才能很好地吮吸乳汁，同样，在喂配方奶时也要让宝宝含住整个奶嘴。

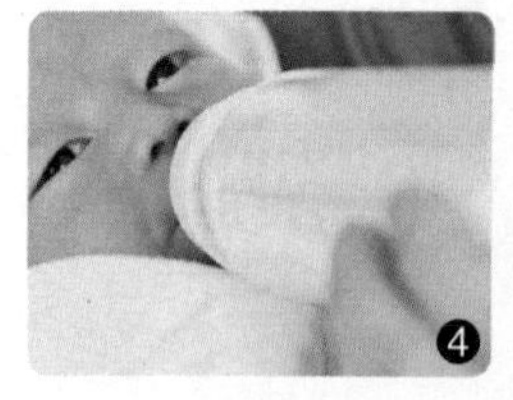

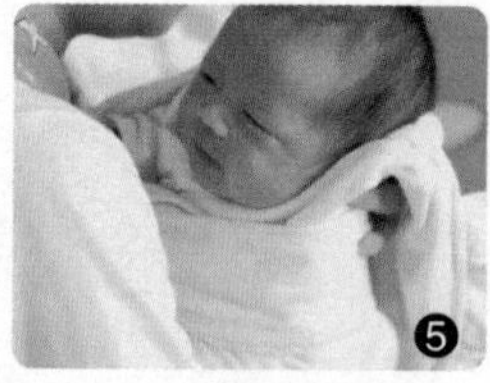

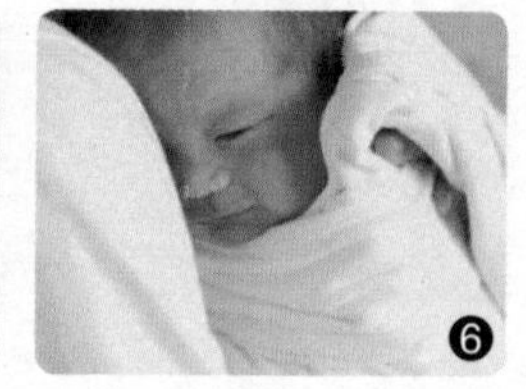

❹哺乳时倾斜奶瓶

空气通过奶嘴进入到奶瓶中，会造成宝宝打嗝。在喝奶时应该让奶瓶倾斜一定角度，以防空气进入宝宝体内。

❺打嗝的处理

即便是抱着的情况下，宝宝也会打嗝，这时可以轻轻地拍打宝宝的背部，这样就能防止打嗝吐奶。

❻让宝宝倚在肩膀上

让宝宝倚在肩膀上，通过压迫其腹部，也可以让症状加以缓解。为了防止弄脏衣物，可在妈妈肩膀上放块手绢。

奶瓶的清洗及消毒

残留在瓶壁或奶嘴上的配方奶会滋生细菌。出生前3个月宝宝的免疫力非常弱，所以用后的奶瓶必须及时消毒。

●煮热消毒

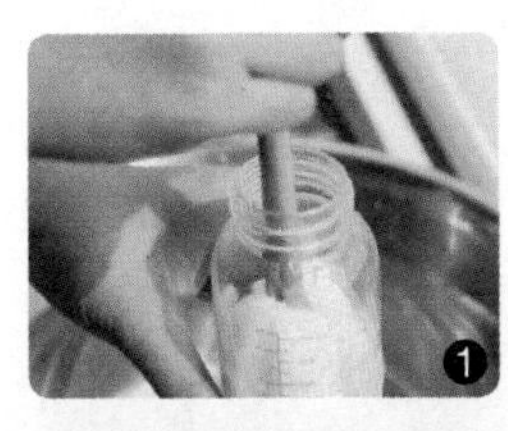

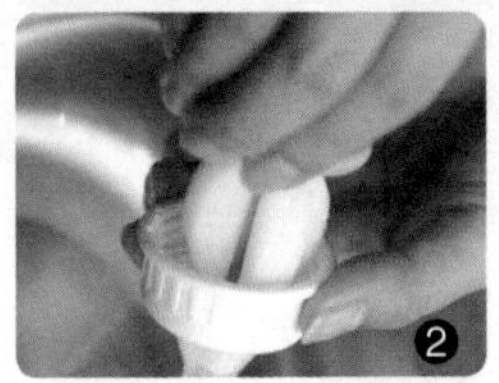

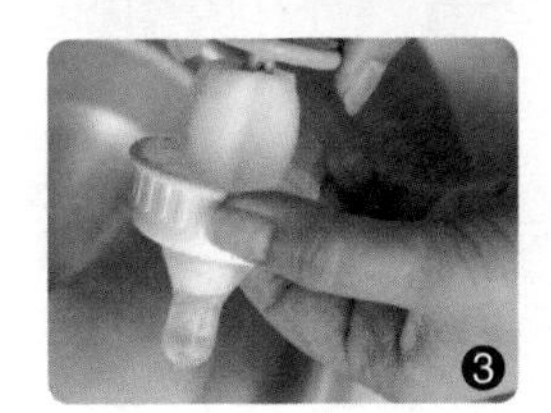

❶清洗奶瓶

可以用专用的奶瓶洗涤剂，也可以使用天然食材制的洗涤剂，用刷子和海绵彻底地清洗干净。

❷彻底洗净奶嘴

奶嘴部分很容易残留配方奶，无论是外侧还是内侧都要用海绵和毛刷子彻底的清洗。

❸奶嘴的进一步清洗

为了防止洗涤剂的残留，要将奶嘴用流水冲洗干净，最好能将奶嘴翻转过来清洗内部。

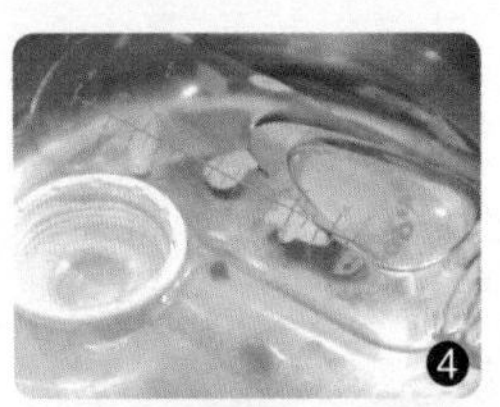

❹完全浸没后热水煮沸

当锅里的水沸腾以后，就可以清洗干净的奶瓶和奶嘴了。

❺奶嘴大约煮3分钟，奶瓶大约5分钟

在煮沸3分钟左右就可将奶嘴取出；而奶瓶可以煮沸5分钟。

❻放到干净的容器里保存

煮沸结束后，可以放在干净的纱布上沥水，之后放在合适的盒子内即可。

● 夜间清洗

❶用盛满水的大碗浸泡

夜间洗奶瓶是很麻烦的事情，可以提前准备好盛满水的大碗，将用后的奶瓶浸泡到碗里，次日早上再洗。

❷第二天早上一起清洗

由于夜间清洗不便，所用过的奶瓶可能会等到第二天早上再清洗。因此需要多准备几个奶瓶，以备所需。

❸盛满水后放置

将使用过的奶瓶里灌满干净的水，就不会使配方奶粘到壁上，以后再清洗的也会很容易。

用微波炉消毒

用微波炉加热消毒的电磁箱或柜，即便如此，奶瓶和奶嘴也要彻底地清洗干净后消毒。

用消毒液消毒

用稀释后的消毒液浸泡洗净的奶瓶及奶嘴也可以起到消毒的效果。

注意宝宝喝奶的不规律性

宝宝同大人一样，也会有食欲不好的时候。遇到这样的情况，妈妈不要反复地给他喂奶，要间隔10～15分钟的时间以后，让宝宝的肚子空出来，下次哺乳的时候宝宝可能就会喝得更多。如果没有达到每日设定的饮用量，而体重还在继续增长，就基本没有问题。

有些时候，宝宝的哭闹并不是由于饿了。如果还没到喂奶的时间，可以先给他饮用些白开水，否则会打乱宝宝的饮食规律。所以，妈妈们一定要坚持预先设定好的时间表，给宝宝养成一个良好的按规律饮食的习惯。

按照时间表喂养

每个宝宝的胃口都不一样，配方奶的喂量也会不同，**其实体重的变化只要符合正常发育曲线即可。妈妈更需要注意的是哺乳的时间，避免没有规律地喂养，最好根据宝宝的月龄制订适当的喂养表。**没到时间的情况下宝宝如果哭闹，可以喂他些白开水。从某种程度上说，肚子如果饿了，相应的进食量也会增加。

可能是由于讨厌奶嘴，所以不喜欢喝配方奶

当母乳不足的时候，可以给宝宝适当地加喂一些配方奶，但是有的宝宝会拒绝配方奶。这时妈妈们不要放弃，可以试着改变奶嘴的形状、材质等，或者用汤匙喂奶。

4个月以上的宝宝，如果还是不喜欢喝配方奶，也可以开始喂给他些米粉、菜泥等营养均衡的换乳食物了。

配方奶喂养的注意要点

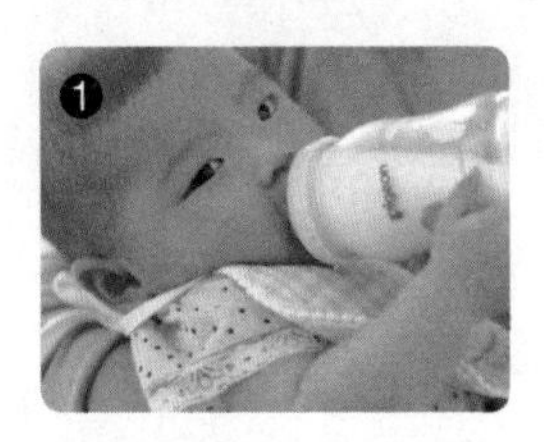

❶避免漫不经心地喂奶

当宝宝喂奶时，妈妈一定要避免漫不经心，小心别让宝宝喝呛，哺乳的时间要按照妈妈预先设定的执行。

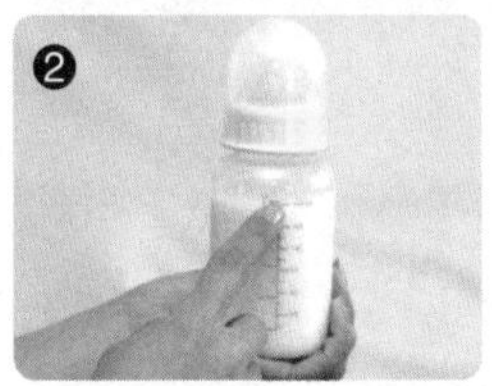

❷观察每天的食用总量

偶尔一次没有达到规定量也没有关系，每天的总量达标就可以。但是最好不要把上次剩下的再给宝宝喝。

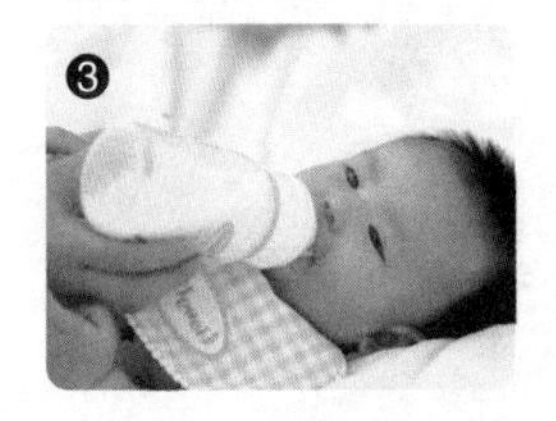

❸避免拖拖拉拉地喂奶

严格避免脱脱拉拉地喂宝宝喝奶，这样会影响宝宝的肠胃消化。

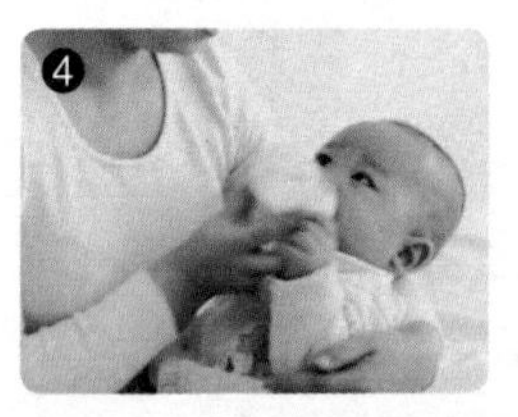

❹每次的喂奶时间在20～30分钟

妈妈要掌握好宝宝吃奶的时间和速度。

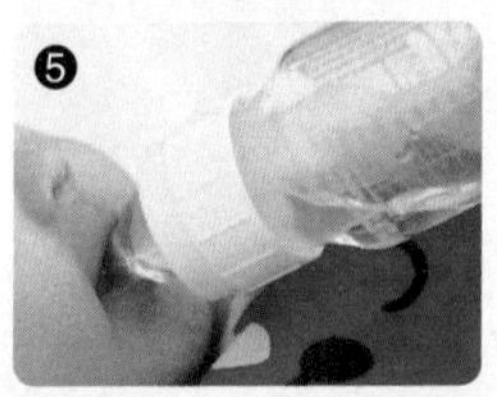

❺试着变换各种奶嘴

要针对不同月龄段的宝宝，改变奶嘴的材质、形状及孔的大小，来改善宝宝的喝奶情况。

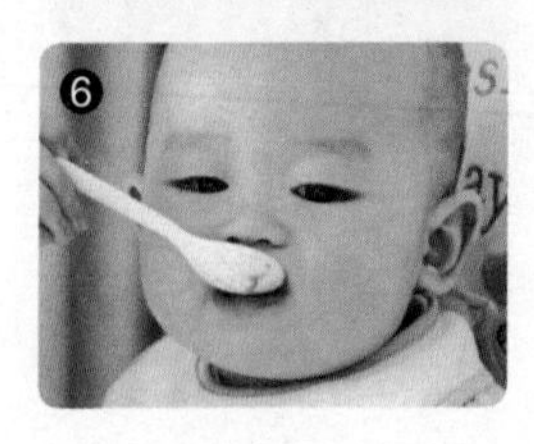

❻用换乳食物补充营养

进入换乳期后，要用牛奶来补充钙及蛋白质，并配合其他食物给宝宝提供均衡的营养。

解决打嗝问题

喂奶的时候无论怎样小心，宝宝还是会打嗝。这里给新手妈妈提供可以马上解决打嗝的方法。

让宝宝伏在妈妈的肩上

尽量将宝宝的身体抱高一些，这样就容易让饱嗝很快地出来，通常是让宝宝伏在妈妈的肩膀上。

竖着抱可以停止打嗝

只要竖着抱着15分钟以上，自然就会停止打嗝。抱着的时候也可以使用背带。

不断地拍打宝宝的后背

如果竖着抱宝宝还是打嗝，可以轻轻地拍打宝宝的后背，可以将胃部的气体逐渐地赶出来。

从下到上慢慢地揉搓后背

当宝宝的饱嗝怎么也打不出来的时候，妈妈可以从宝宝背部胃的位置开始，从下到上慢慢地揉搓。

趴在妈妈的肚子上

妈妈抱着宝宝身体成45°左右，使其趴在妈妈的肚子上，因为不需要用腕力来抱着宝宝所以妈妈不容易感到疲劳。

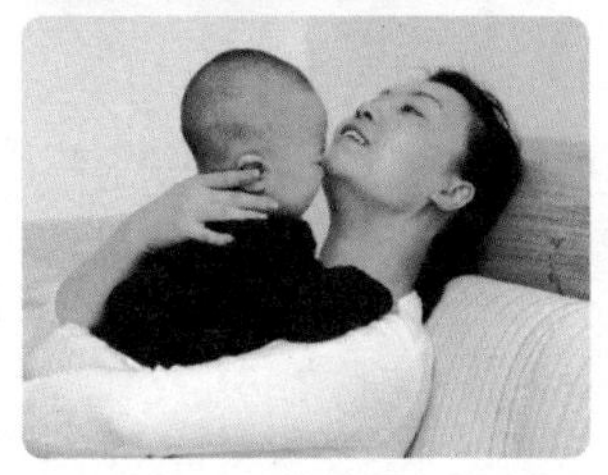

母乳、配方奶喂养的问答

育儿的过程中，是否经常站在岔路口，不知所措？这里提供给您关于母乳及配方奶育儿的问题。是对还是错？马上能为您解决掉所有的疑问。

●关于母乳

Q 母乳的多少是由妈妈的体质决定的吗？

有些妈妈的母乳非常少，这一现象一般是由于紧张或者疲劳引起的。多数情况如果积极地想办法，在医生的指导下就会很好地解决，千万不要灰心丧气，从此放弃母乳喂养。

●关于配方奶

Q 用配方奶喂养会不会造成宝宝过胖？

现在的配方奶的热量同母乳相当，所以如果按照规定的用量及频率喂是不会造成宝宝过胖的。

新生儿护理要点

Xinsheng'er Huli Yaodian

如何抱新生儿

怎样抱新生儿他才舒服呢？很多妈妈不愿意把新生儿给爸爸抱着，怕他把新生儿弄得不舒服，其实很多人在喂养新生儿和逗新生儿玩的时候都没有掌握正确地抱新生儿的姿势。抱新生儿的时候一定要注意托住新生儿的颈部和腰臀部。妈妈抱他的时候多走动，边走边轻轻摇晃。注意千万不能摇晃得太猛、太快、幅度太大，以免发生意外。

抱新生儿的姿势要遵循新生儿肌肉的发育规律。否则，不但新生儿，大人都不舒服，甚至还会发生意外。**出生不久的新生儿，头大身子小，颈部肌肉发育不成熟，不足以支撑起头部的重量。**如果竖着抱新生儿，他的脑袋就会摇摇晃晃；而且新生儿的臂膀很短小，无法扶在妈妈的肩上，无法取得平衡。

请家长们注意

实验证明：当宝宝哭闹时，妈妈们分别抱起各自的宝宝，一组妈妈将宝宝抱在怀里，用手轻轻地拍他们；另一组妈妈将宝宝抱在怀里，只让宝宝倾听妈妈的心跳，结果发现后一组宝宝比前一组宝宝更易安静下来，这是因为胎儿在母体内听惯了妈妈的心跳，出生后让他再听到这样熟悉的声音便产生一种亲切感，很容易适应这种情境，而使情绪平静下来。所以妈妈抱宝宝时，可以将宝宝的头部放在身体的左侧，并有意识地让宝宝的耳朵贴近父母的心跳处，让他能听到心跳的节律。

每天给新生儿洗澡

每天给新生儿洗澡是有益的，季节不同每天洗澡的次数也不同。夏天可以洗2～3次，冬天可在中午最暖和时洗一次。新生儿有个干净的身体，夜间会睡得安稳。

由于新生儿的身体还不结实，所以在洗澡时要用手托住其头部和颈部。

新生儿沐浴的基本操作	
用温水洗脸	用温水清洗宝宝的脸，尤其注意耳朵后面、耳郭里面、脖子的褶皱处。这时先不要将宝宝的包被拿掉
擦洗头部	将纱布挤一点温水在宝宝头上，将沐浴液搓出泡沫来揉在纱布上洗头发
擦洗其他部位	一只手将包被拿掉，另一只手托住宝宝的脖子，脱下尿布，用纱布盖住肚脐，这阶段的宝宝脐部容易感染，应避免弄湿。把他的双手双脚拉开，擦洗腹股沟、膝盖、肘腕处
擦洗背部	用空出的一只手放在宝宝头部的后方，支在两耳之后，缓慢将宝宝的重心转移到这只手上，将宝宝轻轻翻过来。擦洗宝宝屁股上方褶皱处和尿布覆盖的部位
清洗生殖器官	将宝宝的双腿往外掰，如果是女婴，擦拭屁股时一定要按照从前向后的顺序，小阴唇和阴道间的蛋白样分泌物不必擦洗。为男婴清洗时绝不要把男婴的包皮往上推以清洗里面，这样易撕伤或损伤包皮
尽快换上衣服	宝宝沐浴结束以后，要马上用预备好的毛巾擦拭干净。不要忘记脖子下及腋下等。尽快给宝宝穿上准备好的内衣，以免着凉

请家长们注意

1.擦宝宝身上的水时，要用毛巾拍吸，不要用力地擦，以免刺激宝宝娇嫩的肌肤。

2.不一定每次洗澡时都清洗眼睛，在需要清洗的时候再清洗。

3.清洗宝宝耳郭时，用棉签比较方便。

4.时间安排在喂奶前1～2小时，以免吐奶。每次不超过10分钟。

5.婴儿皂应选择以油性较大而碱性小、刺激性小的专用皂为好。

6.清洗鼻子和耳朵时只清洗看得到的地方，不要试着去擦里面。

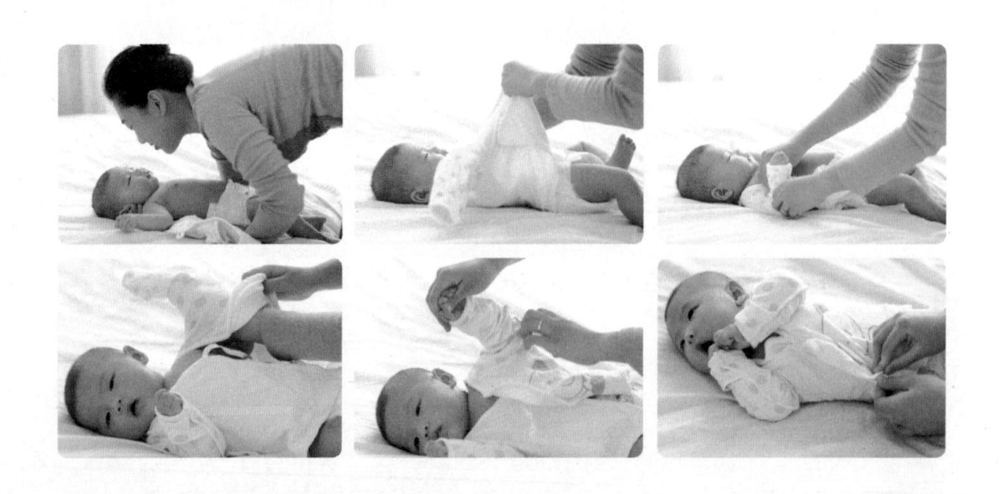

给新生儿穿衣裤的步骤

给新生儿穿衣服可不是件容易的事，宝宝全身软软的，又不会配合穿衣的动作，往往弄得妈妈手忙脚乱。所以给新生儿穿衣，一定要讲究点儿技巧。

穿衣服的步骤

先将衣服平放在床上，让新生儿平躺在衣服上。将宝宝的一只胳膊轻轻地抬起来，先向上再向外侧伸入袖子中，将身子下面的衣服向对侧稍稍拉平。抬起另一只胳膊，使肘关节稍稍弯曲，将小手伸向袖子中，并将小手拉出来，再将衣服带子结好就可以了。

穿裤子的步骤

大人的手指从裤脚管中伸入，拉住小脚，将裤子向上提，即可将裤子穿上了。穿连衣裤时，先将连衣裤解开口子，平铺在床上，让新生儿躺在上面，先穿裤腿，再用穿上衣的方法将手穿入袖子中，然后扣上所有的纽扣即可。

请家长们注意

给宝宝穿衣要轻柔、、鞋袜，然后用小毛毯或小棉被包裹住宝宝，但是要保证宝宝的双腿处于自然状态，并有足够大的活动空间。新出生的宝宝最好不要“打蜡烛包”，如果怕宝宝冷，可以宽松地裹一下，但是双腿是切不可绑直系紧的，因为这样既不利于宝宝大运动的发育，也不利于髋关节发育。

给新生儿挑选合适的内衣

因新生儿皮肤最外层耐磨性的角质层很薄，所以内衣质地要柔软，不要接头过多，尤其要注意腋下和领口处。给小婴儿买到缝边朝外的内衣最合适。

内衣的挑选应注意以下因素	
材质	要选用具有吸汗和排汗功能的全棉织品，以减少对宝宝皮肤的刺激。注意内衣的保暖性，最好是双层有伸缩性的全棉织品
款式	宝宝头大而脖子较短，为穿脱方便，内衣款式要简洁，宜选用传统开襟、无领、系带子的和尚服
颜色	内衣色泽宜浅淡，无花纹或仅有稀疏小花图案，以便及早发现异常情况，还可避免有色染料对宝宝皮肤的刺激

传统尿布的选择与更换

传统尿布应选用柔软、吸水性强、耐洗的棉织品，旧布更好，如旧棉布、床单、衣服都是很好的备选材料。也可用新棉布制作，经充分揉搓后再用，新生儿尿布的颜色以白、浅黄、浅粉为宜，忌用深色，尤其是蓝、青、紫色的。

尿布不宜太厚或过长，以免长时间夹在腿间造成下肢变形，也容易引起感染。尿布在宝宝出生前就要准备好，使用前要清洗消毒，在阳光下晒干。

传统尿布的更换	
尿布的折叠	按照之前的痕迹进行折叠，通常是纵向对折一次后横向再对折一次，这样，尿布的上面就露在了外面
保留上面的腰带	内裤穿上后要在腹部中间处留出大约两根手指的间隙，并且将腰带留出来
尿布的使用	给宝宝换尿布时，要注意不能盖住宝宝的脐部。多余的部分男孩折叠到前面，女孩折叠到身后，或干脆剪掉

新生儿护肤品选择

如今市场上销售的婴幼儿护肤用品可谓琳琅满目、五花八门。由于宝宝专用的护肤产品用料严格，工艺讲究，所以受到了很多父母的欢迎。婴幼儿期通常指出生4周后到6周岁这段年龄，在婴幼儿时期，皮肤娇嫩柔软。随着人体的生长发育，皮肤也不断地经历着变化。因此，根据婴幼儿的皮肤特点，应选择与其适应的护肤品，而勿使用成人的护肤品。

新生儿一般不需要使用任何洗护用品和护肤品，除非有特殊需求。满月后如果给婴儿使用护肤品，除了对皮肤、眼睛没有毒性外，还应特别讲究其护理和安全性，婴儿用护肤品应当具有高保护性、高安全性，低刺激性等特点。

新生儿皮肤特性	
皮脂	生后不久的宝宝，总皮脂含量与成人的相当接近，大约出生后一个月，总的皮脂量开始逐渐减少；幼儿时期，由于激素受控，皮脂分泌量少，所以婴幼儿皮肤较为干燥，但到了青春期，性激素开始活跃，分泌皮脂的能力提高，皮肤干燥情况就获得改善
含水量	皮肤最外层的角质层能保护皮肤不受外界物理和化学因素的影响。从皮肤护理的观点出发，角质层含水量变化是个很重要的因素。新生儿皮肤含水量为74.5%，婴幼儿为69.4%，成人水分最低为64%
pH值	皮肤pH值一般在4.2～5.5。新生儿出生两周内是接近中性的，胎盘的pH约为7.4。由此可知，新生儿的皮肤不能有效地抑制细菌繁殖，即抗感染能力较低
出汗	新生儿与成人的汗腺数是一样的，但在每单位面积上的汗腺数是不同的。如成人平均为120/平方厘米，而宝宝为500/平方厘米。汗腺虽然在新生儿皮肤上生长，但此时它分泌汗的能力是很低的，大约要到二周岁后功能才会健全。因此，婴幼儿的皮肤性质与成人的皮肤性质是有所不同的。首先，婴幼儿的皮肤含水量高，PH值高；其次，单位面积上出汗多；还有，婴幼儿总皮脂量低，皮肤较干燥。因此，婴幼儿用的化妆品，除了对皮肤、眼睛没有毒性外，还应特别讲究其护理和安全性，婴幼儿用化妆品具有高保护性、高安全性，低刺激性等特点

婴儿护肤品的特点	
液体稀	婴幼儿护肤品一般含水量很高，涂在皮肤上的感觉要比成人的稀得多，很容易抹开，不能有黏稠感，否则会堵塞宝宝的皮肤毛孔。儿童的浴液、香波等也都比成人的稀
渗透强	如果给宝宝使用清洁类护肤品后，抚摸时感觉皮肤上有东西附着，就说明可能是这种产品不适合宝宝皮肤使用，或是产品本身就有问题
泡沫少些	泡沫多的产品有可能会有一定的刺激作用，所以家长要格外注意，一般看上去有细细的泡沫出来就可以了
气味清新	气味清新自然的一般刺激性也较弱

请家长们注意

婴儿患脂溢性皮炎时，头部或眉毛处结黄色奶痂，可以在宝宝熟睡时，用棉签蘸取透明的婴儿润肤油，逆着眉毛和头发的生长方向涂抹，注意要多涂一些，在涂抹的时候就会有一些痂皮脱落，涂完后过一两小时，等痂皮都被油闷软了，轻轻擦洗就很容易去除了。

新生儿纸尿裤的更换

步骤	更换方法
把褶皱展平	将新尿布展开，把褶皱展平，以备使用
彻底地擦拭屁股	打开脏污的尿布，用浸湿的纱布擦拭屁股，不能有大便残留
取下脏纸尿裤	慢慢地将脏纸尿裤卷起，小心不要弄脏衣服、被褥或宝宝的身体
更换新纸尿裤	一只手将宝宝的屁股抬起，另一只手将新的纸尿裤放到下面
穿好新纸尿裤	将纸尿裤向肚子上方牵拉，注意左右的间隙粘好
保留腰部的纸带	在腰部留出妈妈两指的间隙，将腰部的纸带粘好即可

新生儿能力

Xinshenger Nengli

身体活动能力

项目	表现
1	轻轻移动身体并调整姿势
2	当他趴着的时候，他会稍微抬起双脚并且弯曲膝盖
3	在趴着的情况下，他会试图把头稍微抬起1秒钟（这个动作对新生儿来说是相当不容易，因为他的头相对他背部和颈部的肌肉力量来说实在是太重了）
4	躺着的时候，把头偏向他喜欢的一侧
5	当被竖立抱着的时候，新生儿可以晃动、扭动身体，并且可以做出踩、踏的动作
6	躺下的时候保持双腿的弯曲，就好像在妈妈的子宫里一样
7	当被抱着靠在妈妈或其他大人的肩膀上的时候会猛地抬起头

宝宝出生10多天了，睡觉的时候，呼吸听起来粗重，好像有呼吸急的样子，请问一下这是怎么回事？

首先要看看宝宝的枕头或者嗓子是不是不舒服，还有可能是肺炎。若宝宝除了呼吸粗（有呼噜声），吃奶的过程中还会有呼吸不畅、吐奶的现象，还经常吐泡泡……妈妈要仔细观察，情况比较严重，那就要带宝宝去看医生了。

宝宝不到40天，晚上连续睡8～9个小时，半夜会撒尿，但不会醒，也不用喂奶，这种情况正常吗？

正常。每个宝宝的进食、睡眠规律不同，不用担心。只要宝宝白天吃奶正常，觉醒时精神状态好，体重增加正常，晚上连续睡得时间长一点儿没有关系，妈妈不需要在夜间特意叫醒宝宝喂奶。

视觉能力

新生儿的视觉发育较弱，视物不清楚，但对光是有反应的，眼球的转动无目的。半个月以后，宝宝对距离50厘米的光亮可以看到，眼球会追随转动。

听觉能力

由于刚出生的新生儿耳鼓内充满液状物质，妨碍声音的传导。慢慢地，耳内液体逐渐被吸收，听觉也会逐渐增强。

新生儿醒着时，近旁10～15厘米处发出响声，可使其四肢躯体活动突然停止，似在注意聆听声音。

语言能力

新生儿可以发出不算清楚的声音。3周以后，他开始发出新生儿“词汇”，4周以后，新生儿能够了解到谈话中的交替，并且知道如何回应你的对话。所以对新生儿要注意尽早与其交流。

味觉和嗅觉能力

味觉神经发育较完善，因此对各种味道都能引起反应，如吃到甜味，可引起新生儿的吸吮动作；对于苦、咸、酸等味，则可引起不快的感觉，甚至停止吸吮；对母乳的香气感受灵敏，并显示出喜爱。

社交能力

新生儿天生健谈，比如当第一天听到你的声音他就平静下来——他变得安静和警惕，身体停止活动，全神贯注地倾听。第三天他对你的交谈有了回应，他凝视的目光更加认真。第五天他可以饶有兴致地注视你的嘴唇或手指的活动。如果你能和宝宝的脸保持在20～25厘米的距离，并很生动地和他说话，宝宝就能够用嘴巴和舌头的活动来“回答”。如果看到你朝他微笑，也会报以微笑的。第十四天他能够从一群人里分辨出你的声音，第十八天他把头转向发出声音的方向，第二十八天他正在学习如何表达和控制情绪，并且能够根据你的声音调整自己的行为。

新生儿护理常见问题

Xinshenger Huli Changjian Wenti

安抚哭闹的新生儿

新生儿出生就会大声啼哭，以后会一阵阵地哭。哭闹，实际上是宝宝的一种语言表达方式，凉了、热了、饿了、寂寞了等，新生儿都会哭，找到原因，使宝宝舒适了，宝宝就会停止哭泣。哭泣是新生儿的“语言”，所以了解宝宝的哭声，并给予积极的抚慰和帮助，这对于宝宝的健康成长很有意义。

了解新生儿的哭声	
饥饿时	宝宝饥饿时哭声很洪亮，哭时头来回活动，嘴不停地寻找，并做着吸吮的动作。只要一喂奶，哭声马上就停止。而且吃饱后会安静入睡，或满足地四处张望
寒冷时	宝宝冷的时候，哭声就会减弱，并且面色苍白、手脚冰凉、身体紧缩，这时应该把宝宝抱在温暖的怀中或加盖被子，宝宝觉得暖和了，就不会再哭了
太热时	如果宝宝哭得满脸通红、满头是汗，身上湿湿的，可能因为太热了，只要减少铺盖或衣服，就会停止啼哭
尿床时	有时宝宝睡得好好的，突然大哭起来，好像很委屈，赶快打开被子，若尿布湿了，换块干的，宝宝就安静了。尿布没湿，那是怎么回事？也可能是宝宝做梦了，或者是宝宝对一种睡姿感到不舒服，想换换姿势可又无能为力，只好哭了。那就拍拍宝宝告诉他“妈妈在这儿，别怕”，或者给他换种睡姿，他又能接着睡着

新生儿有眼屎怎么办

眼屎多的一个原因是宝宝体内有积热，即通常所说的“上火”。如果是这样，要注意室内温度不要太高，给宝宝不要穿得过多，适当给宝宝多喂些水，观察几天。

如果宝宝睡醒后眼睫毛黏在一起，或者内侧眼角有脓液，有可能是鼻泪管堵塞或出现泪囊炎，要尽快去看医生。宝宝泪囊炎以先天性较常见，表现为单侧或双侧出现溢泪，逐渐变为脓性分泌物，压迫泪囊区有脓性分泌物回流。究其原因，多数由于鼻泪管在鼻腔的下端出口被堵塞所引起，有的是因管道发育不全而形成褶皱、瓣膜或黏膜憩室。由于鼻泪管闭锁，分泌物潴留，常发展成慢性泪囊炎。

如果是这种情况，可不是人们所认为的“上火”“热气”之类。发生此种情况的宝宝父母，应带宝宝到医院检查，确诊后采取相应的治疗措施。**可在医生的指导下局部点眼药水并按摩泪囊，用相应的抗生素眼药水控制感染，每日多次沿着鼻梁两侧根部从下往上按摩鼻泪管，促使自身管道发育、通畅。**

新生儿大便怎样才算正常

新生儿最初3日内排胎便，颜色为深绿色或黑色，没有臭味。胎粪是由胎儿期肠黏膜分泌物、胆汁及咽下的羊水组成，出生后12小时内开始排泄，在二三天内排完。正常新生儿大便因喂奶成分不同而不同。母乳喂养的宝宝，大便次数多，每日6～7次，呈金黄色，较稀，但无奶瓣；喂牛奶的宝宝，大便次数较母乳喂养少，每日4～6次，大便呈浅黄色，较干，这些都属正常现象。如果大便次数超过6～7次，而且有奶瓣及黏液，或水分增多就是病态，应设法寻找原因，给予治疗。

宝宝如果大便太干，排便困难，可以增加喂水量；每天2～3次，以肚脐为中心，在腹部按顺时针方向按摩，促进肠道蠕动。如果大便次数虽多却不影响宝宝正常生长发育，也不用紧张，可留意继续观察。

脚趾甲长进肉里

很多父母惊讶地发现，新生儿的脚趾甲似乎长进了肉里，而且周围还发红，于是担心不已。但大多数情况下，这是正常的。新生儿的趾甲与成人的相比，弯度更大，边缘藏入肉中的程度更深。

一个非常简单的办法就可以检验它是否正常

用手指轻轻地捏住宝贝的脚趾，如果趾甲确实是刺进了肉中，趾甲周围的皮肤会很软，像水肿的感觉，而且新生儿也会大哭。

脚扁平

新生儿的脚底扁平或者有很小的弓度是很正常和健康的，相反，如果他的脚底呈现出很大的弓形，反而提示可能有神经或肌肉发育问题存在。

一般情况下，宝宝的脚弓到4～6岁之间才发育完全。

足内翻或者弓形腿

胎儿在子宫中的高难动作很难描述，总之是他的腿和脚都最大限度地弯曲，甚至出生后还照样弯曲，直到两个月后慢慢可以舒展。

只要他的腿和脚可以轻轻地而且没有痛感地摆弄到正常位置，就不用太担心。若几个月以后还是这样，可以去找医生查一查。

民间育儿习俗勘误

Minjian Yu'er Xisu Kanwu

不能见光

新生儿不能被强烈光线照射。强烈光线会伤害新生儿的眼睛，但这并不等于说新生儿不能见光，如果把新生儿的房间布置得很暗，几乎没有光线，这对新生儿的视觉发育是不利的，而且也不利于帮助新生儿建立昼夜睡眠规律。所以，笼统地说新生儿不能见光，是错误的。

正确做法：白天不要挂窗帘，尤其是质地较厚、颜色较深的窗帘。晚上也可以使用正常的照明灯，但光线不宜过强。

怕冷不怕热

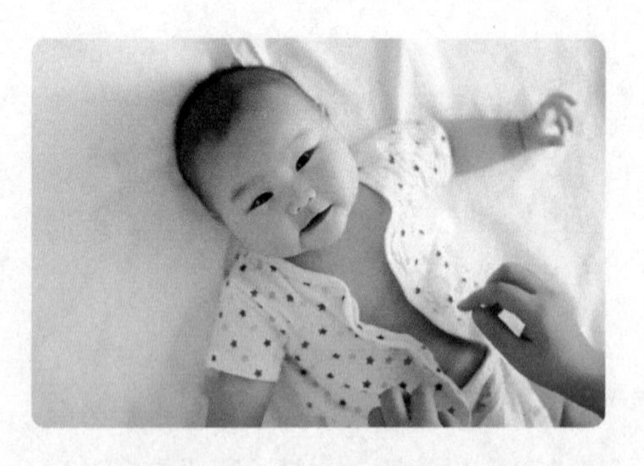

民间育儿习俗总以为新生儿怕冷不怕热，这是没有科学根据的。新生儿体温调节中枢还不健全，汗腺不发达，肌肉也不发达，不仅怕冷，也同样怕热。所以要注意室内温度，既不能过冷，也不能过热。

正确做法：中性温度是新生儿最适宜的环境温度。生活中因为穿衣等因素，适宜并相对恒定的室温对新生儿来说非常重要，适宜的环境温度是22℃～26℃。

睡硬枕头

让新生儿睡硬枕头是民间育儿的另一个习惯做法，认为这样能睡出好头形，这是没有科学根据的。新生儿颅骨容易变形，受到挤压时会出现骨缝重叠或分离，使头形发生变化；此外，新生儿大部分时间都是躺着，枕头会长时间伴随着新生儿。枕头过硬会使新生儿头皮血管受压，导致头部血液循环不畅；而且新生儿喜欢不断地转动头部，枕头过硬会把头发蹭掉，形成“枕秃”。

正确做法：3个月以内的宝宝颈部的曲度还没有形成，不需要枕头。当然，为了固定新生儿头位，不溢乳的新生儿可以睡马鞍形的枕头，枕头的软硬要适中。如果秋冬季宝宝身上穿得较厚，则应在头部垫一个小枕头以保持脊柱呈水平状态。

夏天不能开空调

很多爸爸妈妈都认为新生儿的房间夏天不能开空调，所以即使炎炎夏日，产妇和新生儿都热得浑身起痱子，也不敢开空调。

正确做法：产妇和新生儿是能适当吹空调的，但是空调温度不能设置太低，25℃～28℃即可，以室内感觉凉爽但又不冷为宜，而且不要把空调的出风口对着宝宝吹；也可以通过开隔壁屋的空调，让居室整体温度下降。总之，要让产妇和新生儿在舒适的温度下休息和睡觉。在打空调之前先给宝宝擦干身上的汗，同时一定要注意给宝宝的肚子、小脚保暖。还要经常开窗换气，确保空气流通，多给宝宝喝水。

蜡烛包睡得稳

把新生儿像蜡烛一样包起来，认为这样才睡得稳，这是民间育儿特别普遍的一种做法。其实，即使不使用蜡烛包，新生儿对外界的反应都是泛化的，只是把新生儿包裹在襁褓中，我们看不见而已。此外，蜡烛包还会影响新生儿髋关节的发育和运动功能的正常发展。

正确做法：宝宝睡觉时最好不要使用蜡烛包，让腿和胳膊都处于自然的屈曲状态。只要室温、被子厚度合适，睡眠习惯良好，宝宝就能睡个安稳觉。

挤乳头

民间习俗认为，给女宝宝挤乳头，会避免其成人后乳头凹陷，这也是错误的。因为挤捏新生儿乳头，不但不能纠正乳头凹陷，反而会引起新生儿乳腺炎。

正确做法：新生儿乳头凹陷不需要任何处理。

晚上睡觉不能关灯

新生儿喜欢光亮，但要帮助新生儿辨别白天和黑夜，这对培养良好的睡眠习惯是很有意义的。所以，不能一天24小时室内都同样明亮，也不能不分白天黑夜室内光线都很暗，这样对新生儿的视力发育不利。

正确做法：晚上要关灯睡觉。为了观察新生儿是否有吐奶及其他异常情况，可把地灯或床头灯打开，光线亮度以能看到新生儿面部为准，不宜过强。

擦马牙

新生儿的齿龈上可能有白色小珠，看起来像刚刚萌出的牙齿，有的就像小马驹口中的小牙齿，所以被称为“马牙”。

民间有给新生儿“擦马牙”的习俗，这是很危险的。因为新生儿口腔黏膜非常娇嫩，即使是轻轻摩擦，也会使黏膜受损，引起细菌感染，情况严重还会引发新生儿败血症。

正确做法：“马牙”不需要处理，一般会自行消失。

怕声响，易惊吓

新生儿神经髓鞘尚未发育完善，对外界的刺激表现为泛化反应，看起来像被惊吓了，其实不是。爸爸妈妈不要总是蹑手蹑脚，这样反倒不利于新生儿神经系统发育的进一步完善。

正确做法：适量的声响能够促进新生儿视觉、听觉、触觉的灵敏度，有利于大脑发育和智力开发。新生儿喜欢听有节奏的优美旋律，也喜欢听人说话的声音，尤其是妈妈的声音，因此可以多和宝宝聊聊天。

新手妈妈喂养的生活常识

Xinshou Mama Weiyang de Shenghuo Changshi

母乳喂养的常见问题

喂奶后妈妈倒头就睡

新手妈妈经过分娩、产后护理婴儿的劳累，身心疲惫不堪。喂完奶后，很多新妈妈倒头就睡，其实这对宝宝来说比较危险。但新生儿胃入口贲门肌发育还不完善，很松弛，而胃的出口幽门很容易发生痉挛，加上食道短，喝下的奶，很容易反流出来，出现溢乳。

当新生儿仰卧时，反流物呛入气管，极易造成窒息，甚至猝死。新手妈妈喂完奶倒头就睡，危险就在这里。

添加乳品以外的饮品

母乳喂养、混合喂养以及人工喂养的新生儿都不需要添加乳品以外的饮品。新生儿胃肠道消化功能尚没有发育完善，各种消化酶还没有成型，肠道对细菌、病毒的抵御功能很弱，对饮品中所含的一些成分缺乏处理能力。如果给新生儿喝其他饮品，可能会造成新生儿消化功能紊乱，引起腹泻等症。

不要用微波炉给宝宝热奶

如今微波炉已经成为常备的家用电器，大多数人以为它是完全无害的，很多新妈妈会用微波炉给宝宝热奶，其实它可能带来一些健康隐患。

虽然微波炉可以快速加热食物，但不推荐用它来加热宝宝奶瓶。宝宝奶瓶可能摸起来是凉的，但是其中的液体可能已经非常烫，会烫伤宝宝的口腔和喉咙。而且，在密闭容器中的液体膨胀可能会造成爆炸。

对于挤出的母乳来说，一些保护因子可能被破坏。在微波炉当中加热可能会造成配方奶成分的轻微改变。对于宝宝配方食品来说，这可能意味着某些维生素的损失。

哺乳期妈妈应注意的要点

乳房胀痛

有些妈妈的乳汁很难被吸出。如果乳汁在乳房储存过量，就会造成乳房胀痛。

最好的解决方式是让宝宝将乳汁都吮吸出来，但如果乳汁量大大超过宝宝所需，可以每次哺乳后少量地挤出部分乳汁。

乳塞引起乳腺炎

乳房的疏导管部分堵塞使乳汁不能顺利地流出，造成部分乳汁残留在乳房中，这就叫乳塞。乳塞容易引起炎症，甚至诱发乳腺炎。

细菌通过裂伤的乳头进入乳房，引发炎症，也可能引发乳腺炎。

乳头划伤

宝宝在吮吸乳头的时候，突然地用力会导致咬伤乳头，引发炎症。宝宝在出牙期，咬伤妈妈的情况就更容易发生。如果妈妈的疼痛达到不能忍受的程度时可以使用乳头保护器来哺乳。

在哺乳之前，用冷冻过的纱布做冷湿布，将乳头围起来，可以缓解疼痛。

妈妈体力消耗大

母乳喂养，对妈妈来说的确是个很大的负担。由于夜间也需要哺乳，很容易造成睡眠不足。当爸爸的也要尽可能地辅助妈妈做些诸如给宝宝洗澡等事情，来分担妈妈的负担。而当宝宝白天睡觉的时候，妈妈最好也能稍稍地睡一小会儿，以补充睡眠。

乳母在饮食上应注意什么

哺乳期乳母的营养非常重要，这时妈妈既要补充由于怀孕、分娩所耗损的营养储备，要分泌乳汁、还要承担照顾宝宝的重担。如果乳母营养不足，不但会影响妈妈自身的健康，还会降低乳汁质量而影响婴儿的生长发育。因此，合理膳食对乳母是非常重要的，应注意以下几点：

●多食含铁丰富的食品

多吃含铁食物可以预防乳母和宝宝贫血，如动物的肝脏、肉类、鸡蛋、红豆、黄豆、红枣、芝麻酱等。

●摄入足够的新鲜蔬菜水果

新鲜蔬菜和水果含有多种维生素、纤维素、果胶、有机酸等成分，有的地区产后有禁吃蔬菜和水果的习惯，应予以纠正。当然，水果应吃性味甘平的苹果、桃子、香蕉等，最好不要空腹吃，也不要吃刚从冰箱中取出的凉水果，一次不要吃太多。

新鲜蔬果可增加食欲，防止便秘，促进泌乳，是乳母每日膳食中不可缺少的食物，每天要保证供应500克以上。

●多食含钙丰富的食品

乳母钙的需要量大，需要特别注意补充。乳及乳制品含钙量最高，并易于吸收利用，每天应保证500毫升奶。

如有条件，哺乳期仍要用孕妇奶粉代替普通奶类，因为和普通牛奶相比，孕妇奶粉不但脂肪含量低，而且其中添加的各种营养素如钙、铁、锌等更丰富，更有利于改善母乳质量。

●供给充足的优质蛋白质

最好每餐有一半以上的动物性蛋白质，如鸡蛋、猪肉、牛肉、鱼肉、奶类等。

大豆类食品能提供质量较好的蛋白质和钙质，也应充分利用。

●饮食要清淡

做菜时可以加盐，但应尽量清淡一些。不要吃腌制、熏烤、刺激性强的食品；不要吸烟、饮酒、喝咖啡，如需用药须在医生的指导下使用。

●注意烹调方法

对于动物性食品，如肉、鱼类的烹调方法以蒸、煮或炖为最好，少用油炸。烹调蔬菜时，注意尽量减少维生素C等水溶性维生素的损失。

需特别注意常食用一些汤汁，如鸡、鸭、鱼、肉汤或豆类及其制品和蔬菜制成的菜汤等，这样既可以增加营养，还可以补充水分，促进乳汁分泌。

如何给新生儿做抚触

Ruhe Gei Xinsheng'er Zuo Fuchu

选择抚触的时间

给宝宝做抚触的最好时间：宝宝的情绪稳定，两次哺乳之间，没有身体不适或哭闹时。在宝宝过饱、过饿、过疲劳的时候切忌抚触，否则亲子之间的快乐，宝宝不但不能享受，反而对此很反感。每个抚摸动作不能重复太多，因为小宝宝不能长时间的集中注意力。所以应该先从5分钟开始，然后延长到15～20分钟。每日3次，刚开始做的时候，可以少一点儿时间、次数，以后逐步增加。

第一次给宝宝做抚触时，特别是做胸部抚触时，宝宝不一定会配合，甚至发生哭闹，因突然裸露身体而感到不安，坚持做几次以后，抚触就会成功。

抚触的内容

宝宝抚触的内容要按照年龄需要而定。长牙的宝宝，可以让他仰面躺下多帮他按摩小脸；到了要爬的时候，再让他趴下帮他练习爬；学习走路的时候，除了给他做些腿上按摩外，小脚丫按摩也很重要。

除了让宝宝心情上得到放松外，更重要的是让新生儿身体放松。对宝宝进行更温柔的抚触。

开始前的准备

每次抚触时，所有部位的全程时间总计控制在15～20分钟。可以从任何部位开始，也可以反复地抚触同一部位。基本是在宝宝身体裸露或穿着尿布的状态下抚触。

室温控制在25℃即可。抚触的过程中妈妈别忘了跟宝宝说笑。

抚触的具体步骤

头部

双手固定宝宝的头，两拇指腹由眉心部位向两侧推依次向上滑动，止于前额发际。两手拇指由下颏中央分别向外上方滑动，止于耳前。并用拇指在宝宝上唇画一个笑容。

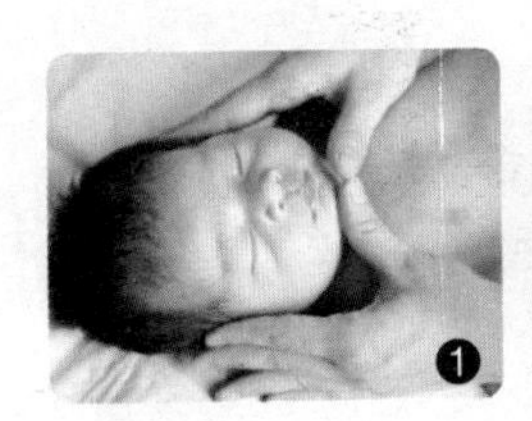
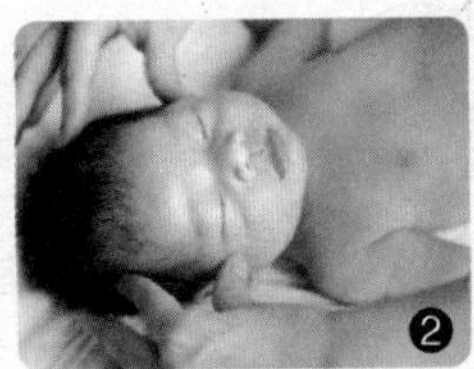
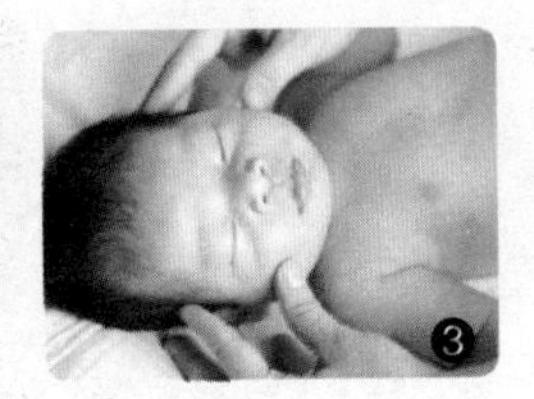

臀部

新生儿臀部皮肤被尿、便污染后，容易出现臀部皮肤的感染，这会使小宝宝感到非常不适，因而，为宝宝做臀部抚触既是一种关爱，也是一种治疗，它将为宝宝带来欢乐和健康。

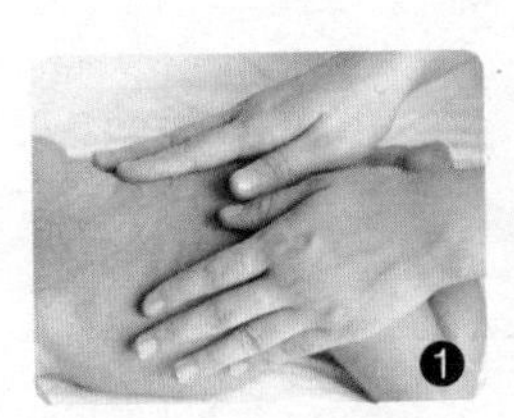
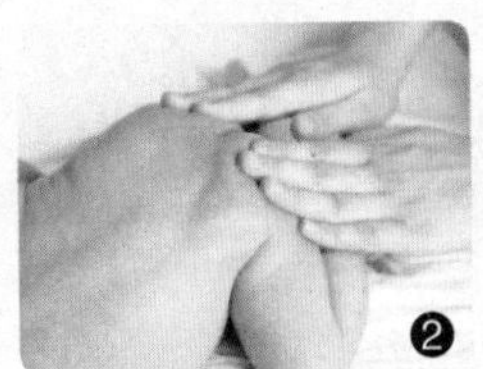
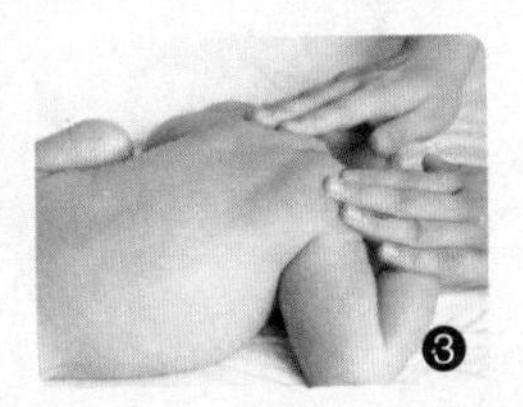

胸部

左手放在宝宝的胸廓右缘，左手示指、中指腹由右胸廓外下方经胸前向对侧锁骨中点滑动抚触。

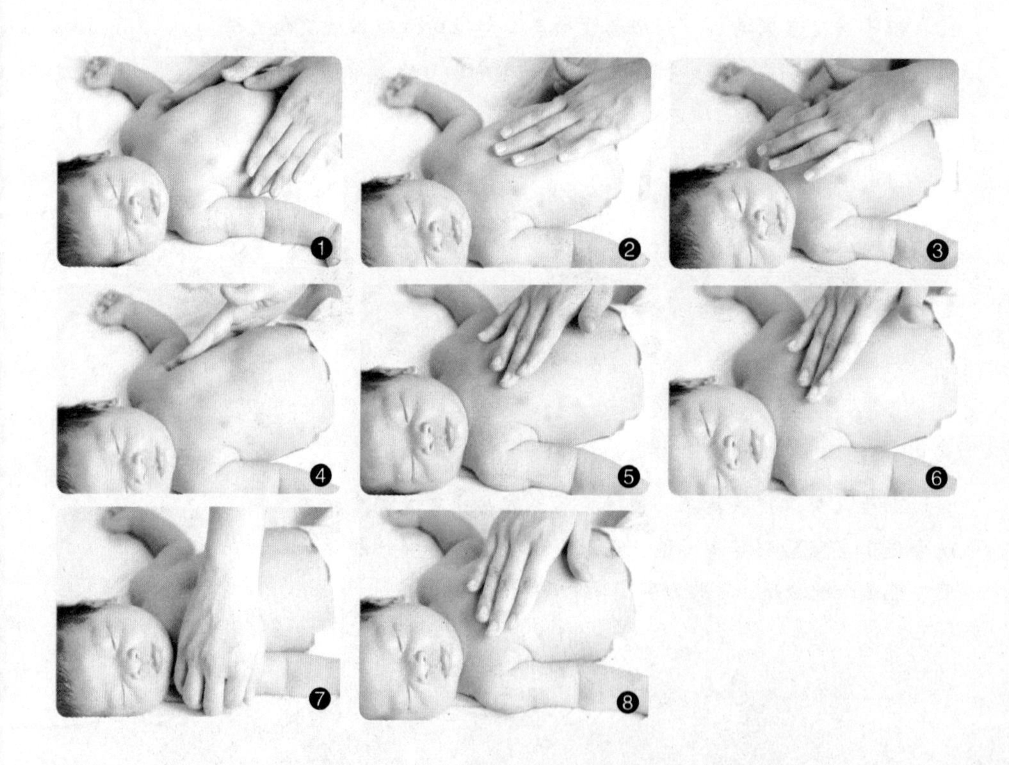

足部

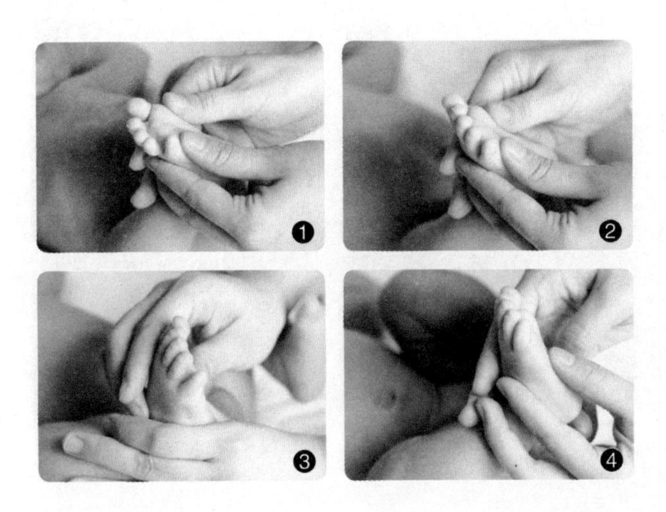

沿着宝宝的脚纹方向抚触宝宝的脚心，用拇指的指腹从脚跟交叉向脚趾方向推动。然后轻轻揉搓牵拉每个脚趾。

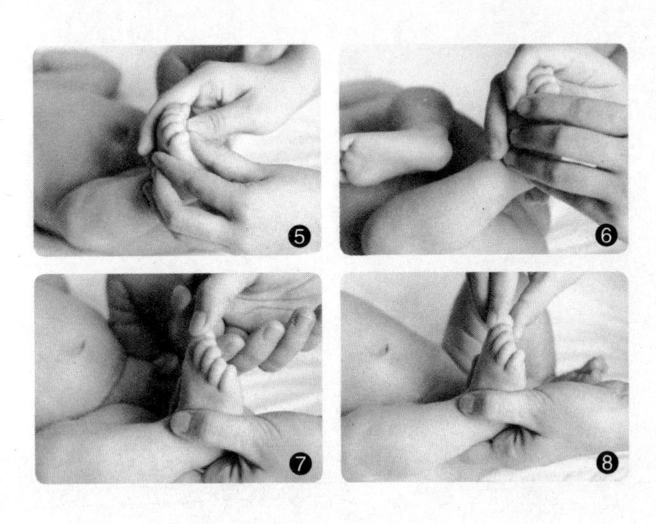

上肢

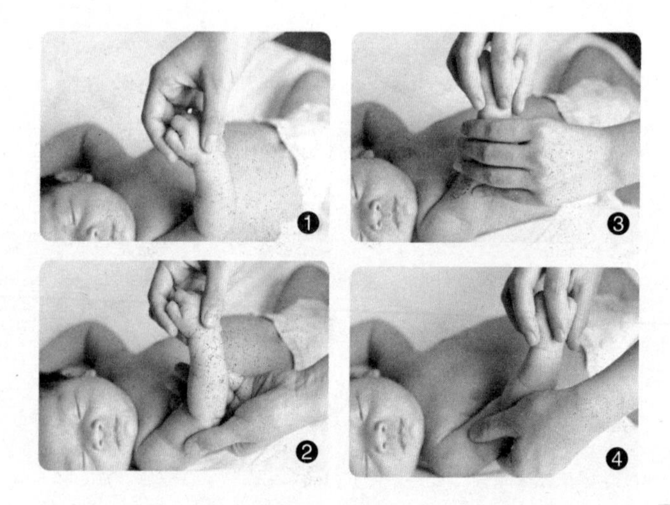

用右手握住宝宝右手，虎口向外，左手从近端向远端螺旋滑行达腕部。反方向动作，左手拉住宝宝左手，右手螺旋滑行到腕部。然后重复滑行，过程中阶段性用力，轻轻挤压肢体肌肉，然后从上到下滚搓。重复另一侧手臂。

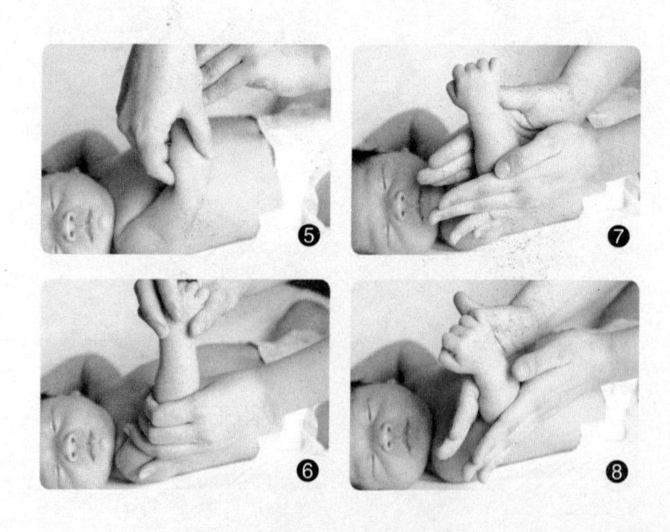

腹部

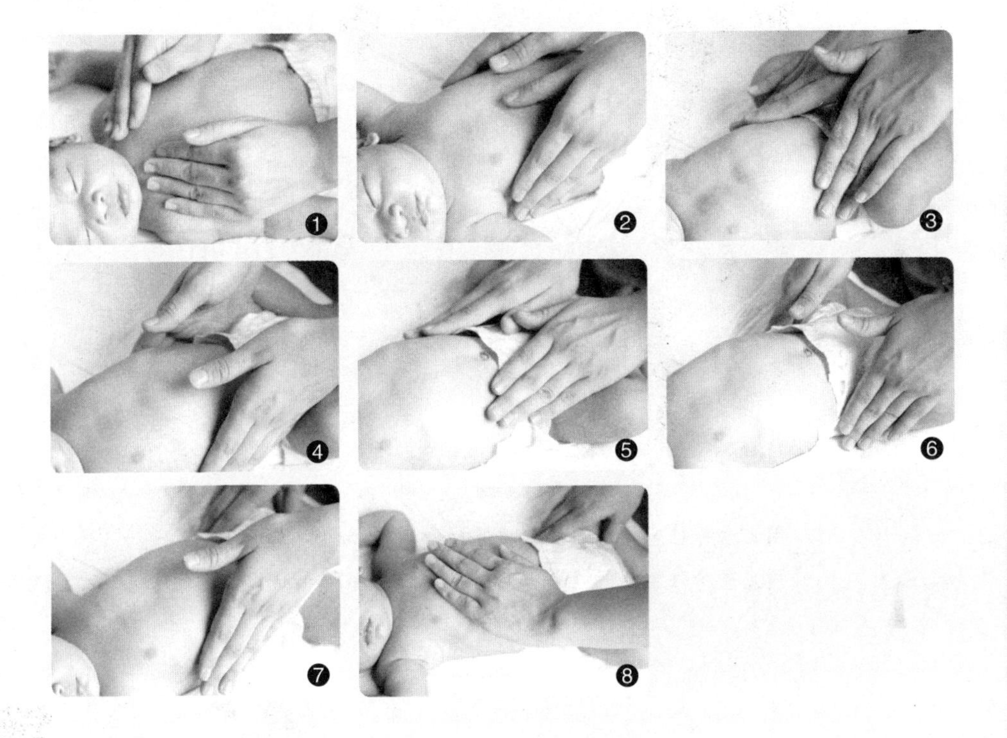

腹部抚触可以刺激肠激素的分泌，让迷走神经活动更旺盛，有助于增加宝宝食量，促进消化吸收和排泄，加快体重增长。

左手固定宝宝的右侧髋骨，右手示指、中指腹沿升降结肠做“∩”形顺时针抚触，避开新生儿脐部。右手抚在髋关节处，用左手沿升降结肠做“∩”形抚触。右手抚在髋关节处，用左手沿升降结肠做“∩”形抚触。

下肢

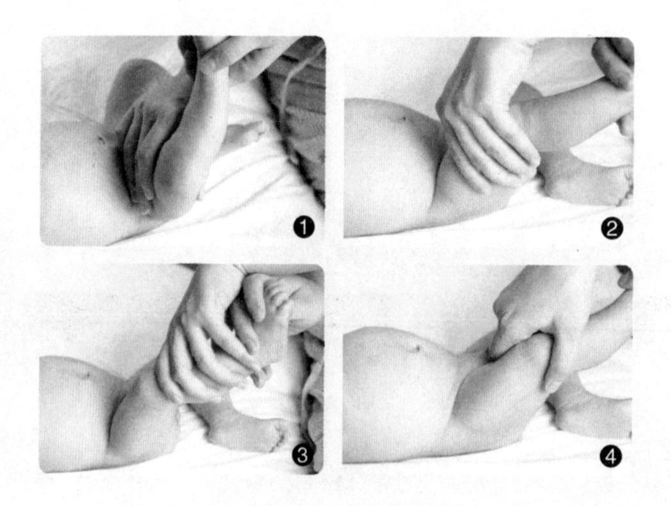

用右手拎住宝宝的右脚，左手从大腿根部向脚腕处螺旋滑行。
用左手拎住宝宝的左脚，右手从大腿根部向脚腕处螺旋滑行。

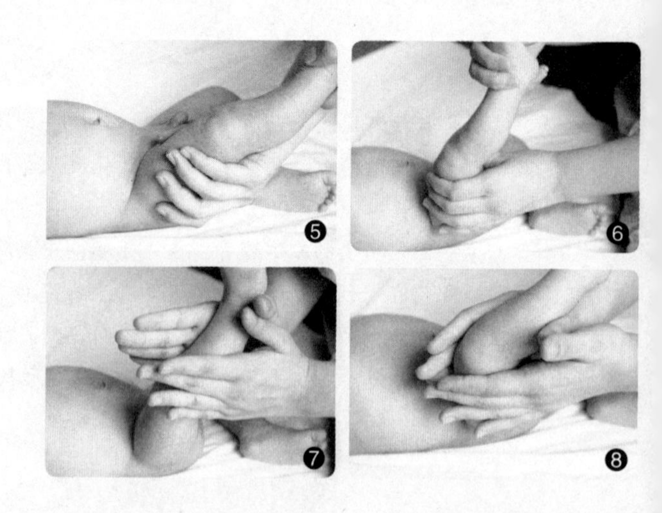

背部

妈妈为宝宝做背部抚触时，宝宝取俯卧位，双脚紧贴着妈妈，这样不仅可以让宝宝感到舒适，而且有利于增加宝宝的运动量。

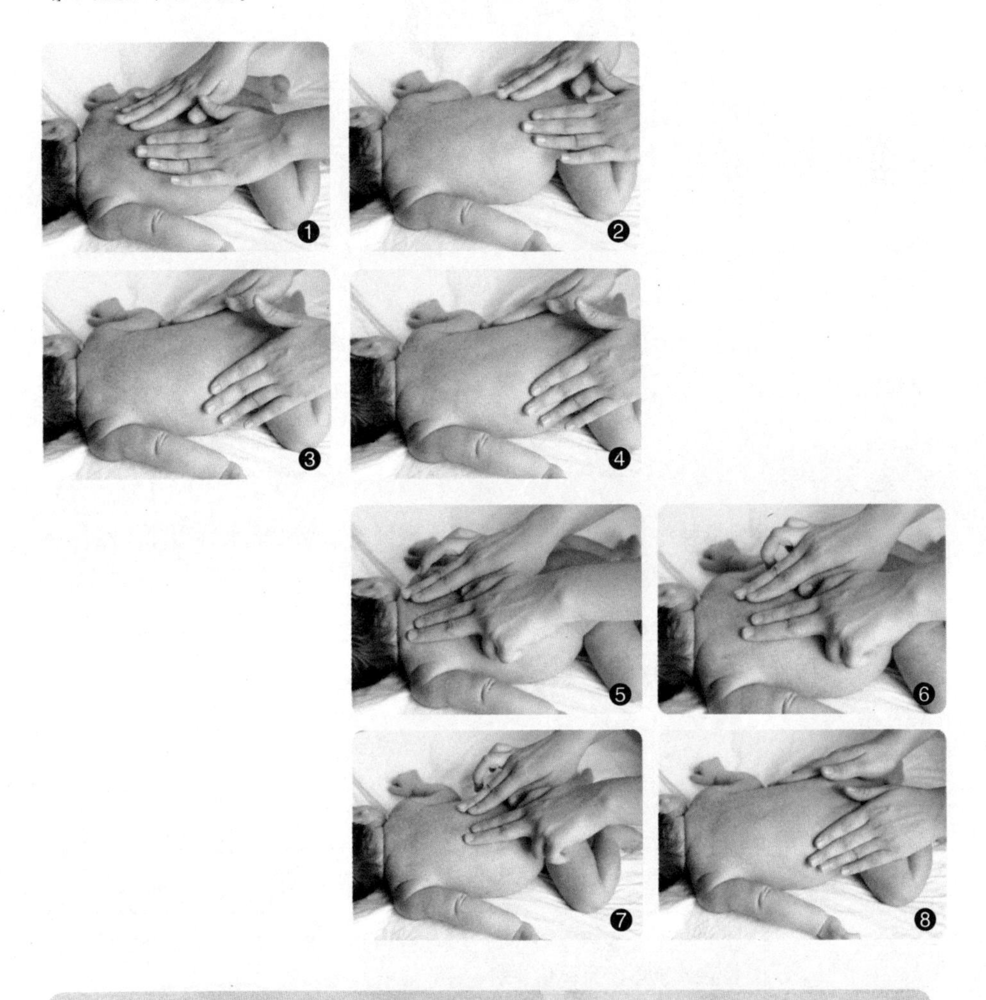

请家长们注意

在抚触过程中，要注意手法稳、准，始终保持一只手与宝宝的肌肤接触，妈妈应不断地与宝宝说话，与宝宝保持身体的接触和情感的交流。

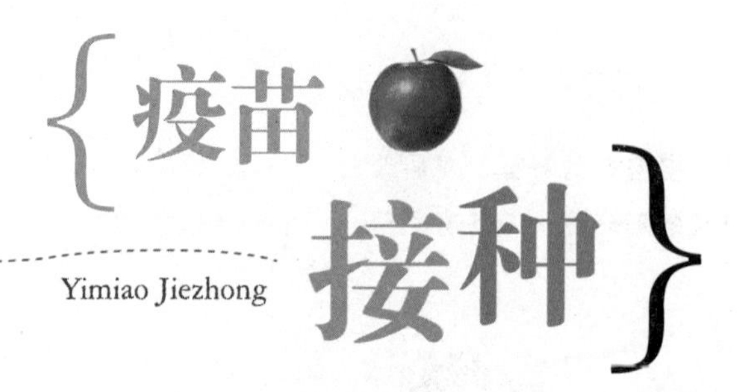

新生儿出生后即应按照国家免疫规划程序按时接种各种疫苗，以保护宝宝的健康。

重视接种疫苗

新生儿要重视接种疫苗，现在由于医学比较发达，因此国家有明文规定，新生儿出生时，都要按程序接种疫苗。

但有些父母并不了解新生儿接种疫苗的项目和方法，因此不能严格按照科学的方法为宝宝接种疫苗。这对宝宝的身体健康影响很大，所以为宝宝接种疫苗一定要重视。

新生儿需要接种的疫苗

接种疫苗的种类	
卡介苗	正常宝宝应在出生48小时至1个月内接种卡介苗，以刺激体内产生特异性抗体，预防结核病
乙肝疫苗	正常情况下，宝宝应在出生24小时内接种第一针乙肝疫苗。满1个月时接种第二针乙肝疫苗
如果妈妈是乙肝表面抗原阳性，宝宝在出生后12小时内须尽早接种乙肝免疫球蛋白	

1月龄的宝宝

满月宝宝特点

Manyue Baobao Tedian

宝宝发育特点

1.所有的回答都用哭来表达。

2.会露出没有任何含义的微笑。

3.能发出"u""a""e"的声音。

4.可以张开手，有意识地抓住东西。

5.宝宝的后背仍很软，但略有一点儿力气了。即使宝宝能努力挺只待一会儿，妈妈也必须马上就扶住他，不然他就会摔倒。

6.宝宝会回报妈妈的微笑。

7.宝宝的眼球能追视一只移动的玩具。

8.俯卧时，宝宝头开始向上抬起，使下颌能逐渐离开平面5～7厘米。

9.用拨浪鼓柄碰手掌时，宝宝能握住拨浪鼓2～3秒钟不松手。

身体发育标准

体重	男孩平均4.50千克，女孩平均4.20千克
身长	男孩平均54.70厘米，女孩平均53.70厘米
头围	男孩平均38.10厘米，女孩平均37.40厘米
胸围	男孩平均37.88厘米，女孩平均37.26厘米
坐高	男孩平均37.94厘米，女孩平均37.35厘米

满月宝宝生长发育

Manyue Baobao Shengzhang Fayu

排尿

因为初生1～2个月的宝宝，膀胱肌肉层较薄，弹性组织发育不完善，膀胱容量小，贮尿功能差，神经系统对排尿的控制及调节功能差，肾脏对水的浓缩、稀释功能也差。因此，这个月龄的宝宝小便次数比较多。

家长如果细心观察，可以发现宝宝排便的次数与进食多少、进水多少都有关系。

睡眠

这个月的小宝宝，已经开始有不肯乖乖睡觉与不愿独睡的问题，这一时期如何安排好小宝宝的睡眠，是考验家长耐心的重要时期。宝宝发育不完全，容易疲劳，因此年龄越小睡眠时间越长。

1个月的小宝宝，生活主要内容还是吃了睡、睡了再吃，每天平均要吃6～8次，每次间隔时间在2.5～3.5小时；相对来说，睡眠时间较多，一般每天要睡18～20个小时，其中约有3个小时睡得很香甜，处在深睡状态。余下的时间，除了吃喝拉尿以外，玩的时间也剩下不多。

从安全的角度来考虑，最好不要让宝宝睡在父母的床上。应该给宝宝准备一张小床，让宝宝睡在小床上，不要放在大人身边睡，但可以把宝宝的睡床放在父母自己的卧室内，这样便于照顾。

满月宝宝喂养方法

Manyue Baobao Weiyang Fangfa

这个时期宝宝主要需要的营养

1～2个月的宝宝生长发育迅速，大脑进入了第二个发育的高峰期。在这个阶段，仍要以母乳喂养为主，并且要开始补充维生素C和维生素D。

维生素C可以对抗宝宝体内的自由基，防止坏血病，而维生素D可以促进钙质的吸收。

如何喂养本月宝宝

在母乳充足的时候，1～2个月的宝宝仍然应该坚持母乳喂养，妈妈也要注意饮食，保证母乳的质量。这个阶段的宝宝体重平均每天增加30克左右，身高每月增加2.5～3.0厘米。这个月的宝宝进食量开始增大，而且进食的时间也日趋固定。每天要吃6～7次奶，每次间隔3～4小时，夜里则间隔5～6小时。

两个月过后母乳的分泌会慢慢减少，宝宝的体重也会每天增加不足20克，并且有可能因为奶不够喝哭闹次数增加，此阶段可以每天补加一次配方奶。

将晚上8时的母乳改成150毫升的配方奶；如果体重仍然每天增加不足20克，就需再加一次配方奶，将早上6时的母乳改为配方奶；如果这样喂养5天体重只增加了100克，应将中午11：30的母乳也改为配方奶。要注意每次配方奶的量不超过150毫升。

夜里喂奶应注意什么

注意喂养姿势

夜晚乳母的哺喂姿势一般是侧身对着稍侧身的宝宝，妈妈的手臂可以搂着宝宝，但这样做会较累，手臂易酸麻，所以也可只是侧身，手臂不搂宝宝进行哺喂；可以在宝宝身体下面垫个大枕头，让宝宝的身体抬高，一扭头就能吃到母乳。或者可以让宝宝仰卧，妈妈用一侧手臂支撑自己俯在宝宝上部哺喂，但这样的姿势同样较累，而且如果妈妈不是很清醒时千万不要进行，以免在似睡非睡间压伤宝宝，甚至导致宝宝窒息。

夜间哺喂当心宝宝出现意外

晚上哺喂不要让宝宝含着乳头睡觉，以免造成乳房压住宝宝鼻孔使其窒息，也容易使宝宝养成过分依恋妈妈乳头的娇惯心理。另外，产后乳母自己身体会极度疲劳，加上晚上要不时醒来照顾宝宝而导致睡眠严重不足，很容易在迷迷糊糊中哺喂宝宝，所以要格外小心，以防出现意外。

妈妈奶水不够宝宝吃怎么办

如果妈妈的奶水不够宝宝吃，可以采取以下办法增加奶水。

保持乳母良好的情绪

分娩后的妈妈，在生理因素及环境因素的作用下，情绪波动较大，常常会出现情绪低迷的状态，这会制约母乳分泌。

医学实验表明，妈妈在情绪低落的情况下，乳汁分泌会急剧减少。因此，丈夫有义务为妻子创造一个良好的生活环境，并随时关注其心理健康。

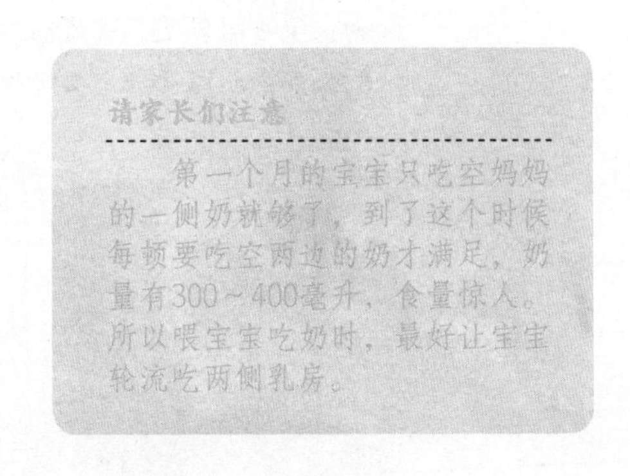
请家长们注意

第一个月的宝宝只吃空妈妈的一侧奶就够了，到了这个时候每顿要吃空两边的奶才满足，奶量有300～400毫升，食量惊人。所以喂宝宝吃奶时，最好让宝宝轮流吃两侧乳房。

补充营养

乳汁中的各种营养素都来源于新妈妈的体内，如果妈妈长期处于营养不良的状况，自然会影响正常的乳汁分泌。丈夫一定要把大厨的角色担当好，为妻子选择营养价值高的食物，如牛奶、鸡蛋、蔬菜、水果等。同时，多准备一点儿汤水，对妈妈乳汁的分泌能起催化作用。

由于乳汁的80%都是水，所以妈妈一定要注意补充足够的水分。喝汤也不一定总是肉汤、鱼汤，否则会觉得太腻而影响胃口，适当喝一些清淡的蔬菜汤或米汤换换口味也很有利于下奶。

多吃催乳食物

在采取上述措施的基础上，再结合催乳食物，效果会更明显。如猪蹄、花生等食物，对乳汁的分泌有良好的促进作用。均衡饮食，是哺乳妈妈的重要饮食法则。

哺乳妈妈对水分的补充也应相当重视。由于妈妈常会感到口渴，可在喂奶时补充水分，或是多喝鲜鱼汤、鸡汤、鲜奶等汤汁饮品，这样乳汁的供给才会既充足又富营养。

加强宝宝的吮吸

实验证明，宝宝吃奶后，妈妈血液中的催乳素会成倍增长。这是因为宝宝吮吸乳头，可促进妈妈脑下垂体分泌催乳激素，从而增加乳汁的分泌，所以让宝宝多吸吮乳头可以刺激妈妈泌乳。

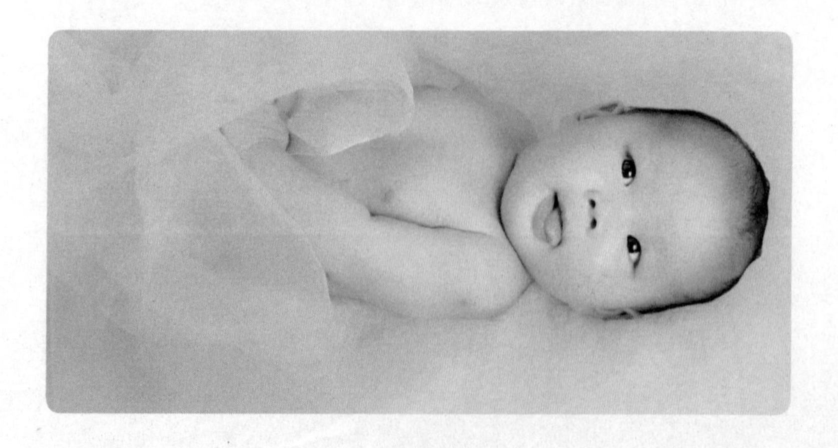

如何护理满月宝宝

Ruhe Huli Manyue Baobao

怎样让宝宝的头发茁壮成长

要想宝宝的头发生长浓密，充足的营养和睡眠少不了。营养方面，在注重多种营养物质搭配的同时，不要忘记补钙、铁、锌等元素。

充足的睡眠能为头发提供更多的血液供应，从而促进头发的健康生长。

不要给宝宝剃满月头

根据专家的说法，满月剃胎发毫无科学依据。但若宝宝出生时头发浓密，并赶上炎热的夏季，为了预防湿疹，可以将宝宝的头发剃短，但不赞成剃光头，否则会使已经长了湿疹的头皮更易感染。

理发时，理发师的理发技艺和理发工具尤为重要，理发师要受过宝宝理发和医疗双重培训，使用宝宝专用理发工具并在理发前要进行严格消毒。理发后要马上洗头，用清水即可。

给宝宝选择什么样的洗发液

给宝宝洗头时应选用温和、无刺激、易起泡的宝宝洗发液，pH值在5.5~6.5为佳。

在给宝宝选择洗发液时，无论选择哪个牌子的洗发液，洗发后切记一定要用温水把残留在头发和头皮上的洗发液冲洗干净，以免对皮肤造成刺激、损伤毛囊。

如何给宝宝洗头

给宝宝洗头时，水温保持在37℃～38℃为宜。洗头动作要轻，用指肚一点点地揉搓头皮，不要用手指甲使劲地抓挠。

宝宝的毛发略显酸性，出汗时酸性加强，给宝宝洗头应使用中性或弱碱性的洗发液、宝宝香皂或护发素。

给宝宝洗头的步骤	
1	左臂将宝宝臀部夹在自己的左腰部，面部朝上，用左手托稳宝宝的头颈部，使头部稍微向下倾斜，腿部稍稍抬高
2	左手拇指及中指从耳后向前推压耳郭，以防止水流入宝宝耳内
3	右手蘸水将宝宝头部淋湿，涂抹宝宝香皂或洗发液，顺着一个方向轻轻搓揉。用温水冲净泡沫，再用干毛巾擦干即可

给宝宝洗头时的注意事项	
1	水温保持在37℃～38℃
2	选择宝宝洗发水，不用成人用品。因为成人用品过强的碱性会破坏宝宝头皮皮脂，造成头皮干燥发痒，缩短头发寿命，使头发枯黄
3	勿用手指抠挠宝宝的头皮。正确的方法是用整个手掌，轻轻按摩头皮；炎热季节可用少许宝宝护发剂
4	如果宝宝头皮上长了痂壳，不妨使用烧开后晾凉的植物油（最好是橄榄油，其次为花生油或菜油），涂敷薄薄的一层，再用温水清洗，很容易除掉头垢
5	洗发的次数，夏季1～2天1次为宜，冬、春季3～4天1次
6	梳理头发能刺激头皮，促进头发生长。应选择齿软而呈锯齿状的梳子，以免伤及宝宝的头发与头皮

保暖护理

在冬季、深秋或早春，由于北方家庭有暖气，一般在室内的时候完全不必担心宝宝会冷。相反，不要因为怕宝宝冷就给宝宝多穿，这样会造成热性湿疹的。给宝宝穿着全棉内衣裤配小袜子，外加一件薄薄的小外衣就足够了。南方地区的小宝宝，由于家庭没有暖气，可以通过空调、电暖气等方式提高室内温度，或者用热水袋给宝宝保暖。

热水袋水温不宜过高，一般50℃左右即可。并且要在热水袋外面包一层干毛巾，置于宝宝包被外面，不要将热水袋直接贴在宝宝皮肤上，否则很容易发生皮肤烫伤。

要注意观察宝宝的排便需求

多数宝宝在大便时会出现腹部鼓劲、脸发红、发愣等现象。当出现这些现象时，可试着给宝宝把便。一般在宝宝睡醒及吃奶后应及时把便，但不要把得过勤，否则易造成尿频。并且，把时姿势要正确，应使宝宝的头和背部靠在大人身上，大人的身体不要挺直，而要稍往后仰，以便宝宝舒适地靠在大人身上，宝宝3个月以内还不会反抗。

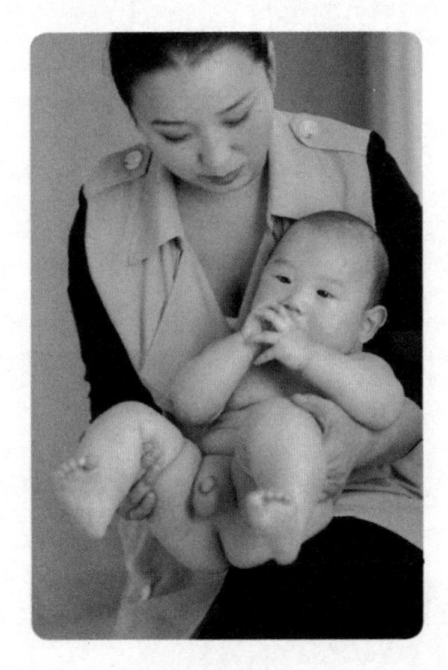

把便时，给予宝宝其他的条件刺激，如“嘘嘘”声诱导把尿，“嗯嗯”声促使其大便。刚开始时，宝宝不一定配合，但坚持训练，相信宝宝会逐渐形成条件反射。这个月龄的宝宝，应密切观察大小便情况，以摸清宝宝大小便的规律，开始进行把大小便，甚至在夜间也可这样做，为以后养成良好的大小便习惯打下基础，但如果把便时宝宝打挺、拒绝，不要勉强宝宝。

正常的大便

纯母乳喂养的宝宝的大便呈金黄色，稀糊糊的软便；配方奶喂养的宝宝的大便呈浅黄色。有时宝宝放屁带出点儿大便污染了肛门周围，偶尔也有大便中夹杂少量奶瓣，颜色发绿，这些都是偶然现象，关键要注意宝宝的精神状态、食欲情况。只要宝宝精神佳，吃奶香，不必去打针吃药，密切观察即可。

不正常的大便

如水样便、蛋花样便、脓血便、白色便（陶土便）、柏油便等，则表示宝宝生病了，应及时找医生治病。

不正常的小便

小便时哭闹，小便色黄、色浊，小便带血等等，当发现宝宝的小便出现异常时，请及时求助于医生，分析原因后合理护理。

如何判断宝宝穿衣量

宝宝的衣服穿得多还是少，不能只以宝宝手脚的冷热来判定。平常判断宝宝的穿衣够不够，父母最好伸手指到宝宝的后颈部，如果是潮热，或冰凉但有汗，就是热了，要减衣；如果是凉的无汗，就是冷了，要加衣；如果是干爽温暖，那就是正好。了解了这个判断方法，新妈妈们就可以更加得心应手的做好宝宝的穿衣护理了。

睡眠护理

在新生儿期，宝宝主要是在睡眠中度过的。虽然宝宝幼嫩，有时会遇到夜啼、日夜颠倒及半夜需哺乳等问题，只要稍加训练，睡眠还是不会太困扰父母的。过了新生儿期，两个月的宝宝就开始有不肯乖乖睡觉与如何训练独睡的问题，这一时期如何安排好宝宝的睡眠，是考验家长的耐心的重要时期。

两个月的宝宝，生活主要内容还是吃了睡、睡了再吃，每天平均要吃6～8次，每次间隔时间在2.5～3.5小时；相对来说，睡眠时间较多，一般每天要睡18～20个小时。

抱或背宝宝

宝宝很柔弱，全身软绵绵的，因此，在抱宝宝时，尤其是第一次做爸爸妈妈的，都觉得无从下手。

下面教你几种抱宝宝的方法：

将宝宝面向下抱着

让宝宝的脸颊一侧靠在你的前臂，双手托住他的躯体，让他趴在你的双臂上，这个姿势可以让你很顺手地来回摇摆宝宝，往往会使宝宝非常高兴，并喜欢这样的抱姿。

让宝宝面向前

让宝宝背靠着妈妈的胸部，一只手托住他的臀部，另一只手围住他的胸部。让宝宝面向前抱着，使他能很好地看看面前的世界。

横抱在你的臂弯里

宝宝仰卧时，父母可用左手轻轻插到宝宝的腰部和臀部，然后，用右手轻轻放到宝宝的头颈下方，慢慢地抱起他，然后将宝宝头部的右手慢慢移向左臂弯，将宝宝的头小心转放到左手的臂弯中，这样将宝宝横抱在妈妈的臂弯里了，这种姿势，会让宝宝感到很舒服。

让宝宝骑坐在妈妈的胯部

宝宝和妈妈面对面，让他双腿分开，骑坐在妈妈的胯上，一手托住宝宝的臀部，一手围住宝宝的背部。这时宝宝若觉得还不够安全，小手会紧紧抓住妈妈的臂膀。

本月宝宝的健康呵护

Benyue Baobao de Jiankang Hehu

需要接种疫苗

宝宝出生后1个月注射乙肝疫苗第二针；在出生后两个月口服宝宝麻痹糖丸疫苗，又叫脊髓灰质混合疫苗，该疫苗为糖丸，两个月的宝宝首次口服，每月1次，连续服3个月。

宝宝夜啼怎么回事

宝宝夜哭的原因很多，除了没有喂饱外，在生活上护理不妥也可导致宝宝夜哭。例如，尿布湿了；室内空气太闷，衣服穿得较多，热后出汗湿衣服裹得太紧；被子盖得太少使宝宝感到太凉；有时是因为宝宝口喝了也要哭；有时白天睡得太多，晚上不肯睡觉便要吵闹。当然，宝宝生病或因未及时换尿布造成臀部发炎，宝宝疼痛，更会哭吵得厉害。切勿每当宝宝哭就以为是肚子饿了，就用吃奶的办法来解决。这样极易造成消化不良，久而久之，不是大便秘结，就是腹泻不止。如果造成宝宝胃肠功能紊乱，引起腹部不适，更会使宝宝哭吵不停。

宝宝夜啼，妈妈和宝宝都得不到充分休息，一定要及时解决。要把室温、被温、体温调节适当，最好在宝宝两个月以后，逐渐养成夜里不喂奶、不含乳头睡觉的好习惯，这是解决夜哭的好办法。

宝宝感冒了怎么办

这时期的宝宝感冒多是由于受凉引起的。所以，父母平时应该多观察，随时留意宝宝是否受凉、过热。如果宝宝的手是凉的，就说明是受寒，应及时添加一些衣物；如果加了衣物之后，小手仍然不暖，就要采取以下措施：

按摩

在宝宝的背部上下来回搓动，可以隔着衣服进行。把宝宝的背部搓热，这样可以起到预防感冒的作用。

缓解鼻塞

一般的宝宝感冒之后都会有鼻塞现象，这时妈妈可以用手搓搓他的小耳朵，直到发红为止，以缓解鼻塞。

怎样给宝宝喂药

当宝宝病情较轻时，将宝宝抱在怀中，托起头部或半卧位，用左手拇食二指轻轻按压宝宝双侧颊部迫使宝宝张嘴。可将宝宝头和手固定，然后用小匙将药液（药片弄碎，加温水调匀）放到舌根部，使之自然吞下。也可以使用奶瓶让宝宝自己吸吮而服下，但要注意把沾在奶瓶上的药汁用少许开水刷净服用，否则无法保证足够的药量。

如果患儿病情较重，可用滴管或塑料软管吸满药液后，将管口放在宝宝口腔颊黏膜和牙床间慢慢滴入，并要按吞咽的速度进行。第一管药服后再喂第二管。如果发生呛咳应立即停止挤滴，并抱起患儿轻轻拍后背，严防药滴呛入气管。

在喂中药汤剂时，煎的药量要少些，以半盅药为宜。一日可分3～6次喂完，加糖调匀后用小勺或倒入奶瓶喂用，注意中药宜温服。

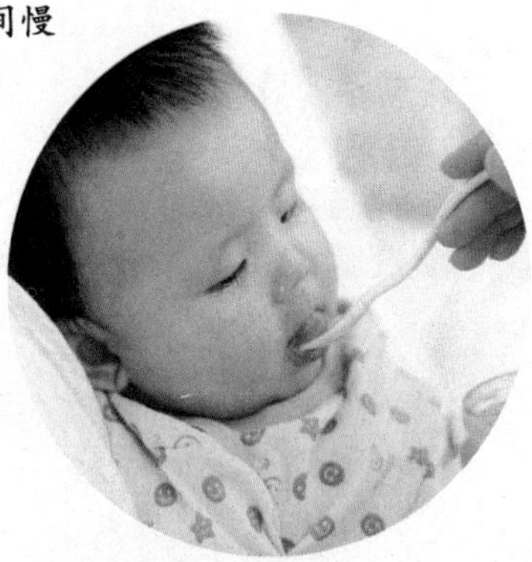

宝宝鼻子不通气怎么办

由于新生儿鼻腔短小，鼻道窄，血管丰富，与成年人相比更容易导致发生炎症，导致宝宝呼吸费力、不好好吃奶、情绪烦躁、哭闹。所以保持宝宝呼吸道通畅，就显得更为重要。

宝宝鼻子不通气的处理方法	
1	用乳汁点一滴在宝宝鼻腔中，使鼻垢软化后用棉丝等刺激鼻腔使宝宝打喷嚏，利于分泌物的排除
2	用棉花棒蘸少量水，轻轻插入鼻腔清除分泌物。注意动作一定要轻柔，切勿用力过猛损伤黏膜，造成鼻出血
3	对没有分泌物的鼻堵塞，可以采用温毛巾敷于鼻根部的办法，也能起到一定的通气作用

如何预防宝宝尿布疹

宝宝的皮肤特别娇嫩敏感，很多的刺激物质包括尿液、粪便、或是潮湿环境，都会对宝宝的皮肤产生刺激，进而产生发炎、溃烂而形成尿布疹，其中尿液中的氨与粪便中的微生物被认为尿布疹的主要元凶。

为了预防尿布疹，专家建议：

选择好纸尿裤

要选择全纸的，或棉柔材质、吸汗和透气性佳的款式，搓一搓，听听声音；比较薄的，大概一块饼干厚，要有松紧搭扣的，腰围有部分加宽、或是大腿附近的剪裁有增加伸缩功能的；吸水量大的。

保持宝宝臀部干爽

除了要选择好纸尿裤，合理地更换纸尿裤外，平常妈妈可在宝宝排泄完后，用温水轻轻冲洗宝宝的小屁股，再用纯棉布轻轻按压拭干。等宝宝的小屁股干爽后再用较油性的润肤乳涂抹，以形成保护膜。这样就可以较好的预防尿布疹。

本月宝宝的能力

Benyue Baobao de Nengli

宝宝运动能力的发展

1个月的宝宝，运动能力已经有很大的发展，并且会做一些简单的动作。这时，宝宝的双手也有了相应的发展变化，原来紧紧握着的小拳头也逐渐松开了。

宝宝的动作特征

到1个月的月末时，一些宝宝就可以竖抱起来了，只是仍有些摇晃，对于发育较好的宝宝则可以把上半身支撑起来一小会儿，甚至能够在爸爸妈妈的帮助下尝试学习翻身的动作了。

如果你给他小玩具什么的，他有时有意无意地抓握片刻。在你要给他喂奶时，他会立即做出吸吮动作。此时宝宝的小脚也很喜欢踢东西。

●大运动

1.在宝宝仰卧时，妈妈可以观察到宝宝两侧上下肢对称地待在那儿，能使下巴、鼻子与躯干保持在中线位置。

2.在宝宝俯卧时，大腿贴在小床上，双膝屈曲，头开始向上举起，下颌能逐渐离开平面5～7厘米，与床面约呈45°角，如此稍停片刻，头会又垂下来。

3.在将宝宝拉腕坐起时，宝宝的头可自行竖直2～5秒。

4.如果扶住宝宝的肩部，让他呈坐位时，宝宝的头会下垂使下颌垂到胸前，但能使头反复地竖起来。

● 精细动作

1.在用拨浪鼓柄碰撞宝宝的手掌时，他能握住拨浪鼓2～3秒钟不松手。

2.如果把悬环放在宝宝的手中，宝宝的手能短暂离开床面，无论手张开或合拢，环仍在手中。

● 宝宝面部协作

1个月的宝宝，动作发育处于一个非常活跃的阶段，宝宝可以做出许多不同的动作，特别精彩的是面部表情，会越来越丰富。

有时在睡眠中，宝宝会不老实，会做出哭相，撇着小嘴好像很委屈的样子；有时宝宝又会出现无意识的微笑。其实，这些面部动作都是宝宝吃饱后安详愉快的表现，说明宝宝处在健康成长的状态中。

请家长们注意

8周的宝宝在俯卧位时身体离开床的角度可达45°，但还不能持久，所以宝宝俯卧时，家长一定要注意看护，防止因呼吸不畅而引起窒息。

通过小手认识世界

在发育的过程中，宝宝的小手比嘴先会"说话"，他们往往先认识自己的手，有许多时候他们会两眼盯着自己的小手很仔细地看个没完，因此，手是宝宝认识世界的重要器官。

1个月的宝宝，手已经开始松开了，而不再一直紧握拳头，有时会两手张开，摆出想要拿东西的样子，有时看到玩具会乐得手舞足蹈；在吃奶时往往会用小手去触摸。爸爸妈妈要把握这个机会，多训练宝宝的手部动作，以利于智力的开发。这时，可以选一些不同质地、适合宝宝小手抓握的玩具或物品，比如拨浪鼓、海绵条、或积木等。

● 训练触摸和抓握能力

宝宝的手虽然还不能完全张开，但也要有意识地放一些玩具在他手中，如拨浪鼓、塑料捏响玩具等，以训练他的抓握能力。

在训练的开始，可先用玩具去触碰宝宝的小手，让他感觉不同的物体类型。待宝宝的小手可以完全展开后，就可将玩具柄放入他的手中，并使之握紧再慢慢抽出；大人也可以将示指或带柄的玩具塞入宝宝手中使其握住，并能留握片刻。

训练宝宝的小手，应选择一些带柄易于抓握、并且会发出响声的玩具比较适合，如摇棒、铃棒、串珠等，**但要注意：装有珠子和小铃的玩具一定要结实，以防脱落后被宝宝误食。**

● 手眼协调练习

握着宝宝的手，帮助他去触碰、抓握面前悬挂的玩具，每当抓到玩具妈妈就鼓励宝宝一下，如此可促进宝宝手眼的协调。

“爬行”与侧翻训练

爬行通常是从6～7个月开始练习的，宝宝到8～9个月时才会随意爬行。

我们这里所说的“爬行”，只是表示宝宝俯卧时有向前窜行的动作，并非是真正的爬，这也是宝宝的一种天生的本能反应。

● “爬行”训练

在训练宝宝练习俯卧抬头时，可用一只手抵住宝宝的足底。虽然，此时的宝宝的头和四肢还不能离开床面，但宝宝已经会用全身的力量做出类似爬行的动作了。

● 转侧练习

训练时，要用宝宝最感兴趣的发声玩具，在他的头部左右两侧逗引，使宝宝头部侧转，去注意玩具。每次训练时间可在2～3分钟，每日3～4次即可。

这个训练可促进宝宝颈部肌肉的灵活性和协调性，为侧翻身做好准备。

培养宝宝的语言能力

虽然多数宝宝都是1岁左右时才会真正说话，但他们的语言能力却是不断成长发展的。

一般来说，2个月的宝宝就已经有语言能力了，通过宝宝的语言能力还可以看出他的记忆与认知能力也在快速的发展。

训练宝宝语言能力

这时宝宝偶尔会发出“a、o、e”等字母音，并且有时能发出咕咕声，像鸽子叫似的；在与妈妈对视时，会呈现灵活的、机警的和完全清醒的表情；在与其他人接触时，有时能以发音来回答社交刺激，能集中注意。对出生2个月的宝宝，爸爸妈妈要注意和他多说话，以激发宝宝的语言能力。

要多引导宝宝说话

在平时与宝宝接触时，不要不理会他，而要多与宝宝交谈。比如，在给他换尿布时，先让宝宝光着小屁股玩一会儿，产生一种轻松感，这时宝宝会欢快地把腿抬起、放下。这时，妈妈就可说“嗨，好宝宝，跳跳、蹦蹦！”“妈妈给换一块干净的尿布布。”在反复这样做几次之后，每当宝宝露出屁股时，只要说跳跳、蹦蹦，宝宝就会伸腿、踢脚。

说话时要面向宝宝

在跟宝宝说话时要面向他，这样宝宝就会盯着你的口型，也想说出同样的话。当突然发现自己发出了和你同样的声音时，宝宝就会异常快乐。**宝宝在开始说话时，仅是无意识的，而且较容易忘记，作为家长切不可操之过急，要有耐心地去巩固宝宝无意识时说出的话，一天甚至几天能让宝宝记住一两句话，就已经很不错了。**

训练宝宝发音

宝宝2个月时就有发音能力了。训练宝宝的语言能力，要多让宝宝出声，爸爸妈妈可用亲切、温柔的语音来对宝宝说话，并要正面对着宝宝，以让他看清大人的口型，一个音一个音地发出“a、o、e”等母音。这样，练习一会儿，应停下来歇一会儿，而后从头再练一会儿，一天反复几次即可。

2月龄的宝宝

本月宝宝特点

Benyue Baobao Tedian

宝宝发育特点

1.拉住宝宝的双手就能将他拉起，不需要任何帮助，宝宝自己就能保持头部与身体呈一条直线。

2.能平整地趴着，并长时间地抬起头。可以把上肢略向前伸，抬起头部和肩部。

3.用双手扶腋下让宝宝站立起来，然后松手，宝宝能在短时间内保持直立姿势，然后臀部和双膝弯下来。

4.能够用手指去抓自己的身体、头发。

5.他能自己握住拨浪鼓。

6.多多练习翻身动作。

7.当宝宝高兴时，会出现呼吸急促，全身用劲等兴奋的表情。

8.会向出声的方向转头。当妈妈讲话时，他能微笑地对着妈妈，并发出叫声和快乐的咯咯声。

身体发育标准

体重	男孩平均6.03千克，女孩平均5.48千克
身长	男孩平均60.30厘米，女孩平均58.99厘米
头围	男孩平均39.84厘米，女孩平均38.67厘米
胸围	男孩平均39.10厘米，女孩平均38.76厘米
坐高	男孩平均40.00厘米，女孩平均39.05厘米

生长发育标准

大便

随着月龄的增加，尤其到了2～3个月的时候，大便次数通常会慢慢变少或一下子明显减少，1～4天拉一次都是正常情况。宝宝大便是否正常，最重要的是和之前的情况比较。宝宝的大便通常含水量较多，比较稀，不成形。添加辅食前，宝宝吃的食物水分含量较多，所以大便含水量也比较多。母乳喂养的宝宝大便是不成形的，一般为糊状或水状，里面可能有奶瓣或是黏液。而人工喂养的宝宝大便质地较硬，基本成形。

添加辅食（尤其是固体食物）后，宝宝的大便会慢慢成形变硬，逐渐接近成人。**添加辅食前，不管是母乳喂养还是人工喂养，大便基本都没有臭味。母乳喂养的宝宝可有一种甜酸的气味。**到了7～8个月吃荤腥等辅食后，大便就会比较臭。随着之后食物的多样化，宝宝大便的气味就慢慢跟成人相同了。

睡眠

这个月龄的宝宝比上个月时睡眠时间要短些，一般在18小时左右，白天宝宝一般睡3～4次，每次睡1.5～2小时，夜晚睡10～12小时，白天睡醒一觉后可以持续活动1.5～2小时。

宝宝能力发展与训练

Baobao Nengli Fazhan yu Xunlian

翻身及其他动作训练

我们知道，刚刚出生的宝宝每天只能躺在床上或摇篮里。但随着一天天成长，宝宝在不知不觉中坐起来了，站起来了，跑起来了……这是怎么回事？这是宝宝的运动智能在发展。

宝宝通过运动才使身体强壮起来，才使自己成长，然后才渐渐长大。**而在2个月时，则是宝宝动作训练的关键时期，如果这时宝宝的动作智能发展得很好，其体质成长就会很快，**在这个时期一个最主要的训练动作就是训练宝宝“翻身”。

宝宝学翻身大训练

2个月的小宝宝主要是仰卧着，但在体格发育上已有了一些全身的肌肉运动，因此，要在适当保暖的情况下使宝宝能够自由地活动，特别是翻身训练。

如果宝宝没有侧睡的习惯，那么妈妈可让宝宝仰卧在床上，自己拿着宝宝感兴趣并能发出响声的玩具分别在左右两侧逗引，并亲切地对宝宝说：“宝宝，看多好玩的玩具啊！”宝宝就会自动将身体翻过来。

训练宝宝的翻身动作，要先从仰卧位翻到侧卧位，然后再从侧卧位翻到仰卧位，一般每天训练2～3次，每次训练2～3分钟。

引导宝宝做抬头训练

宝宝做抬头练习，不仅锻炼宝宝颈部、背部的肌肉力量，还能增加肺活量，使宝宝较早地面对世界，接受较多的外部刺激。

● 俯卧抬头

让宝宝俯卧在床上，妈妈拿色彩鲜艳有响声的玩具在前面逗引，说："宝宝，漂亮的玩具在这里。"促使宝宝努力抬头。抬头的动作从抬起头与床面成45°，到3个月时能稳定地抬起90°。

宝宝的抬头训练时间可从30秒开始，然后逐渐延长，每天练习3～4次，每次俯卧时间不宜超过2分钟。

● 扶肩抬头

扶肩是练习抬头的另一种方法。吃完奶之后，妈妈在拍嗝的时候，让宝宝趴在自己的肩上，轻轻地拍他的后背，实际上也是锻炼宝宝颈椎的力量。

在练习时，妈妈让宝宝坐在哪只手臂上就让宝宝趴在哪一边的肩上，宝宝的脸贴在妈妈的脸上，既可以保护宝宝又不影响训练。

● 直立抬头

妈妈一手抱宝宝，一手撑住他的后部及背部，使头部处于直立状态，边走边变换方向，让宝宝观察四周，促使他自己将头竖直。

当宝宝用双臂支撑前身而抬头时，**妈妈可将玩具举在宝宝的头前，左右摇动，使他向前、左、右三个方向看，用肘部支撑，使头抬得更高些，锻炼颈椎和胸背肌肉。**通过这个训练，宝宝颈椎、胸背的肌力会大大增强。

宝宝手部动作发育及训练

这时宝宝的手经常呈张开状，可握住放在手中的物体达数分钟，扒、碰、触桌子上的物体，并将抓到的物体放入口中舔。但手与眼协调能力还不强，常抓不到物体，就是抓物也是一把抓，即大拇指与其他四指方向相同。

如果两个同样年龄大小的宝宝，用靠近小拇指侧边处取物的宝宝手的动作就没有用大拇指侧取物的那个宝宝发育得好。此外，手的抓握往往是先会用中指对掌心一把抓，然后才会用拇指对示指钳捏。

一个小宝宝如果能自己用拇、示指端拿东西，就表明他的手的动作发育已相当好了。宝宝先能握东西，然后才会主动放松，也就是说宝宝先会拿起东西，然后才会把东西放到一处。

宝宝的抓握训练内容	
让宝宝主动抓握	可以用带长柄的玩具触碰宝宝手掌，他能抓握住并举起来，使玩具留在手中半分钟；此外，用悬环也能抓住举起来
让宝宝用手指去抓衣物	在宝宝仰卧时，能用手指抓自己的身体、头发和衣服，有时也能将玩具抓举起来
让宝宝两手张开或轻握拳	由于宝宝这时能双手张开，因此当给他玩具时，不需要再撬开手，很容易便放到手中

宝宝认知及感觉智能训练

科学研究发现，宝宝在生命的最初3个月，大脑发育十分显著，并且已经建立了思维和反应方式，这意味着在这个时期如果帮助宝宝良好地开发智能，会建立他一生中的社会、体格和认知能力。所以，在3个月时对宝宝的智能、潜能开发非常重要。

宝宝视觉、听觉能力训练

2个月的宝宝，视觉与其他感觉已有了很大的发展，开始对颜色产生了分辨能力。头和眼已有较好的协调性，视听与记忆能力已经建立了联系，听见声音能用眼睛去寻找。在听觉上发展也较快，已具有一定的辨别方向的能力，听到声音后，头能顺着响声转动180°，通过训练宝宝的视觉能力，可以提高他的适应能力。

如果是高兴的时候，宝宝会手舞足蹈并发出笑声，能发出连续的声音及拉长音调，以引起大人的注意。在安静时，自己会咿呀发音，能把头转向叫他名字的人。

这时宝宝的眼睛已经能看见8毫米大小的东西，双眼能随发光的物体转动180°，眼睛更加集中灵活，对妈妈的脸能集中而持久注视。

宝宝认知和感官能力训练

认知能力训练

宝宝在3个月时，能区分不同水平方向发出的声音，并寻找声源，能把声音与嘴的动作相联系起来。这说明了宝宝感觉与认知的成长发育是很显著的。

3个月宝宝的认知能力标准	
玩具能握在手中看一眼	仰卧时，将玩具放在手中，经密切观察，宝宝确实能注视手中的玩具，而不是看附近的东西。但他还不能举起玩具来看
持久的注意	把较大的物体放在宝宝视线内，宝宝能够持续地注意
见物后能双臂活动	让宝宝坐在桌前，若将方木堆和杯子分别放在桌面上，宝宝见到物品后会自动挥动双臂，但还不会抓取物体

宝宝感官训练

爸爸妈妈应尽量多地给予宝宝感观训练。**在宝宝睡醒时，要用手经常轻轻触摸他的脸、双手及全身皮肤。**在哺乳时，可让宝宝触摸妈妈的脸、鼻子、耳朵及乳房等，以促进宝宝的早期认知活动。

交往能力与生活习惯训练

良好的交往能力与生活习惯，离不开后天的培养与训练。即使再聪明再有天赋的人，也只有通过日常生活的交往行为来和他人建立良好的关系，所以，聪明的宝宝要从小就培养他的交往能力，让宝宝学会并知道如何与他人交往。

如何让宝宝学会与成人交往

人的交往能力是天生的，但也离不开后天培养。爸爸妈妈应该知道自己的小宝宝是具有一定智慧和能力的，因此要让宝宝学会和成人交往。这时，宝宝还能来回张望寻找亲人，亲人走近时手舞足蹈，伸手要抱。宝宝还可用面部表情表示喜悦、不快、厌倦和无聊等。

这时宝宝往往用目光期待着喂奶，看到妈妈的乳房或奶瓶时，会表现出高兴样子。此外，有时宝宝见到人，不用逗引，能自动微笑，并且发声或挥手蹬脚，表现出快乐的神情。

作为爸爸妈妈，除了在生活上关心宝宝外，还要与宝宝有情感的交流。平时要用亲切的语调多和孩子说话。一般，在3个月时，宝宝就会模仿成人的发音。在宝宝咿呀自语时，妈妈要与宝宝主动交流，当宝宝发出各种各样的声音时，还要用同样的声音回答他，以提高宝宝发音的兴趣，并会模仿大人的口型发出不同的声音。

多与宝宝交流

爸爸妈妈即使自己在做家务时，也可以在宝宝看不到的地方与宝宝进行交流，或放一些胎教音乐、儿歌之类，让宝宝在欢乐的气氛中自己咿呀学唱，为以后说话打下基础。妈妈还应多逗引宝宝，多使他发笑，宝宝在3个月时已经能笑出声来。

培养良好的交往情绪

对宝宝的情绪表情，妈妈不要不闻不问，而要有相应的反应。同时，**妈妈要注意观察宝宝不同情况下的哭声，掌握他的规律，尽量满足他的需要，使宝宝在与母亲交往的过程中逐渐培养好最初的母子感情，**让宝宝学会主动与大人交往，在看到爸爸妈妈时能主动发音，逗引大人讲话。

宝宝为何爱吃手

吃手是宝宝心理发展的一个表现，也是婴儿口部运动的核心。吃手是每个正常的婴幼儿都必会经历的一个生理发育过程，而宝宝吃手既能使口腔的吸吮欲望得到满足，又是在用味觉进行探索。所以，妈妈应该鼓励6个月以下的宝宝吃手，完全不用干涉；6个月以后的宝宝开始能够坐起来了，周围的一切都是新鲜的，都等着宝宝的探索。宝宝开始用抓拿来探索世界，特别是开始学习爬行以后，手整天都在忙活着，自然就吃得少了。

妈妈在宝宝6个月到1岁期间要注意引导让宝宝从用口腔探索发展到用手探索，帮助宝宝尽早顺利愉快地渡过口欲期。

可以通过以下科学的办法来面对

1.赞赏加引导，以引导为主。当宝宝“吃手”时，用欣赏的眼光称赞他：“我的小宝贝可真能干，长大了，会吃手了！来让妈妈也吃一口（让妈妈亲亲宝宝的小手），啊，好香啊”这时，宝宝就顺理成章地把小手拿出来了。

2.加强手部按摩，让宝宝建立“手”的准确概念。小手拿出来，就可以为他做按摩，做手指游戏了，效果极佳。

3.多抚摸宝宝、多陪宝宝一起玩，让宝宝感到愉快、安心，从而减少通过吃手来自我安慰。

4.宝宝吃手时不要鲁莽地把手生拉硬拽出来，也不要呵斥宝宝，可以通过转移注意力的方法，如给宝宝一个有趣的玩具、指引宝宝看一些新奇的东西，自然地让宝宝把手拿出来。

如果父母在6个月以内就生硬地阻断宝宝吃手，宝宝的心理发育将受到非常大的影响，长大以后容易出现自信心不足、多疑、胆小、啃指甲等情况。

宝宝音乐智能培养与训练

音乐可以训练听觉能力，增强乐感和注意力，并能陶冶宝宝的性情。其实，音乐在发挥每个宝宝与生俱来的潜力上扮演着独一无二的角色，在架构一个能让宝宝健康自信地成长的和谐安全的环境中极为重要。

给宝宝一个快乐的音乐环境

给宝宝一个快乐的音乐环境，对他的身心发育有辅助作用。妈妈可以鼓励宝宝用一些简单的动作击打小鼓或有声玩具，宝宝会随着音乐节拍扭动身体，使宝宝的肢体语言表达得更加丰富多彩。

● 做音乐游戏

一些音乐游戏，对宝宝的感知发展很有意义。因为音乐游戏，可以使用节奏和旋律的自然手段来和宝宝进行情感互动，使宝宝在充满音乐的环境中生活并感知音乐的魅力，例如亲子园里的奥儿夫音乐课等活动。

● 按时播放音乐

每天选一个相对固定的时间，给宝宝听一点轻音乐或古典音乐，可以使宝宝的注意力集中，情绪安定下来。3个月后，宝宝就会开始出现自己有喜好的表情，对熟悉的音乐常会面露笑容，而对陌生的则会有疑惑的表情。

在音乐中宝宝能感受到乐趣，而且还能有利于宝宝睡眠，不需要哄就能入睡。此外，还能使宝宝情绪健康，而且注意力、记忆力、想象力、语言能力都发展不错，这些都有音乐的功劳。

训练宝宝辨别音乐来源

宝宝1个月时，就能辨别音乐的来源，在安静的时候，还会将头侧向声音的来源。到3个月的时候，宝宝会对音乐更加敏感。

● 给宝宝听不同的音乐

要给宝宝听很多不同的曲子，一段乐曲一天中可反复播放几次，每次十几分钟，过几天后再换另一段曲子。

训练宝宝听音乐应选择比较舒缓优美的歌曲，不要听太激烈或声音过强的音乐，以免损害小儿的听觉神经系统。

● 训练宝宝绝对辨音

利用音感钟或绝对音感铁琴，先让宝宝只听一种单音，例如"Do"，每次反复弹奏3～5分钟，每天1～3次，听3～5天。3～5天之后再更换下一个单音。等宝宝熟悉各种单音之后，就可以让他听各音阶之间的差异，或弹奏简单乐曲，接着可增加各种不同乐器声音辨识的训练及演奏出的不同音乐训练。接下来，可准备一些自然音乐，如流水声、鸟叫声等，可以帮助宝宝放松大脑。

和宝宝一起说儿歌、听乐曲

和宝宝一起说儿歌，可以刺激宝宝的听觉能力，激发兴趣，唤起宝宝的情感，熟悉妈妈的声音。 例如，念"布娃娃，真可爱，不吵不闹好乖乖"。

和宝宝一起听乐曲，可以发展宝宝听觉，培养宝宝的注意力和愉快的情绪。也可以结合宝宝的生活起居，如入睡前、吃奶时等，放些相适应的音乐，促进宝宝进入梦乡和激发愉快的情绪。

请家长们注意

通过美妙的旋律让宝宝感受美好的生活，使他全面发展，成为一个具有高度文化素养的人。还可以提高宝宝的听觉感受，促进情感体验，陶冶情操，久而久之，可使宝宝左右大脑平衡发达。所以，经常听音乐的宝宝更聪明。

为宝宝选购合适的玩具

一些有趣的玩具在宝宝的体力和智力的发展中，有着很重要的作用。通过玩玩具，可以增加宝宝的肌肉锻炼，促进动作的发展，并能使大脑潜能得以合理开发，增长智力，还能使宝宝的注意力更集中。

触摸和抓握玩具最适合宝宝玩

到3个月时，宝宝小手动作就有了很大的发展，可以将两手握在一起放在眼前玩。但此时，他的小手还不能主动张开，所以这时给宝宝买玩具要有意识地放一些带有细柄的玩具在他手中，如花铃棒、拨浪鼓、哗铃棒、塑料捏响玩具等。

给宝宝选玩具要注意的事项

比如哗铃棒类的玩具，要选声音悦耳的，大小要适中。**在大人摇铃宝宝看的最初时期，可以选用大型哗铃棒，但是到了宝宝能自己拿着玩时，哗铃棒太大了，容易碰着宝宝头和脸，很危险。**所以宝宝拿在手里的哗铃棒类玩具，要选用容易拿住的小型玩具，其形状要简单，不要带有任何装饰物。

在刚开始时，**教宝宝玩玩具可以先用玩具去轻轻地触碰宝宝小手的第一、二指关节，让他感觉不同的物体。**等宝宝的小手能完全展开后，将玩具柄放入宝宝手中，使之握紧再慢慢抽出。此外，也可以等宝宝抓住玩具后，握住他的手，帮其摇出响声，同时讲“摇啊摇！”以引起宝宝视听的关注。

给宝宝选择的玩具要安全

给宝宝选择玩具要以安全为主，而最安全的玩具应当是用布类做成的玩具。表面的布类要无毒，里面的填充物也要求无毒，不能混有尖硬的物体，也不应为颗粒细末状物体，否则一旦破裂后易呛入宝宝的气管。

因此，为2个月的宝宝选择玩具要做到：无毒、容易清洗消毒、表面光滑、周边圆钝无棱角、色彩鲜艳、重量较轻的，若能发出悦耳的声音则更好。

像花气球、拨浪鼓等，这样的玩具在色彩上不仅能从视觉上给孩子以刺激，发出的响声还能刺激听觉，使宝宝对外界环境发生兴趣。

若是选择吊车、小车、悬车玩具，应以红色为基调，采用单一的色彩和形状。但选用这类玩具时必须注意一些问题。比如，那些带有小装饰品的玩具易招灰尘，因此应选用那些结构简单，不易招灰尘的玩具；应考虑到悬吊玩具万一掉下来怎么办，为此在安装悬吊玩具时必须注意，吊装方法一定要稳妥可靠，万无一失，同时还要考虑玩具与宝宝睡床的位置关系，保证宝宝能斜着看到玩具。

壁薄的塑料制玩具，宝宝咬一口就会破，出现切口是很危险的。另外，有些玩具带有铃铛；宝宝有时会把它吞入口中，请务必留心。

选可以按出声的娃娃和动物玩具时，必须选用声音柔和的，因为声音强烈的玩具会使宝宝受惊。

总之，这个年龄段为宝宝选择玩具，最好是带柄易于抓握能发出响声的，如摇棒、哗铃棒、小摇铃等各种环状玩具。

但有一点还需要注意，那些装有珠子和小铃的玩具一定要结实，以防脱落后被宝宝误食导致窒息。

请家长们注意

宝宝在这个时期最喜欢的玩具是一些能注视的可移动玩具，如手摇铃、悬吊玩具及会发声的汽车等。此外，宝宝的玩具不一定是从玩具店买来的，家里的干净的小杂物或小废品，比如鞋盒、卫生纸卷芯等都可以成为宝宝的玩具。

本月宝宝喂养方法

Benyue Baobao Weiyang Fangfa

这个时期宝宝主要需要的营养

2个月的宝宝由于生长迅速，活动量增加，消耗热量增多，需要的营养物质也开始增多。

在这个月，要注意补充宝宝体内所需的维生素和无机盐。

怎样喂养本月的宝宝

本月的宝宝仍主张以母乳喂养。一般情况下食量小的宝宝只吃母乳就足够了。宝宝的体重如果每周增加150克以上，说明母乳喂养可以继续，不需添加任何代乳品。但食量大的宝宝需要补充配方奶，否则会因吃不饱而哭闹，影响生长发育。

这个阶段宝宝吃奶的次数是规律的，有的宝宝夜里不吃奶，一天喂五次；有的宝宝每隔4小时喂一次，夜里还要再吃一次。

混合喂养的宝宝仍主张每次先喂母乳，不够的部分用配方奶补足，每次喝奶量应达到120～150毫升，一天喂5～6次。

每次的量不得超过150毫升，每天的总奶量应保持在900毫升以内，不要超过这个量。虽然表面上宝宝不会有异常情况发生，但是如果超过900毫升，容易使宝宝发生肥胖，有的还会导致厌食奶粉。

如何冲泡奶粉

冲泡奶粉的步骤	
1	冲泡奶粉前，最好再将已经消毒好的奶瓶和奶嘴用开水冲洗一次。然后将手洗净，将奶瓶、奶嘴晾干
2	将温度合适的温开水倒入奶瓶中合适的刻度，将奶瓶拿到与眼睛平行的高度查看刻度是否合适
3	打开奶粉罐，用其配套的匙取出奶粉，每一量匙的奶粉都要用刮刀刮平
4	将匙中的奶粉倒入已装好开水的奶瓶中。注意这些水所对应的奶粉量要适宜，不要多加
5	将胶盖和胶垫圈装到奶瓶上扭紧。摇晃奶瓶，使奶粉和水充分融合

如何贮存冲好的奶粉

1.拿走胶盖，将奶嘴倒放在奶瓶上。注意不要让奶嘴浸到奶里。再放回胶盖和胶垫圈。

2.将奶瓶盖上盖放于冰箱内，但时间不要超过24小时。

乳腺堵塞如何哺乳

引起乳腺堵塞最常见的原因是太多的乳汁存留在乳腺中，导致乳房发胀、发硬。这个时候妈妈要检查一下哺乳的姿势，看宝宝有没有正确地含住乳头。

妈妈在哺乳前用湿热毛巾热敷乳房3～5分钟，哺乳后再用湿冷的毛巾冷敷乳房20分钟，这样可以促进乳汁的分泌。

乳头疼痛如何哺乳

在刚开始喂奶的前几个月内，乳头是非常敏感的，会感觉到轻微的烧灼感，有的时候乳头也会破裂而出现伤口。

遇到这样的问题可以这样做	
1	先用乳头不疼的一侧乳房喂宝宝，这样受伤的乳头可以得到缓解
2	哺乳过程中，每隔5～10分钟就交换到另一侧的乳房，让宝宝轮流交替吃，可以让每侧的乳房都充分发挥作用，妈妈也不会太劳累
3	在哺乳后让乳头自然风干，而不要将上面残留的乳汁和唾液擦去，因为乳汁干后可以形成一层薄薄的保护膜，促进伤口愈合

宝宝吃配方奶粉大便干怎么办

大便干可能是宝宝还不适应这款奶粉，因为每种奶粉的配方是不同的，建议更换奶粉品牌。最好选含低聚果糖的奶粉，即含益生元的奶粉。

益生元的配方接近母乳，口味清淡，对宝宝肠胃刺激小，奶粉所含的益生元能帮助宝宝肠道益生菌的生长，宝宝喝后不热气、不上火，排便顺畅。如果宝宝精神好，要多和他玩，宝宝玩累了、吃饱了就会睡觉了。

过敏体质宝宝喝什么奶粉?

特别敏感的宝宝可以选择低敏奶粉，一般情况下父母可以给宝宝先尝试少量的普通奶粉来观察宝宝食用后的效果，如果宝宝对普通的奶粉不产生过敏现象，可以直接给宝宝喝普通的奶粉，既经济又营养全面。因为奶粉款式多，品牌也多，不是每个大众品牌都适合宝宝，如果多款试下来都不好，就可以尝试低敏奶粉。

其他常见的生活护理要点

Qita Changjian de Shenghuo Huli Yaodian

宝宝流口水的处理

一般的宝宝都会流口水，原因是由于唾液腺的发育和功能逐步完善，口水的分泌量逐渐增多，然而此时宝宝还不会将唾液咽到肚子里去，也不会像大人一样，必要时将口水吐掉。所以，从3～4个月开始，宝宝就会出现流口水的现象。

由于宝宝的皮肤虽然含水分比较多，比较容易受外界影响，如果一直有口水沾在下巴、脸部，又没有擦干，容易出湿疹，所以，建议家长尽量看到宝宝流口水就擦掉，但是不要用卫生纸一直擦，只需要轻轻按干就可以，以免破皮。

脚的保暖很重要

除了宝宝穿衣要合适外，宝宝的脚也要注意保暖，要保持宝宝袜子干爽，冬天应选用纯羊毛或纯棉质的袜子。

正确给宝宝穿鞋保暖的方法

鞋子大小要合适，鞋子要稍稍宽松一些，质地为全棉，穿起来很柔软，这样鞋子里就会储留较多的静止空气而具有良好的保暖性。

鞋子过大或过小都不能让宝宝的脚舒适、暖和。可以经常摸摸宝宝的小脚，如果冰凉，除了添加衣物外，还要帮宝宝按摩脚底和脚趾，促进脚步血液循环。

宝宝衣物如何清洗

衣服对于宝宝来说，除了色泽、干净、整洁以外，还特别要注重清洗的质量。

清洗宝宝衣服原则	
宝宝的衣服独洗	将宝宝的衣服与大人的衣服分开清洗，这样可以避免发生不必要的交叉感染
最好手洗	洗衣机里藏着许多细菌，宝宝的衣物经洗衣机一洗，会沾上许多细菌，这些细菌对大人来说没问题，但对宝宝可能就是大麻烦，如引起皮肤过敏或其他皮肤问题
选择婴幼儿专用的洗涤剂清洗	尽量选择婴幼儿专用的衣物清洗剂，或选用对皮肤刺激小的洗衣粉，以减少洗涤剂残留导致的皮肤损伤

洗衣服似乎很简单，其实若清洗方法不合理，或衣服上有残留的洗涤剂，都会刺激宝宝的皮肤。

宝宝衣物常见污渍的清洗	
尿液奶渍	冷水冲洗，再以一般洗衣程序处理。不要用热水，那会使蛋白附着在纤维上，不易清洗
果汁	新渍可用浓盐水擦拭污处，或及时将食盐撒在污处，用手轻搓，然后再用水浸湿放入洗涤剂洗净
汗渍	在有汗渍的衣服上喷上一些食醋，过一会儿再洗效果很好

本月宝宝的健康呵护

Benyue Baobao de Jiankang Hehu

宝宝脐疝的治疗与护理

宝宝的病症表现

不少宝宝在哭闹时，脐部就明显突出，这是由于宝宝的腹壁肌肉还没有很好地发育，脐环没有完全闭锁，如增加腹压，肠管就会从脐环突出，从而形成脐疝。

处理方法

如果宝宝患有脐疝，应注意尽量减少宝宝腹压增加的机会，如不要让宝宝无休止地大哭大闹；有慢性咳嗽的宝宝要及时治疗；调整好宝宝的饮食，不要发生腹胀或便秘。

随着宝宝的长大，腹壁肌肉的发育坚固，脐环闭锁，直径<1.5厘米的脐疝多于1岁以内便完全自愈，无需手术治疗。如果脐疝较大，应咨询医生后酌情处理。

宝宝脸色差怎么办

宝宝脸色苍白没有精神时，可以检查下眼睑内侧和嘴唇颜色，如果偏白则很可能是贫血。

脸色通红可能是发热或者穿着过多。另外，如果宝宝出生1个月以后脸色还呈黄色并且有嘴唇发绀、呕吐、发热、血便等现象，必须立即送往医院救治。

重视宝宝的脸色变化

宝宝的脸色如果比平时红，很可能是发热，可以先测一下体温，如果是因为剧烈哭泣而引起的脸红，只要等宝宝安静下来，红色会逐渐退去。

宝宝剧烈哭泣后脸色呈红色是正常的，但是如果脸色苍白则要引起注意。如果发现宝宝在哭泣时脸色苍白，全身有痉挛现象、嘴唇呈紫色发绀时则需要立即送往医院。

脸色异常时可能患的疾病

异常脸色	可能患的疾病	表现症状
突然变青、变白	肺炎	呼吸急促，精神萎靡，咳嗽、咳痰
	肠套叠	剧烈哭闹，断续剧烈地恶心，呕吐并有血便出现
	颅内出血	头部受到打击后，意识丧失，呕吐
脸色呈青色、白色	疱疹性口腔炎	发热，口腔内有小疱疹，宝宝拒乳、烦躁、流涎
	室间隔缺损	母乳、牛奶饮食量下降，体重降低，口唇、鼻周部皮肤发青
	感冒综合征	发热、咳嗽伴有流鼻涕
脸色发红	麻疹	高热，全身有发疹现象
	风疹	发热，全身有发疹现象
	川崎病	高热，全身发疹。手足红肿，舌头有红色粒状物
皮肤金黄色	新生儿黄疸	眼白呈黄色，没有精神，粪便色黄
	胆道闭锁症	粪便呈陶土样，肝脏肿大

3月龄的宝宝

{本月宝宝特点}

Benyue Baobao Tedian

宝宝发育特点

1.平卧时，宝宝会做抬腿动作。
2.宝宝会出现被动翻身的倾向。
3.扶宝宝坐起，他的头基本稳定，偶尔会有晃动。
4.在喂奶时间，宝宝会高兴得手舞足蹈。
5.当有人逗他玩时，他爱咯咯大笑。
6.他喜欢别人把他抱起来，这样，他能看到四周的环境。
7.周围有声响，他会立即转动他的脑袋，寻找声源。
8.宝宝可能会同时抬起胸和腿，双手伸开，呈游泳状。
9.咿呀作语的声调变长。

身体发育标准

体重	男孩平均6.93千克，女孩平均6.24千克
身长	男孩平均63.35厘米，女孩平均61.53厘米
头围	男孩平均41.25厘米，女孩平均39.90厘米
胸围	男孩平均41.75厘米，女孩平均40.05厘米
坐高	男孩平均41.69厘米，女孩平均40.44厘米

生长发育标准

大便

这个月的宝宝，有的大小便已经很有规律，特别是每次大便时会有比较明确的表示，大人比较省心省事。

但是这一阶段，绝大多数宝宝还是需要使用尿布或纸尿裤的。当然如果是炎热的夏季，有些时候可以不用给宝宝裹尿布，以防出现尿布疹，但要注意及时把便。

排尿

当宝宝喝完水后，过一会儿就可以把他大小便，有时宝宝有尿意但不愿意被大人把着尿，这时你可以采用条件反射法进行训练。比如用嘴吹“嘘嘘”，或是用水壶往下倒水，用一个小盆接住水，这样训练一段时间，宝宝听到流水的声音，看到流水的情景，就自然会使劲排出小便了。这些办法很有效，试用一段时间后，大人就可以掌握宝宝的排便规律，及时给他把便。也有的宝宝尚未形成规律，需要父母给予更多的关注和照料。其实，只要父母细心，就会从宝宝大小便前的一些表现，找到一些宝宝的排便规律的。

当然，父母一定要有耐心，**坚持按照一定时间规律把便，这样宝宝的大小便自然会形成规律。**但一定不要强迫，如果宝宝打挺反抗，不肯配合，或超过5分钟宝宝还不肯排便的话，就不要再勉强他了。

睡眠

这个月的宝宝每日的睡眠时间是17～18小时，每次间隔2～2.5小时。夜里可睡10个小时左右。白天睡3次。

{本月宝宝能力发展}

Benyue Baobao Nengli Fazhan

宝宝的肢体运动与动作训练

这个月的宝宝，做动作的姿势较前熟练多了，而且能够呈对称性。当你把他抱在怀里时，宝宝的头能稳稳地直立起来。

由于这时期的宝宝，大部分的时间都是在床上或摇篮里躺着，是手眼协调能力训练的最佳时期。

锻炼宝宝手部抓握能力

这个月的宝宝，手的动作又有重大的发展，开始有了随意的抓握动作，并出现手眼的协调和五指的分化。这时期的宝宝，很喜欢在自己胸前玩弄和观看双手，对自己的双手发生了浓厚的兴趣，喜欢把两只手握在一起。喜欢抓东西，抓了东西喜欢放到嘴里，抓起来后又喜欢放下或扔掉，把东西抓在手里敲打。

训练宝宝的手部的动作，可以在宝宝的周围放一些玩具或在小床上方悬挂一些玩具，如拨浪鼓，响铃、圆环等玩具，让宝宝能看到并伸手可以抓到，以锻炼他手部抓握的能力及手眼协调能力。

具体训练方法有以下几项：

● 训练抓握

爸爸可以将带响声的玩具，拿到宝宝面前摇晃，使其注视，然后将玩具放在宝宝伸手可抓到的地方，激发宝宝去碰和抓。

如果宝宝抓了几次，仍抓不到玩具，就将玩具直接放在他的手中，使他握住，然后再放开玩具，教他学抓。

● 训练抱奶瓶

妈妈在给宝宝喂奶时，会看到宝宝往往会把双手放在乳房或奶瓶上，好像扶着似的。

这是宝宝接近和接触物体动作的初始发展，妈妈可以通过训练宝宝去触摸乳房或奶瓶培养这个动作。

宝宝手臂活动训练

宝宝手臂的活动能力，是随着身心的发展而发展的，因此，爸爸妈妈应多让宝宝做些手臂运动。这个月的宝宝，刚开始抓握东西时，眼睛并不看着手，看东西时也不会去拿，眼和手的动作是不协调的。

宝宝经过多次地反复地抚摸、抓握物体，使视觉、触觉与手的运动之间发生了联系，才逐步开始有了手眼的协调，也就是说能用眼睛看着东西，然后用手去抓。

● 双臂训练

妈妈将玩具拿到宝宝胸部的上方时，宝宝看到玩具后，他的双臂便活动起来，但手不一定会靠近玩具，或仅有微微地抖动；如将玩具放在桌面上，宝宝看到后，也会出现自动挥举双臂的动作，但并不要求抓到玩具。

● 训练伸手接近物体

妈妈抱着宝宝靠在桌前，爸爸在距宝宝1米远处用玩具逗引他，观察宝宝是否注意。慢慢地将玩具接近，逐渐缩短距离，最后让宝宝一伸手即可触到玩具。

如果宝宝不会主动伸手朝玩具接近，可引导他用手去抓握、触摸和摆弄玩具。

● 抓住近处玩具

抱起宝宝，将玩具放在距宝宝一侧手掌约2.5厘米处的桌面上，鼓励宝宝抓取玩具时，他能一手或双手抓取玩具。

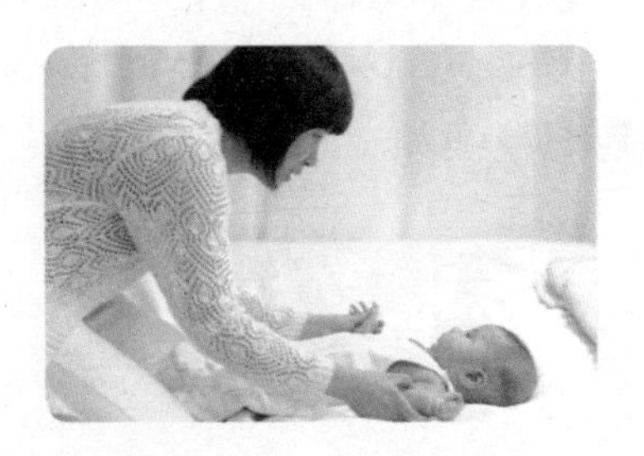

宝宝翻身、拉坐练习

这个月的宝宝，已经可以多做一些翻身与拉坐练习了，这能锻炼他的活动能力。

● 宝宝翻身练习

当宝宝在仰卧时，妈妈拍手或用玩具逗引使他的脸转向侧面，并用手轻轻扶背，帮助宝宝向侧面转动。当宝宝翻身向侧边时，妈妈要用语言称赞他，再从侧边帮助他转向俯卧，让他俯卧玩一会儿，然后，将宝宝翻回侧边仰卧，休息片刻再玩。

这个训练可以让宝宝全身得到运动。练习翻身时要给宝宝穿薄而柔软的衣裤，以免影响宝宝活动。

● 宝宝拉坐练习

当宝宝在仰卧位时，妈妈可握住他的手，呼唤宝宝的名字，引起宝宝的注意后，再将他缓慢拉起，注意要让宝宝自己用力，妈妈仅用很小的力气，以后逐渐减力，或只握住妈妈的手指拉起来。

通过这个训练，宝宝的头能伸直，躯干上部能挺直，还能使颈和背部肌肉得到锻炼。

训练宝宝抬头能力

这个月的宝宝在俯卧时，会抬头到适当高度，两眼朝前看，面部与床面呈90°，并能保持这个姿势。这时要及时地训练宝宝多做抬头锻炼。

● 用玩具逗引抬头

妈妈用色彩鲜艳带声响的玩具给俯卧的宝宝看，然后，再将玩具慢慢向上移动，逗引宝宝抬头。

通过这个训练，使宝宝随玩具抬起头，能锻炼颈背肌肉。

● 前臂支撑的抬头锻炼

在宝宝俯卧位时，妈妈站在宝宝前面，逗引他用前臂支撑上身，挺起胸部抬头看大人。

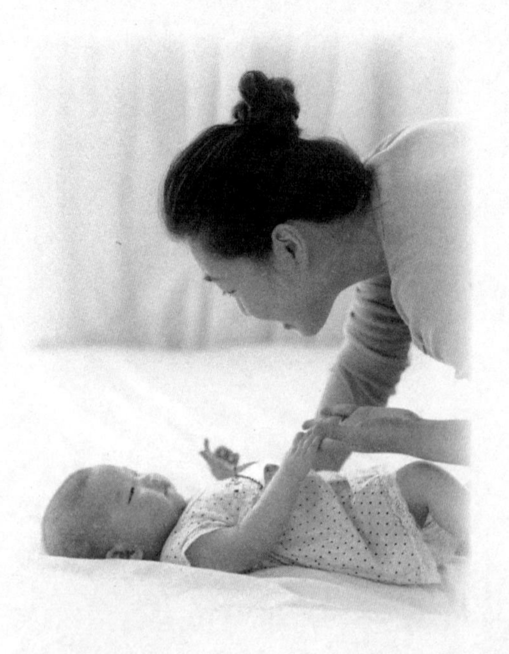

宝宝肢体动作训练	
在俯卧位时	如果宝宝的一只手臂伸直，另一只弯曲，就表现出要从他伸出的手臂上被动翻身倾向。但由于体位关系，可能会不自主地滚向仰卧位。这时，如果妈妈用手将宝宝的胸腹托起悬空的话，他的头、腿和躯干能保持在一条直线上
在仰卧位时	宝宝平躺在床上时，双手会自动在胸上方合在一起，并且手指互相接触，两手呈相握状；这时宝宝会出现抬腿动作，可以趁机训练
在坐位时	妈妈扶宝宝坐起，当头保持稳定时，头会向前倾，手臂或躯干移动或转头时，头基本稳定，只是偶尔晃动。如果宝宝的躯干上部挺直以维持坐姿时，只是腰部有弯曲，这时妈妈可以辅助宝宝坚持一会儿
将物体放到嘴里的动作训练	妈妈将物体放在宝宝手中，有时他会有将物体放到嘴里的动作，但动作比较笨拙，或者是一再努力尝试，这时一定要抓紧训练

宝宝的语言能力训练

这个月的宝宝，在语言发育方面进步较快。高兴时，嘴里会发出“咯咯咕咕”的声音，好像在跟你对话。

爸爸妈妈一定要抓住宝宝的这个特点，开发他的语言能力。

本月宝宝语言能力的培养

这个月的宝宝已经能够对人和物发声，在宝宝看到自己熟悉的人或玩具时，能发出“咿咿呀呀”的声音，好像在用自己的语言说话；当妈妈在宝宝背后摇铃时，宝宝会把头转向声源；有时宝宝会以低音调的声音改变口腔气流，发出哼哼声和咆哮声；有时会以笑或出声的方式，对人或物“说话”。

● 多和宝宝说话

爸爸妈妈在照顾宝宝的过程中，要多跟宝宝说话，最好是面对宝宝，结合实物，一字一字地发出单个音节。

爸爸妈妈说话的时候，一定要让宝宝能够看清楚自己的口型，从而很好地模仿。

● 鼓励宝宝发音

爸爸妈妈要经常与宝宝说话并逗引和鼓励宝宝发音，即使宝宝只是发出“咿咿呀呀”的声音，也要及时应答，这样会使宝宝愉快、兴奋，愿意再次发出声音。

宝宝视觉与听觉训练

宝宝一生下来就已经具备视觉与听觉能力，但这些能力还很微弱。在4个月时，随着丰富的环境刺激及影响，视觉与听觉便会迅速发展起来。这时，一定要做好宝宝视觉与听觉的训练培养。

宝宝的视觉发育与训练

这个月的宝宝，在视觉方面开始与手的动作相协调，这时爸爸妈妈要及时进行培养训练。

● 注视小物

妈妈可以选择在白色的餐巾或毛巾中央，放一粒红色的糖豆，并逗引宝宝注意看这粒小东西。观察宝宝能否看到这粒糖豆，在开始时，宝宝扒弄糖豆动作不准确，可能先用手去拍打，后来用五个手指把糖豆扒到掌心，但常常抓不准容易掉下来。

只要能扒弄糖豆就说明宝宝手眼协调能力良好。妈妈还要注意宝宝的动作，不要让他把糖粒放入口中，以免发生危险。

● 追视滚球

妈妈把宝宝抱坐在膝上，在有镜子的桌前，把球从桌子的右侧滚向左侧，再从左侧滚回右侧。这时，妈妈从镜中可以看到宝宝的眼睛和头跟着球转动，球滚动的速度不宜过快，以避免宝宝视觉疲劳。此外，也可以左右推动惯性车，宝宝的眼睛也会跟着小车追视。

关于本月宝宝的视觉训练，除了上述的训练外，还可以采取以下几种方法，并且这几种训练方法不但能促进宝宝的视力发展，还能培养宝宝爱思考的习惯。

宝宝思维性视觉训练	
颜色训练法	家长可以让宝宝多看各种颜色的图画、玩具及物品，并告诉宝宝物体的名称和颜色。使宝宝对颜色的认知发展过程大大提前
声音训练法	用玩具发出的声音，吸引宝宝转头寻找发声玩具，每日训练2～3次，每次3～5分钟，以拓宽宝宝视觉广度
大小远近训练法	爸爸妈妈选择一些大小不一的玩具，从大到小，放在桌上吸引宝宝注视，吸引宝宝用手去抓握。训练宝宝注视远近距离不等的物体有助于宝宝的视力的发展

宝宝的听觉发展与训练

3～4个月的宝宝，听觉发育也已经有了很大的变化，能分辨出大人发出的声音，如果听见妈妈的说话声就会很高兴，并且开始发出一些声音，好像是对大人的回答。这时爸爸妈妈也应及时地培养与训练。

爸爸妈妈要想办法吸引宝宝去寻找前后左右不同方位以及不同距离的发声源，以刺激宝宝方位感觉能力的发展。

爸爸妈妈还应该让宝宝从周围环境中直接接触各种声音，这样可以提高宝宝对不同频率、强度、音色声音的识别能力。通过这些听觉训练，可以促进宝宝的听力发展，培养宝宝的认知能力。

宝宝的社交与认知能力培养

3～4个月的宝宝，在用肚子趴着时，可伸直双臂撑起上身向四周看；会去抓拨浪鼓等玩具；可放声大笑，高兴时会发出长而尖的叫声；可自然地微笑；会注意很小的物体；能认出爸爸及其他亲人。可以说，这个时期宝宝的社交行为与认知能力已有很大的发展。

培养宝宝的社交智能

社交能力强的宝宝，会出现自发微笑迎接人的神态。当宝宝见到熟人，能自发地微笑，主动地进行社交活动。**提升宝宝的社交能力，能培养他良好情绪，使宝宝愉快地成长。**

● 经常抱宝宝出去玩

经常抱宝宝出去玩，让宝宝多接触人，有助于宝宝社交能力的发展，而且还能减缓宝宝即将出现的怕生现象。

● 多让宝宝参与聊天

当你和别人在聊天时，不妨也让宝宝参与进来，要知道，宝宝会试着用各种新的方法与你交流，简直变成了你家的单人乐团，并且对自己很满意。

● **经常和宝宝对话**

妈妈用亲切的声音在宝宝背后叫他的名字，当宝宝将头转向你时，要亲切和蔼地向宝宝笑笑，并说："啊，是在叫你呀，真乖！"这样能训练宝宝将头转向叫他名字的人，并能培养宝宝发出声音。

宝宝的智能成长与教育

3~4个月的宝宝，在视觉、听觉与其他感觉方面发育得很灵敏。在这个时期可以带宝宝到户外或街心花园，看花草和树木，瞧瞧狗和猫玩耍，观察各种人物活动等。多进行早期阅读，最好家长能选一些合适的读物读给他听。但要注意，宝宝的图书应以画为主，并要主题突出、单一，画得逼真形象、一看明了的那种；不要给宝宝看那些内容很复杂，画得很小的图画书。此外，还要多与宝宝交流。

通过这些智能教育，在发展视觉刺激的同时，结合语言，增加宝宝的认知与理解能力。以启发宝宝的全面智能，促进成长教育。

本月宝宝智能成长教育训练

3~4个月的宝宝，在认知能力上发展很大，小脑袋能转向声源；会偶然注意一会儿；并且非常注意地望着面前的人；能大声笑；能够辨认妈妈了；在语言方面会高声地叫，也会咿呀作声。

在动作方面，如果让宝宝俯卧，他能抬头至90°；竖抱时头稳定；扶着腋下可以站片刻；仰卧时自己能将身体翻向一侧；在帮助下可以仰卧翻身；还会做一些细小的动作，比如能把自己的衣服或小背子抓住不放等。

3~4个月的宝宝还会用手舞足蹈和其他的动作表示愉快的心情；并且开始出现恐惧或不愉快的情绪。这时期，爸爸妈妈一定要做好宝宝的智能教育。

●认知教育

3个月后宝宝的手已不再是握拳状了，而是逐渐张开，准备去抓东西了。这个时期，可放一些小玩具，如花铃环、小积木、花铃棒等在宝宝面前，或把这些玩具吊起来，训练宝宝去拿。可能开始时宝宝只是有伸手的意识，尽管全身都在用力，可还是不能准确拿到。

此时，爸爸妈妈可以将玩具靠近宝宝，使他抓到，并让他体验到抓住玩具的喜悦，这样能给宝宝增加信心，直到他自己能较准确地抓握住玩具。

●表情教育

情感是人对客观事物的一种反应，是对人的需要表现出的主观态度，是人的一种心理活动，它的外在表现就是表情。

爸爸妈妈在和宝宝玩耍时，要有意识地对他做出不同的面部表情，如笑、怒、淡漠等等，要训练宝宝分辨这些面部表情，使他逐渐学会对不同的表情有不同的反应，并学会正确表露自己的感受与情感。

●语言教育

经常和宝宝对话，可引导宝宝发音，启发语言能力。爸爸妈妈多和宝宝说话，特别是强调性地说一些人或物体的名称，看到什么说什么，如妈妈、奶奶、苹果、电视、椅子等。

要清晰地说出这些物体的准确名称，要给予宝宝准确的名称刺激，使他逐渐理解这些名词，为今后建立这一物体的正确概念及培养正确的语言能力打下基础。

●生活教育

宝宝手的动作发育相当快，这时就要在生活中让他体验手的工具作用。比如，在平时吃奶、喝水时，可让宝宝学会自己拿奶瓶，如果他还不能自己拿住，那也要让他扶一扶，这样既锻炼了宝宝手的活动，又可使宝宝有触觉体验，同时还是宝宝生活自理能力最初的培养。

本月宝宝即可进行早期阅读活动

早期阅读的范围非常宽泛，婴幼儿凭借色彩、图像、成人的言语以及文字等来理解以图为主的儿童读物的所有活动都属于早期阅读。

●宝宝能力特点

在宝宝3～4个月大时，就可以带他进行早期阅读了。在他的头部可以稳定地竖立起来时，就可以抱着他一起看一些色彩鲜明、线条清晰、每页只有一两幅图案的画册。

●宝宝能力培养方案

在让宝宝阅读时，最好边看边用清晰、正规的语言说出图案的名称，同时让宝宝的手指去触摸图案，不要在意宝宝是否听得懂，只要多次重复即可。让宝宝阅读时，所选图案的内容最好是宝宝经常看到的，如香蕉、苹果、皮球等，这样容易获得更深刻的印象。

每天都应该有一个相对固定的时间，抱着宝宝一起阅读，让宝宝养成阅读的习惯。时间可以从最初的2～3分钟逐渐延长到10～20分钟。

妈妈爸爸需要注意的是，早期阅读是一个循序渐进的过程。宝宝的个体差异比较大，有的宝宝进入某个阶段早些，有的则晚些。因此，爸爸妈妈要做到因材施教。而且，在阅读过程中，爸爸妈妈要以搂抱等身体接触以及微笑、谈话来向宝宝传递爱的信息，以使宝宝喜欢上阅读。

亲子智能游戏大开发

所有的爸爸妈妈，都希望自己的宝宝聪明可爱、拥有高智商，长大之后能够事业成功、生活幸福。因此，爸爸妈妈们就应该多观察宝宝的潜在能力，并且施以适宜的教育和亲子训练，以协助宝宝将潜力做最大的发挥。

培养亲子关系的互动游戏

与宝宝做亲子游戏，可以边玩边互动提升宝宝人际智能。在游戏中，宝宝得到更多与他人互动的机会，为他形成良好的社交能力打下基础。游戏中，宝宝通过对现实生活的模仿，再现社会中的人际交往，练习着社交的各种技能，不知不觉中就提升了人际智能。

作为爸爸妈妈，平时应利用短暂时间与宝宝在一起玩一会儿，不要总是在特殊日子里如妇幼节，才想起亲近宝宝的重要性，而是要在平时就多与宝宝在一起，多跟宝宝说话、做游戏，抚摩宝宝的皮肤，满足宝宝的亲情渴望。

换尿布，摸球球

适合月龄：3～8个月的宝宝

游戏过程

给宝宝换尿布的时候，是锻炼运动技能的好机会。妈妈可以在天花板上吊一个妈妈够得到而宝宝够不到的气球。在换尿布时，让球慢慢晃动，宝宝很快就会被球吸引，然后就会伸手去够球。换完尿布后，把宝宝抱起来，让他摸摸球。

游戏目的

可以分散宝宝的注意力，帮助妈妈更顺利地完成帮宝宝换尿布的过程，还能锻炼宝宝手臂的肌肉力量。

运动游戏智能开发大行动

作为爸爸妈妈，不知你发现没有，宝宝常常会兴奋地向你摆动着小手、小脚，其实他是在对你说：“跟我玩玩吧”，因此，爸爸妈妈何不利用空闲时间和宝宝一起来玩玩运动游戏呢?

宝宝要学习的内容可不少，动作的学习是其中的一个重要任务，并且越早对宝宝进行身体运动方面的训练，对宝宝智能开发的作用就越大。

玩具说话了

适合月龄：3~8个月的宝宝

游戏过程

把准备好的玩具，摆放在婴儿床边，以便宝宝可以抓起它们。或在宝宝的面前一边晃动玩具一边说，“嗨，宝宝，你好吗？”在晃动玩具说话时，爸爸妈妈可以根据不同的玩具变换说话的语调，以给宝宝倾听不同声音的机会。

游戏目的

通过模仿各种小动物的典型叫声让宝宝对这些小动物有最初的印象，通过不同声音的语调变换，让宝宝对游戏和玩具产生更大的兴趣和好奇心。

宝宝的翻身游戏大集合

翻身，是宝宝第一次真正意义上的全身运动，要借助头部、胸部、四肢等的力量，将身体翻转过来。翻身训练对接下来的肢体大动作——坐、爬、站、走、跑、跳——奠定了坚实的基础，同时翻身过程中的游戏交流，同样有助于宝宝感官能力的发展。因此，爸爸妈妈应多帮宝宝进行翻身练习。

摆弄翻身法

适合月龄：3~8个月的宝宝

游戏过程

摆弄翻身，就是将宝宝翻身姿势事先摆好，借助外力帮助翻身。让宝宝仰卧，然后在左侧放一个小玩具逗引他，让他有去拿的冲动。这时将宝宝的右腿放到左腿上，将右手放在胸上，轻轻地推宝宝的肩膀，使其抬离平面，一边拿玩具逗宝宝，一边用手推背部，帮助他顺利翻身。

游戏目的

帮助宝宝顺利翻身。

本月宝宝喂养方法

Benyue Baobao Weiyang Fangfa

这个时期宝宝主要需要的营养

3个月之后，宝宝体内的铁储备已消耗完，而母乳或配方奶中的铁又不能满足宝宝的营养需求，此时如果不添加含铁的食物，宝宝就容易患缺铁性贫血。

宝宝补铁刚开始可摄入富含铁的营养米粉及蛋黄，此外，在给宝宝补铁的同时，应适当给予富含维生素C的水果和蔬菜，维生素C能与铁结合为小分子可溶性单体，有利于肠黏膜上皮对铁的吸收。

怎样喂养本月的宝宝

3～4个月的宝宝仍主张用母乳喂养，6个月以内的宝宝，主要食物都应该以母乳或配方奶粉为主，其他食物只能作为一种补充食物。喂养宝宝要有耐心，不要喂得太急、太快，不同的宝宝食量有所不同，食量小的宝宝一天仅能吃500～600毫升配方奶，食量大的宝宝一天可以吃1000多毫升。

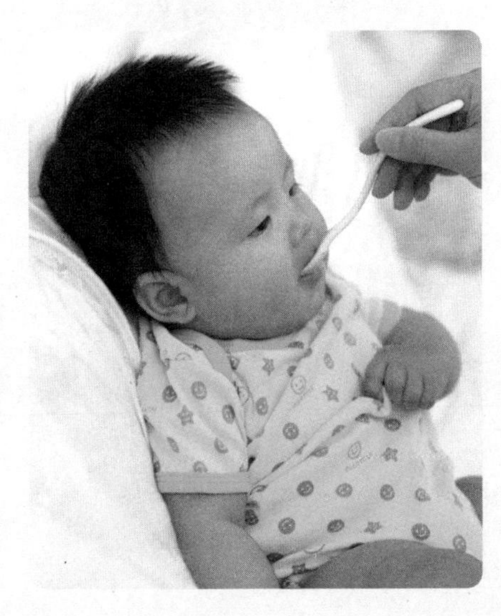

不要强迫宝宝吃他不喜欢的辅食，以免为日后添加辅食增加难度。

如何给宝宝喝水

什么时候要给宝宝喂水

若是宝宝不断用舌头舔嘴唇，或看到宝宝口唇发干时，或应换尿布时没有尿等，都提示宝宝需要喝水了。

3个月内的宝宝每次饮水不应超过100毫升，3个月以上可增至150毫升。**只要小便正常，根据实际情况让宝宝少量多次饮水。出汗时应增加饮水次数，而不是增加每次饮水量。**

宝宝喝水不要放糖

不要以自己的感觉给宝宝冲糖水，平时也不要喂宝宝过甜的水。因为宝宝的味觉要比大人灵敏得多，当大人觉得甜时，宝宝就会觉得甜得过度了。

用高浓度的糖水喂宝宝，最初可加快肠蠕动的速度，但不久就转为抑制作用，使宝宝腹部胀满。

宝宝发育需要铁元素

宝宝缺铁的原因

1.早产、双胎、胎儿失血以及妈妈患有严重的缺铁性贫血，都可能使胎儿储铁减少。

2.单纯用乳类喂养而不及时添加含铁较多的辅食，容易发生缺铁。

3.婴儿期宝宝发育较快，早产儿体重增加更快。随体重增加血容量也增加较快，如不添加含铁丰富的食物，宝宝很容易缺铁。

4.正常宝宝每天排泄的铁比大人多，出生后两个月内由粪便排出的铁比由饮食中摄入的铁多，由皮肤损失的铁也相对较多。

铁元素的主要来源

铁元素的主要来源有动物的肝、心，蛋黄、瘦肉、黑鲤鱼、虾、海带、紫菜、黑木耳、南瓜子、芝麻、黄豆、绿叶蔬菜等。另外，动植物食物混合吃，铁的吸收率可增加1倍，因为富含维生素C的食物能促进铁的吸收。

其他常见的生活护理要点

Qita Chanjian de Shenghuo Huli Yaodian

给宝宝拍照时不要用闪光灯

宝宝全身的器官、组织发育不完全，处于不稳定状态，眼睛视网膜上的视觉细胞功能也处于不稳定状态，强烈的电子闪光灯对视觉细胞产生冲击或损伤，影响宝宝的视觉能力。

为了防止照相机的闪光灯给宝宝造成伤害，对6个月内的宝宝，要避免用电子闪光灯拍照，可改用自然光来拍照。

如何抱这个阶段的宝宝

此阶段，抱宝宝最好的方法就是把双手放在宝宝的腋下，把宝宝抱过来。抱起宝宝后，可以把他放在前臂肘弯内，或把宝宝靠在自己的肩上，或在宝宝大一些后，后背和头颈强壮起来时，可以把宝宝放在膝上，一只手横在宝宝的身后。

抱、放宝宝要小心受伤

在这阶段，抱宝宝最重要的一点是防止宝宝后背扭伤，应该学会保护好后背的方法，抱起宝宝时，不应双腿站直只要弯下后背，这时整个力量都会集中在后背上。最好的方法是挺直后背，弯下双膝，让大腿撑起重力。

如果要把此阶段的宝宝放下则要注意，不要像以前那样小心，可以采用抱起的方法放下宝宝，也可以一只手撑着宝宝的上身，护着宝宝的后背和臀部，另一只手扶着臀部。如果要把宝宝放在高椅上，双手扶住宝宝的腋下，让宝宝的双腿自然垂下，正好放在座位与托盘之间。

宝宝安全座椅选购指南

市售的车辆上面的安全带是按照成年人的尺寸设计的，可最大程度的保护成年人的安全。而当儿童乘坐车辆时，安全带并不能将其牢固地固定在座位上，所以，安全带也不能起到保护作用，这时给宝宝选择最适合的安全座椅就显得尤为重要。

根据宝宝的体重选择合适阶段的儿童安全座椅							
	3千克 新生儿	10千克 1岁	15千克 3岁	18千 克 4岁	25千克 8岁	30千克 9岁	36千克 11岁
后向宝宝座椅 适用10千克内， 1岁以下宝宝					此阶段的宝宝，颈部还没有完全发育好，还不足以支撑相对较重的头部重量，后向安装座椅比正向安装更能为宝宝的头部和颈部以及脊椎部位提供全方位的保护		
转换式安全座椅 适用9～18千 克，1～4岁宝宝					是一种能够根据宝宝的年龄而调整位置的安全座椅。在宝宝体重还未达到10千克时，可以反向安装；之后则可根据需要将座椅调整到正向		
正向儿童座椅 适用15～25千 克，4～8岁宝宝	此阶段的宝宝身高增长速度快，座椅上的安全带需根据宝宝的成长速度进行调节						
增高型座椅 适用22～36千 克，8～11岁宝宝	增高型座椅一般不配备安全带系统，必须依靠汽车上的安全带保护宝宝						

本月宝宝的健康呵护

Benyue Baobao de Jiankang Hehu

宝宝急性中耳炎的治疗与护理

宝宝的病症表现

宝宝急性中耳炎在整个婴幼儿期是常见病，因为宝宝咽鼓管本身又直又短，管径较粗，位置也较低，所以，一旦发生上呼吸道感染时，细菌易由咽部进入中耳腔内，造成化脓性中耳炎。也有的宝宝可能会因为分娩时的羊水、阴道分泌物、哺喂的乳汁、洗澡时脏水浸入中耳，引起炎症。

一旦发生中耳炎，宝宝会很痛苦，会出现哭闹不安、拒绝哺喂的现象，有的宝宝还会出现全身症状，如发热、呕吐、腹泻等，直到鼓膜穿孔时，脓从耳内流出来后父母才发现。

处理方法

本病主要在于预防，喂奶时应将宝宝的头竖直，不要让乳汁流入耳中。洗澡时要用手指将耳部压盖耳道，勿将洗澡水流入耳中。积极防治上呼吸道感染，如果宝宝鼻塞不通，应先滴药使其畅通，再哺乳。

本病的预后，即听力的恢复与该病诊治的早晚有很大关系，发现越早，治疗越早，对听力的影响也就越小，而且一次治疗要彻底，以防日后复发。

流鼻涕、鼻塞

如何能让宝宝的鼻子通畅

宝宝的鼻黏膜非常敏感，早晚的凉风、气温的变化、灰尘的刺激都可能导致宝宝流鼻涕。但都是暂时的，只要保暖措施得当，室内温度适宜就会好。但是如果宝宝一整天都持续流鼻涕、鼻塞，很可能是感冒引起的。

鼻塞会对喝奶、睡眠产生影响，所以，这个时候要经常给宝宝擦鼻涕。另外，还要注意保持室内湿度，防止干燥。

护理要点

宝宝的皮肤很娇嫩，如果用干的纱布、纸巾擦鼻涕很容易把皮肤擦红。所以，要用湿润的纱布拧干后轻轻擦拭。如果鼻涕凝固堵塞鼻孔，可以用棉棒蘸取少量宝宝油，伸进鼻孔进行疏通。注意不要让棉棒刮伤鼻黏膜，或者将热毛巾放在鼻根处，热气就会疏通堵塞的鼻孔。用热水浸湿毛巾或者将湿毛巾放入微波炉内加热都可以，一定不要温度过高烫伤宝宝。

宝宝持续流鼻涕时，家长会经常给宝宝擦鼻子，鼻子下面就会变得很干燥，总是红红的。这时可以给宝宝涂一些宝宝油或者润肤霜，防止肌肤干燥。

4月龄的宝宝

本月宝宝特点

Benyue Baobao Tedian

宝宝发育特点

1.扶宝宝坐起来时，他的头可以转动，也能自由地活动，不摇晃。

2.可以用两只手抓住物体，还会吃自己的脚。

3.能意识到陌生的环境，并表示害怕、厌烦和生气。

4.哭闹时，大人的安抚声音，会让他停止哭闹或转移注意力。

5.能从仰卧位翻滚到俯卧位，并把双手从身下掏出来。

6.让宝宝站立，宝宝的臀部能伸展，两膝略微弯曲，支持起大部分体重。

7.宝宝能一手或双手抓取玩具。

8.宝宝会将玩具放到嘴里，明确做出舔或咀嚼的动作。

9.会注意到同龄宝宝的存在。

10.将宝宝放在围栏床的角落，用被子支撑着，宝宝能坐5～10分钟。

身体发育标准

体重	男孩平均7.52千克，女孩平均6.87千克
身长	男孩约65.46厘米，女孩63.88厘米
头围	男孩约42.80厘米，女孩41.80厘米
胸围	男孩约42.20厘米，女孩41.85厘米
坐高	男孩约42.25厘米，女孩41.45厘米

生长发育标准

睡眠

多数宝宝已经可以整晚地睡觉了，这个月的宝宝睡眠时间每日在16～17个小时，白天睡3次，每次睡2～2.5小时；夜间睡10个小时左右。在睡眠过程中，宝宝还可能会出现轻微哭吵、躁动等睡眠不宁的现象。

在一般情况下，宝宝都能从浅睡眠自行调节进入深睡眠。但有的宝宝睡眠调节功能较差，所以易从睡梦中惊醒。也有些宝宝的调节功能比较好，可以整夜安稳地睡觉，但这只是众多宝宝中的一小部分。

口腔

由于宝宝的唾液分泌增多且口腔较浅，加之闭唇和吞咽动作还不协调，宝宝还不能把分泌的唾液及时咽下，所以会流很多口水。这时，为了保护宝宝的颈部和胸部不被唾液弄湿，可以给宝宝戴个围嘴。

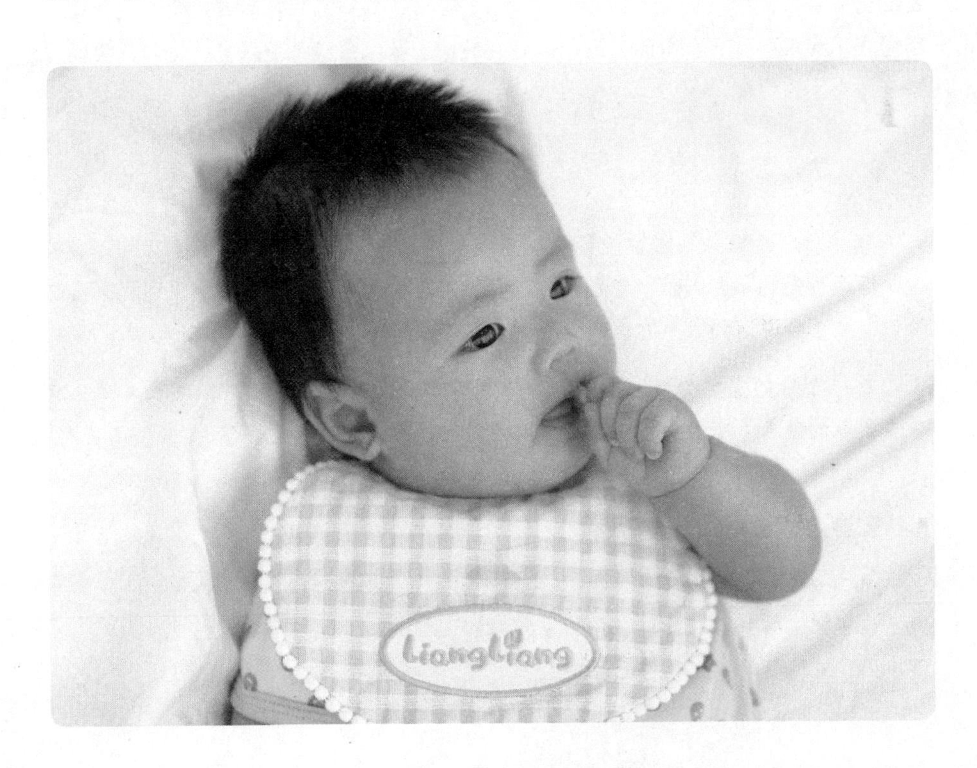

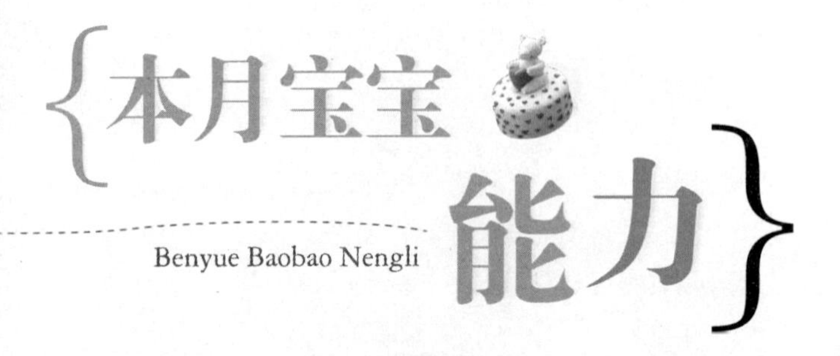

本月宝宝能力

Benyue Baobao Nengli

本月宝宝智能开发与教育

4～5个月的宝宝，在智能与身体发育上都是突飞猛进的。在高兴的时候，能发出重复音节，如“baba、dada、mama”等音；看到妈妈乳房或奶瓶会笑并挥手蹬腿表示高兴；到穿衣镜前，逗引他观看镜中人像，会对镜中人笑。这时，智能开发与教育不容忽视。

本月宝宝的智能发育状况

用“日新月异”来形容宝宝的能力成长特征，是再恰当不过了。当宝宝变成一个活泼可爱的小能人时，身心成长都发生了巨大的变化：从紧握小手到双手自由操作，从不会说话到简单的言语交流……这些都离不开爸爸妈妈的细心教养。

4～5个月的宝宝智能、感官、身体发育都会发生很大变化，在成长发育上有很多明显的特点，家长要根据自己宝宝的情况，酌情进行教育培养。

● 认知能力特征

宝宝在4～5个月时，对人就有了辨别能力，开始出现怕生的表现，这时宝宝开始注意镜子中自己的脸或手，而且还会轻轻拍镜子中自己的影子。有时还能主动与人交往，在接触人时，甚至会以伸手拉人或发音等方式与人交往。

●语音发育特征

在语言发育上，4～5个月的宝宝往往会发出各种声音逗着玩。这时，宝宝已经能对人或对物发声，当看到熟悉的人或玩具时，能发出咿咿呀呀的声音，像是说话的样子。

如果在宝宝背后摇铃铛，宝宝会主动地对声音做出反应，并将头转向声源，会主动与人或玩具说话。

●社会交往特征

在社会交往上，这个月的宝宝看到奶瓶、水等食物时会兴奋，两眼盯着看，表现出高兴或要吃的样子。除了喜欢与妈妈对话外，还喜欢在妈妈的膝上跳跃着玩。并且能辨别陌生人，知道区别陌生人和熟人，见到陌生人往往会表现出严肃的表情，不像对家里人那样容易熟悉，此外，已经开始向爸爸妈妈或其他人索取玩具。

●运动发展特征

宝宝在这个月时，动手的活动就更多了，只要是宝宝能看得见的东西，不管是什么东西都要伸手去抓了。并且，这时的宝宝会坐在大人膝上玩，能伸直腰。

运动发展的具体表现	
大运动发展	4～5个月的宝宝在靠垫坐着的时候，能直腰，并能从仰卧位转到侧卧位
精细动作发展	宝宝在这个月就可以两手抓触悬挂着的玩具，能主动取物，但动作仍不够准确，也不够协调，仍不能用手指捏东西

●感觉发育特征

宝宝从出生到4个多月时，感觉的发展十分迅速。

感觉发育的具体表现	
嗅觉和味觉	宝宝在4～5个月时，能比较稳定地区别酸、甜、苦等不同的味道；对食物的任何改变都会非常敏锐地做出反应
听觉	宝宝在听觉方面也有很大的发展，这个月能分辨不同的声调并做出不同的反应，如听到严肃的声音会害怕、啼哭，听到和蔼的声调会高兴、微笑
视觉	这个月的宝宝在视觉上，能感觉到颜色的深浅、物体的大小和形状，能注视远距离的物体，如飞机、月亮、街上的行人和车辆，能主动关注周围环境中的事物

本月宝宝的教育“功课”

宝宝成长发育是非常快的，如果不能及时地抓住宝宝在各个年龄段应该学习与掌握的东西，就会错过这个智能开发的最佳时期。

4个月以后的宝宝，记忆能力已基本形成，开始有了自我意识，并模糊地开始知道自己的名字；大脑也开始学会分析所见的事物；在语言上可以发出单音；喜欢别人逗他玩。

针对4～5个月的宝宝成长的快速发展，根据宝宝5个月的成长特点，爸爸妈妈可以教自己的宝宝训练或学习以下各项智能发展游戏。

●语言学习

逗引发音：多跟宝宝说话，逗引宝宝注视爸爸妈妈的口型，教他模仿发音。

认识自己名字：爸爸妈妈可以叫宝宝的名字，看宝宝有没有反应。一般宝宝对声音都会有反应，但却不一定是因为懂得自己的名字，所以爸爸妈妈可以先说别的小宝宝名字，再叫宝宝，看宝宝有什么反应，并要反复训练几次。

●认知学习

寻找事物：爸爸妈妈将玩具从宝宝眼前落地，发出声音，看看宝宝是否用眼睛去寻找。此外，爸爸妈妈也可以轻摇玩具引起宝宝的注意，然后走到宝宝视线以外，用玩具的声音逗引宝宝，或者把玩具塞入被窝，看宝宝是否能找到。

认识物名：训练宝宝听到物名后，去看物品并用手指物品。

●大动作学习

抬头：让宝宝俯卧着，训练宝宝抬头，让宝宝的胸部离开床，抬头看前方。

靠坐：让宝宝靠在沙发或小椅上坐着玩，或者由爸爸扶着宝宝坐着。

扶站、蹦跳：爸爸用双手扶着宝宝腋下，让宝宝站在自己的大腿上，保持直立的姿势，并用手扶着宝宝双腿跳动。

翻身：用玩具逗引宝宝左右翻身，从仰卧位翻成俯卧位。

●精细动作学习

伸手抓握：在宝宝面前放上各种物品，让宝宝伸手抓握，然后把物体移远一点再训练他抓握。

手指灵活运动：训练宝宝的手指灵活性，就要让他多抓住玩具敲、摇、推、捡等。

●吞咽能力学习

妈妈可以给宝宝一块饼干或其他食物，让他学习吞咽。

宝宝的感触发展及训练

宝宝从诞生开始，到出生后的半年内是感觉能力发展的最快时期，比如当宝宝饿了时就要吃奶，他会利用哭声将饥饿的感觉传递给妈妈。

妈妈来了，宝宝首先是用耳朵在捕捉妈妈靠近的声音，然后就会停止哭泣，或者哭得稍微小声了些。

●触觉发展训练

平时，应多让宝宝学抓或摸各种各样的东西，以培养手的抓握能力与感触能力，让他抓一抓、摸一摸不同的物品的不同之处，学习如何区分，比如丝绸、羊毛、棉花、缎子、海绵、餐巾纸等等，都可以让宝宝去触摸并感受它们的相同与不同之处。

通过这样的训练，可以激发起宝宝旺盛的求知欲，并能使其感触能力得到更迅速的发展。

宝宝咀嚼能力教育训练

宝宝的口唇虽然生来就有寻觅和吸吮的本领，但咀嚼动作的完成则需要舌头、口腔、面颊肌肉和牙齿彼此协调运动，必须经过对口腔、咽喉的反复刺激和不断训练才能获得。因此，习惯了吸吮的宝宝要学会咀嚼吞咽需要一个训练的过程。

对于母乳不足的宝宝，在4～5个月时（最晚不能超过6个月）就可通过添加辅食来训练其咀嚼吞咽的动作，让宝宝学习接受吸吮之外的进食方式，为以后的换乳和进食做好准备。

请家长们注意

吞咽咀嚼训练的开始，妈妈可用小勺给宝宝喂半流质食物，如米糊、蔬菜泥、水果泥等。刚开始，妈妈也许会发现，宝宝或多或少会将食物顶出或吐出。这是正常的现象，因为之前的宝宝习惯了吸吮，尚未形成与吞咽动作有关的条件反射，以后只要多喂几次即可。

语言、听觉与视觉训练

语言的发育是一个极其复杂的过程，需要经过一个相当漫长的时间，才能渐渐地成熟起来。通常，宝宝从不会说话到会说话要经历3个阶段，也就是首先要学会发音，然后会理解语言，最后才会表达语言。4～5个月的宝宝，正处在发音的年龄阶段，这时比前一阶段明显地变得活跃起来，发音明显增多。

4～5个月的宝宝在听觉与视觉上，正处于快速形成阶段。这时宝宝的视力能注视较远距离的物体，并且在听觉方面也有很大的发展，听到声音后能很快地将头转向声源，并能表现出集中注意听的样子。

本月宝宝的语言发育及训练

宝宝在4～5个月大时，语言能力明显变得活跃起来，发音明显增多，发出的声音除了声母和韵母大量增多外，还有一个特点是发重复的连读音节，如“ma—ma—ma”“ba—ba—ba”“da—da—da”等。虽然这些音没有实质的意义，但这些音却为以后正式说出词和理解词做出了准备。

这时宝宝对自己发出的声音很感兴趣，常常会不厌其烦地反复出声，在大人的逗引下，会笑出声甚至发出尖声叫。

让宝宝玩出伶牙俐齿

有许多的爸爸妈妈，都很在意宝宝是不是“会说话”，却忽略了在宝宝学会说话前所应该发展的沟通能力。从语言的发展进程上来看，宝宝能理解、听得懂的语汇，比他实际说出的语汇至少多出3～5倍。因此，多让宝宝知道并了解一些事物是很有必要的。

培养宝宝的语言能力，可以先提供给宝宝足够的视觉与听觉刺激，例如将看到的事物和正在做的事情，不断地讲给他听，让宝宝能在脑中联结语言和日常生活中的事物，进行语言储备。

● 找声音

训练宝宝对声源的反应。妈妈可以常常在宝宝的两侧说话，让他学习转向声源，或是拿一些铃铛、发声玩具做辅助，让宝宝试着辨别声音是从哪里发出的。当宝宝找到正确声源时，就可以将发声玩具交给他把玩，作为奖赏。

还可以拿块布或纸盒将声源和发声玩具盖住，让宝宝去寻找声音来源。这个游戏可以帮助宝宝建立“听觉的物理恒存概念”。

● 沟通训练

沟通语言训练，妈妈可以半躺在床上，让宝宝面对面坐在自己的大腿上，并和蔼地与宝宝进行交谈，也可以一边抚摸一边与宝宝说话。

对于几个月大的宝宝，比起说话能力本身，非语言的沟通能力，如哭、肢体动作，或是眼神、手势等反而更为重要，这些都是语言发展能力的重要指标。因此，爸爸妈妈要先学习观察宝宝的行为，尝试了解他的意图，以免错失与宝宝沟通的机会，否则，宝宝会因为没有得到你的鼓舞而变得越来越不爱表达！

小嘴巴，动一动

宝宝语言能力的发展，并不只是局限在“词汇”的发展，灵活的小嘴巴也是宝宝说话的关键。

宝宝的嘴唇、舌头、脸颊、声带、咽喉肌肉越协调，宝宝以后就越能比较“口齿清晰”地发音、说话。

培养宝宝的语言能力，可以通过一些口腔动作的小游戏，让宝宝体会发声的乐趣，提高口腔动作的灵活度，促进语言的发展。

●玩舌头

在宝宝的嘴唇周围涂上一些奶油或糖水，让宝宝试着将舌头伸出嘴巴外面上下左右动，可以提高舌头灵活度。

●吹一吹

在宝宝还小的时候，可以多在他的脸颊上轻轻地吹气，让他感受那股气流。当宝宝大一点的时候，让他模仿你把嘴嘟起来，试着吹吹看，如果他不太会吹，可以利用一些小道具，例如小风车、羽毛或小纸片等来启发他。

●玩嘴巴

当宝宝能够“抿”嘴唇时，就可以开始跟宝宝玩“亲嘴”的游戏，这不仅能促进宝宝双唇闭合的能力，也可增进宝宝与妈妈的亲密感。这些“吸”的动作可以促进脸颊肌肉的力量及双唇闭合的力量。

本月宝宝的视觉、听觉发育与训练

对这个月龄的宝宝，爸爸妈妈可以用选择观看法来检查视力发育得是否正常，这是一种筛查的方法，可以早期判断宝宝的视力发育情况，也可以带宝宝去儿科进行这方面的检查。此外，更要注重宝宝视、听智能的训练及培养。

● 听觉智能训练

爸爸妈妈在做事情的时候，别忘了加上语言，比如在洗澡时，也要一边洗一边对宝宝说话。

跟宝宝讲话时，要注意以下几点	
1	讲话时声音清晰，语调抑扬顿挫，不能用平铺直叙的低调子
2	少许夸张地做着手势，多多提问，如“肚子饿了吗？”“尿湿了吧？”
3	这时宝宝会因为你的提问而做出回应，喉咙里会发出“咕噜咕噜”的响声，这是宝宝会说话的第一步
4	此时，妈妈还要注意，要一边对宝宝说话，一边温柔地注视着他的双眼，等待着他的回答。不管从他的嘴里说出什么来，也马上学着他的样子跟着说

● 视觉智能训练

宝宝在4～5个月时，可以在晚上将房间灯光调暗一点，将宝宝抱在身上，妈妈拿手电筒，让光点在墙上移动，引导宝宝去看移动的光点。

当宝宝注意到了光点以后，可以将光点做上下、左右及圆周运动，以吸引宝宝快速地去追看。

看较小物品：宝宝在4～5个月时，视觉能力得到了充分发展，除了让他注意看大的物品外，还要让他注意看较小的物品，如围棋子、黄豆、纽扣等。但是，要注意防止较小的物品被宝宝抓入口中。

开关灯：可以在较暗的房间里，用数个不同颜色的灯，爸爸或妈妈随意按亮其中一个灯，让宝宝注意灯的开和关。通过这种训练，能锻炼宝宝眼球调节光线的能力。

看动画片：4个月以后的宝宝，每天可以让宝宝看几分钟的动画片，这对训练宝宝的视觉能力是有帮助的，但是还要注意，最好让宝宝距电视机3米以上。

认知能力训练与社会交往

4～5个月的宝宝，在看到熟悉的人或玩具时，能发出咿咿呀呀的声音，好像宝宝在对人“说话”。这说明，宝宝在社交与认知智能上已有很大的发展，已经能对人及物发出声音。

4～5个月的宝宝很爱玩，当他看到小铃铛等小玩具时，能将玩具拿起来，并把它放到嘴里，而不是像以前仅仅把手放到嘴里。

教宝宝学认日常用品

这时爸爸妈妈应有计划地教宝宝认识他周围的日常事物了。实际上，宝宝最先学会的是在眼前变化的东西，如能发光的、音调高的或会动的东西，像灯、收录机、机动玩具、猫等。

首先，宝宝的认物能力一般分为两个步骤：一是听物品名称后学会注视，二是学会用手指。

开始时，爸爸妈妈在指给他看东西，他可能东张西望，但要想方设法吸引他的注意力，坚持下去，每天至少5～6次。

通常，**宝宝学会认第一种东西时要用15～20天，学会认第二种东西时要用12～18天，学会认第三种东西用10～16天。但也有时1～2天就学会认识一件东西。**这要看你是否敏锐地发现他对什么东西最感兴趣。其实，宝宝越感兴趣的东西，认得就越快。因此，要一件一件地学，不要同时认好几件东西，以免延长学习时间。

破坏大王

适合月龄：4～9个月的宝宝

游戏过程

把不同的纸张分别递给宝宝，让它自由地揉搓或撕掉。每种纸都让他多感受几次。

游戏目的

宝宝通过对各种纸张的多次触摸，体验纸张的感觉，培养宝宝的创作能力。

让宝宝顺利度过“认生期”

随着视觉和听觉器官的发育，情感意识的逐渐明晰，宝宝跟他的主要看护者开始建立起一种熟悉的情感联系，从而产生从生理到心理的依赖感。因此，对那些没见过或极少看见的人，会感到非常陌生，会因未知而产生恐惧心理，进而开始排斥陌生人，寻求亲近人的保护。

性格活泼宝宝的安度法	
联谊活动	可以经常带着宝宝去别人家做客，或者邀请亲朋好友到自己家里来，最好有与宝宝年龄相仿的小朋友，这样同龄之间的沟通障碍要小得多，渐渐让宝宝习惯于这种沟通，提升交际能力
时刻安全	遇到宝宝认生时，妈妈要马上让宝宝回到安全的环境，比如抱到自己怀里，放回到婴儿车里，不要勉强或强迫他接受陌生人的亲热，这样只会让他更加紧张，认为妈妈不要他了，所以，要及时安抚

性格内向宝宝的安度法	
多接触陌生人	抱着宝宝，主动地跟陌生人打招呼、聊天，让宝宝感到这个陌生人是友好的，是不会伤害他的
慢慢接近	想要接近宝宝，最好拿着他最熟悉最喜欢的玩具，这样他会慢慢转移注意力，缓解认生的恐惧心理
户外锻炼	平时要多带宝宝到户外去，多接触陌生人和各种各样的有趣事物，开拓宝宝的视野

健身体操训练与音乐培养

音乐是一门听觉艺术。音乐在培养听力方面的作用是任何其他学科所无法相比的，它使人耳聪；有同时看多行乐谱的能力，使人目明；音乐是时间的艺术，它使人反应敏锐；还可以使人产生丰富的联想；它还可以锻炼人具有顽强的毅力、高度集中的注意力及合作精神。

从小开展各种训练听觉的游戏，培养宝宝倾听音乐的兴趣，不但能让宝宝感受到音乐的美，还有助于开启宝宝的智力。

将宝宝的声音融入游戏

本月的宝宝会从身边的事物开始记起，外界发生的事情最能引起他的兴趣，并能体验快乐感觉，尤其是音乐，因此应多让宝宝听各种音乐，以感受声音的不同。

这时，一定要多给宝宝一些他喜欢的视听享受。比如，多给宝宝唱他喜欢的歌，或看到他喜欢的节目开始时，宝宝就会显现出高兴的样子。

如果能将宝宝喜欢的歌或音乐带到游戏中，就可以加强他的能力。因为，这是他熟悉的，一定会玩得很高兴，这对身心发展是极有益处的。

● 听音乐盒的声音

当着宝宝的面转动音乐盒的开关，做几次后，宝宝便会知道一转动那个小东西就会发出声音来。每当音乐停止时，他会用手指触摸开关，让妈妈转动它。这种过程可帮助宝宝发展智力。

● 随音乐舞动

让宝宝伴随音乐起舞，让他的身体随着音乐舞动，培养乐感细胞。这个游戏一开始，要好好帮助宝宝，让他随着音乐的节奏摇动。

健身操锻炼健康的宝宝

● 两手胸前交叉

预备姿势：爸爸妈妈两手握住宝宝的腕部，让宝宝握住大人的大拇指，两臂放于身体两侧。

动作要点：第1拍将两手向外平展，与身体成90°，掌心向上，第2拍两臂向胸前交叉，重复共2个8拍。

● 转体、翻身

预备姿势：宝宝仰卧并腿，两臂屈曲放在胸腹部，左手垫于宝宝背颈部。

动作要点：第1～2拍轻轻将宝宝从仰卧转为左侧卧，第3～4拍还原，第5～8拍大人换手，将宝宝从仰卧转为右侧卧，后还原，重复共2个8拍。

促进宝宝运动能力的游戏

运动是宝宝健康成长的第一步，因此，爸爸妈妈一定要训练好宝宝的运动能力。下面的游戏可以起到不错的锻炼效果。

毛毯荡秋千

适合月龄：4~7个月的宝宝

游戏过程

爸爸和妈妈用一张毛毯或薄被，让宝宝躺在中间，毯子两端由大人抓稳后前后摇荡。

游戏目的

由于外力的摇摆，会促使宝宝自己将头的位置做变换以保持稳定姿势，能训练宝宝的平衡感。

培养宝宝创作和想象力的游戏

森林动物小聚会

适合月龄：4~9个月的宝宝

游戏过程

爸爸或妈妈先把准备好的小动物玩具摆放在一边，把小马拿给宝宝看之后就学着马的声音，模仿一下马奔跑时的叫声。接着把玩具鸭子拿给宝宝看，学鸭子摇摇摆摆地走和“嘎嘎嘎”地叫……

游戏目的

可以锻炼宝宝的模仿能力、记忆能力、创造能力、创新能力以及语言能力，这是一个可以锻炼宝宝综合能力的小游戏。

本月宝宝喂养方法

Benyue Baobao Weiyang Fangfa

这个时期宝宝主要需要的营养

这个阶段的宝宝母乳已经无法满足其所需营养，需要添加辅食，补充宝宝所需的维生素和无机盐，特别是铁和钙，还要为身体补充热量和蛋白质。

添加辅食需要耐心

初次添加辅食，宝宝会因为不适应新食物的味道而将食物吐出来，但这并不表示宝宝不爱吃，要有耐心地连续喂宝宝几天，让他喜欢这样的口味。

宝宝的辅食添加顺序	
4~5个月	这个时期宝宝刚要出牙，最好的选择是添加米粉，每天一两次。米粉可以刺激口腔内消化酶发生作用，促进消化。这个阶段可添加的辅食：强化铁米粉、菜泥、果泥
6~7个月	半岁以后，宝宝的消化能力、咀嚼能力都有所加强，可添加的辅食有稀饭、烂面条、菜末、蛋黄、鱼泥、豆腐等
8~9个月	这个时期主要辅食有：肉末、动物内脏、烤馒头片、磨牙棒（饼）、饼干、鸡蛋等
10~12个月	这个阶段的宝宝可以慢慢断奶了，主要辅食有稠粥、软饭、碎肉、碎菜、馄饨等

在添加辅食时为宝宝创造良好的气氛，不要破坏宝宝的食欲。如果宝宝不爱吃某种食物，可以先暂停喂食，隔段时间再喂，这期间可以找成分相似的替代品。

怎样喂养本月的宝宝

这个月龄的宝宝仍愿意吃母乳，所以，这个阶段要使宝宝的发育正常，仍可以以母乳为主。同时要添加辅食，补充宝宝成长所需的营养，也要为日后的换乳做好准备。

4～5个月的宝宝食量差距就比较大了，有的宝宝一次喝200毫升奶还不一定够，但有的宝宝一次喝150毫升奶就足够了。

人工喂养时

宝宝到了4～5个月，不要认为就应该比上一个月多添加奶粉，其实量基本是一致的。这个月可以适时喂宝宝一些泥糊状食物，添加泥糊状食物的目的是为了让宝宝养成吃乳类以外食物的习惯，刺激宝宝味觉发育，为宝宝进入换乳期做准备，同时也能锻炼宝宝的吞咽能力，促进咀嚼肌的发育。

如果宝宝一次性喝下较多配方奶可以保证很长时间不饿的话，也可以采取这样的喂养安排，每次喂配方奶220～240毫升，一天喂四次。但要注意，不要因为宝宝爱喝配方奶就不在乎宝宝发胖，而不断给宝宝增加奶量，这样会影响宝宝的健康和发育。

母乳喂养时

4～5个月的宝宝体重增加状况和上一个月相比区别不大，平均每天增长15～20克，母乳喂养的情况跟上个月差不多。但是当母乳不充足时，宝宝就会因肚子饿而哭闹，体重增加也变得缓慢，这时就必须要添加配方奶了。但是实际上，到了现在才开始添加配方奶，宝宝很可能已经不肯吃了。

当宝宝实在不喝配方奶的时候，可以选择其他的营养品代替，比如，分次喂服1/6蛋黄，观察宝宝大便情况，如果没有异常，可以继续加下去。1～2周后可以试着添加菜汁、水果泥等每次100毫升。

添加辅食的方法

合理给宝宝添加辅食

宝宝4～5个月时就可以开始添加辅食了，但是添加辅食的时候，奶量不要减少得太多太快。开始添加的时候还要继续保持奶量800～900毫升，这时添加辅食的量是较少的，应该以奶为主，因为奶中的蛋白质营养吸收相对较高，对宝宝生长发育有利。

如果给宝宝以吃泥糊状食物为主，如粥、米糊、汤汁等，宝宝会虚胖，长得不结实。若是辅食的品种数量不太合适，里面的营养素就不能满足宝宝成长发育的需要，如缺铁、缺锌就会造成宝宝贫血、食欲不好。

随着宝宝的逐渐长大，从母体带来的抵抗力也会逐渐减少，自身抗体的形成不多，抵抗力就会变差，所以容易生病。妈妈应注意给宝宝添加辅食，如果宝宝不肯接受，妈妈可以适当改变一下制作方法，想办法让宝宝对其感兴趣。

注意一定不要强迫宝宝吃东西，否则后果可能很严重，宝宝也许连喜欢的食物也开始排斥了。试喂换乳前的果汁，慢慢地让宝宝习惯母乳、奶粉以外的味道。

喂辅食时要使用专用匙

注意用宝宝专用匙来喂泥糊状食物，喂食物时千万不能让宝宝躺着，可以先让妈妈或家人抱着喂，等宝宝自己能够坐的时候把宝宝放在儿童椅上再喂。

蔬菜汤的烹调要点

习惯了果汁之后，可以试着喂宝宝营养充足的蔬菜汤，把应季蔬菜煮透之后取少量汁，酌量给予，最初用凉开水稀释2～3倍喂宝宝。

适合做蔬菜汤的蔬菜有卷心菜、大萝卜、洋葱、胡萝卜等汁少的蔬菜，不要选用芹菜、香菜等味道很重的蔬菜；也不要把煮过菠菜、油菜的水喂给宝宝，因为那里含有较多的草酸、植酸，会影响钙的吸收。

泥糊状辅食的制作工具

父母在给宝宝制备泥糊状食物时，要注意食物的种类和烹饪的方式，无论是蒸、煮还是炖，都要多多尝试，这样或许会让宝宝胃口大开。

合适的泥糊状食物制作工具是必不可少的，父母要专门准备一套制作工具。还要给宝宝准备一套专用的餐具，并鼓励宝宝自己进食，会产生事半功倍的效果。

安全汤匙、叉子

这组餐具的粗细很适合宝宝拿握，非常受欢迎。叉子尖端的圆形设计，能避免宝宝使用时刺伤自己的喉咙，上面还印有宝宝喜爱的卡通人物，能让宝宝享受更愉快的用餐时光。

食物研磨用具组

尽管使用家中现有的用具也能烹调泥糊状食物，但若准备一套专门用具，会更方便顺手。它有榨汁、磨泥、过滤和捣碎4项功能，还能全部重叠组合起来，收纳不占空间。

食物研磨用具可以方便调制宝宝泥糊状食物。可在微波炉里加热。食物研磨用具组是方便、多样化调配泥糊状食物的万能工具。

辅食添加初期

Fushi Tianjia Chuqi

换乳开始的信号

一般开始添加辅食的最佳时期为宝宝4～6个月时，但是最好的判断依据还是根据宝宝身体的信号。

以下就是只有宝宝才能发出来的该添加辅食的信号。

辅食最好开始于4个月之后

宝宝出生后的前三个月基本只能消化母乳或者配方奶，并且肠道功能也未成熟，进食其他食物很容易引起过敏反应。若是喂食其他食物引起多次过敏反应后可能引起消化器官和肠功能成熟后也会对食物排斥。所以，换乳时期最好选在消化器官和肠功能成熟到一定程度的4个月龄为宜。

辅食添加最好不晚于6个月龄

6个月大的宝宝已经不满足于母乳所提供的营养了，**随着宝宝成长速度的加快，各种营养需求也随之增大，因此通过辅食添加其他营养成分是非常必要的。**6个月的宝宝如果还不开始添加辅食，不仅可能造成宝宝营养不良，还有可能使得宝宝对母乳或者配方奶的依赖增强，以至于无法成功换乳。

过敏宝宝6个月开始吃辅食

宝宝生长的前6个月最完美的食物就是母乳，**因此纯母乳喂养到6个月不算太晚，尤其是有些过敏体质的宝宝，**添加辅食过早可能会加重过敏症状，所以这种宝宝可6个月后开始换乳。

可以添加辅食的一些表现

等到宝宝长到4个月后，母乳所含的营养成分已经不能满足宝宝的需求了，并且这时候宝宝体内来自母体残留的铁元素也已经消耗殆尽了。

宝宝的消化系统已经逐渐发育，可以消化除了奶制品以外的食物了。

1	首先观察一下宝宝是否能自己支撑住头，若是宝宝自己能够挺住脖子不倒而且还能加以少量转动，就可以开始添加辅食了。如果连脖子都挺不直，那显然为宝宝添加辅食还是过早
2	背后有依靠宝宝能坐起来
3	能够观察到宝宝对食物产生兴趣，当宝宝看到食物开始垂涎欲滴的时候，也就是开始添加辅食的最好时间
4	如果当4~6个月龄的宝宝体重比出生时增加一倍，证明宝宝的消化系统发育良好，比如酶的发育、咀嚼与吞咽能力的发育、开始出牙等
5	能够把自己的小手往嘴巴里放
6	当大人把食物放到宝宝嘴里的时候，宝宝不是总用舌头将食物顶出，而是开始出现张口或者吮吸的动作，并且能够将食物向喉间送去形成吞咽动作
7	一天的喝奶量能达到1升

添加初期辅食的原则、方法

添加初期辅食的原则

由于生长发育以及对食物的适应性和喜好都存有一定的个体差异，所以每一个宝宝添加辅食的时间、数量以及速度都会有一定的差别，妈妈应该根据自己宝宝的情况灵活掌握添加时机，循序渐进地进行。

添加辅食不等同于换乳

当母乳比较多，但是因为宝宝不爱吃辅食而用断母乳的方式来逼宝宝吃辅食这种做法是不可取的。因为母乳毕竟是这个时期的宝宝最好的食物，所以不需要着急用辅食代替母乳。对于上个月不爱吃辅食的宝宝，可能这个月还是不太爱吃，但是要有耐心等到母乳喂养的宝宝到了4个月后就会逐渐开始爱吃辅食了。因此不能由于宝宝不爱吃辅食，就采用断母乳的方法来改变，毕竟母乳是宝宝最佳的营养来源。

添加初期辅食的方法

妈妈到底该如何在众多的食材中选择适合宝宝的辅食呢？如果选择了不当的辅食会引起宝宝的肠胃不适甚至过敏现象。所以，在第一次添加辅食时尤其要谨慎些。

● 辅食添加的量

奶与辅食量的比例为8：2，添加辅食应该从少量开始，然后逐渐增加。刚开始时添加辅食时可以从铁强化的米粉开始，然后逐渐过渡到菜泥、果泥、蛋黄等。使用蛋黄的时候应该先用小匙喂大约1/8大的蛋黄泥，连续喂食3天；如果宝宝没有大的异常反应，再增加到1/4个蛋黄泥。接着再喂食3～4天，如果还是一切正常就可以加量到半个蛋黄泥。需要提醒的是，大约3%的宝宝对蛋黄会有过敏、起皮疹、气喘甚至腹泻等不良反应。如果宝宝有这样的反应，应暂停喂养，等到7～8个月大后再行尝试。

留意观察是否有过敏反应

待宝宝开始吃辅食之后，应该随时留意宝宝的皮肤。看看宝宝是否出现了什么不良反应。如果出现了皮肤红肿甚至伴随着湿疹出现的情况，就该暂停喂食该种辅食。

留意观察宝宝的粪便

宝宝粪便的情况妈妈也应该随时留意观察。如果宝宝粪便不正常，也要停止相应的辅食。等到宝宝的粪便变得正常，也没有其他消化不良的症状以后，再慢慢地添加这种辅食，但是要控制好量。

●第一口辅食很重要

喂养4～5个月的宝宝，最佳的起始辅食应该是婴儿营养米粉。这种最佳的婴儿第一辅食，里面含有多种营养元素，如强化了的钙、锌、铁等，其他辅食就没有它这么全面的营养了。这样一来，既能保证一开始宝宝就能摄取到较为均匀的营养素，并且也不会过早增加宝宝的肠胃负担。

每个妈妈都应该记住，每一次喂食都该让宝宝吃饱，以免他们养成少量多餐的不良习惯。所以，等到宝宝把辅食吃完以后，就该马上给宝宝喂母乳或配方奶，直到宝宝不喝了为止。当然，如果宝宝吃完辅食以后，不愿意再喝奶，那说明宝宝已经吃饱了。一直等到宝宝适应了初次喂食的米粉量之后，再逐渐地加量。

●添加辅食的时间

这个阶段宝宝所食用的辅食营养还不足以取代母乳或配方奶，所以第一次添加辅食最好在中午这顿奶之前，先给宝宝喂调成稀糊状的米粉两汤匙，喂完之后再喂奶，奶量也要比从前相应减少一点儿；等添加3～4天米粉后，可以把米粉逐渐加量，再过3～4天，再尝试添加菜泥等，以后如果米粉、菜泥、蛋黄泥量越来越多，就完全可以替代中午这顿奶了，然后再逐渐替换晚饭时的那顿奶。

注意：最好不要在两顿奶之间添加辅食，因为宝宝那时不饥不饱，食欲不好，而且两顿奶之间胃没有排空就进食，也不利于消化。

喂食一周后再添加新的食物

添加辅食时，一定要注意一个原则，那就是等习惯一种辅食之后再添加另一种辅食，而且每次添加新的辅食时要留意宝宝的表现，多观察几天，如果宝宝一直没有出现什么反常的情况，再接着继续喂下一种辅食。

4 4个月后开始喂　　5 5个月后开始喂　　6 6个月后开始喂

! 注意过敏反应　　? 有过敏的宝宝可以吃的月数

● **南瓜** 4

富含脂肪、糖类、蛋白质等热量高的南瓜，本身具有的香浓甜味还能增加食欲。初期要煮熟或者蒸熟后再食用。

● **香蕉** 5

含糖量高，脂肪、酸含量低，可以在添加辅食初期食用。应挑表面有褐色斑点熟透了的香蕉，切除掉含有农药较多的尖部。初期放在米糊里煮熟后食用更安全。

● **梨** 4

很少会引起过敏反应，所以添加辅食初期就可以开始食用。它还具有祛痰降温、帮助排便的功用，所以在宝宝便秘或者感冒时食用一举两得。

● **苹果** 5

辅食初期的最佳选项。等到宝宝适应蔬菜糊糊后就可以开始喂食。因为苹果皮下有不少营养成分，所以打皮时尽量薄一些。

● **西蓝花** 5

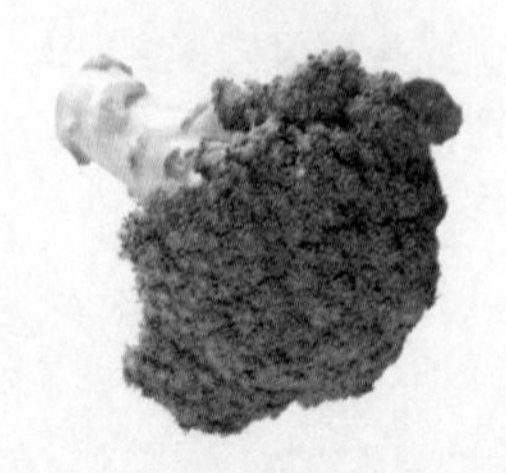

富含维生素C，很适合喂食感冒的宝宝。等到5个月后开始喂食，不要使用它的茎部来制作辅食，只用菜花部分，磨碎后放置冰箱保存备用。

●菠菜 5

富含维生素C和钙的黄绿色蔬菜。因为纤维素含量高不易消化，所以宜5个月后喂食。取其叶部，洗净后开水汆烫，然后使用粉碎机捣碎后使用。

●菜花 5

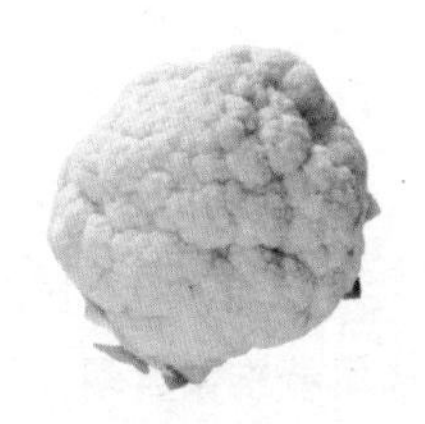

能够增强抵抗力、排出肠毒素。适合容易感冒、便秘的宝宝。把它和土豆一起食用既美味又有营养。去掉茎部后选用新鲜的菜花部分，开水汆烫后捣碎使用。

●西瓜 5

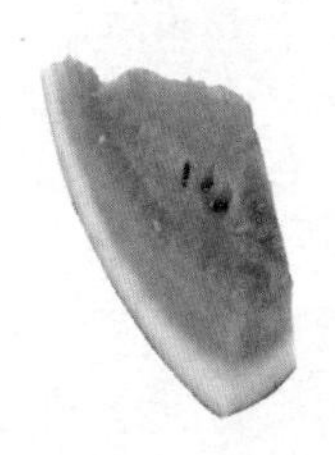

富含水分和钾，有利于排尿。既散热又解渴，是夏季制作辅食的绝佳选择。因为容易导致腹泻，所以一次不可食用太多。去皮、去籽后捣碎，然后再用麻布过滤后烫一下喂给宝宝。

●鸡胸脯肉 6

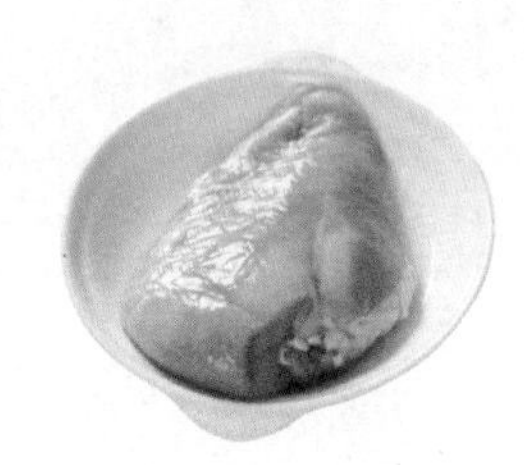

含脂量低，味道清淡而且易消化吸收。这个部位的肉很少引起宝宝过敏。为及时补足铁，可在宝宝6个月后开始经常食用。煮熟后捣碎食用，鸡汤还可冷冻后保存继续在下次使用。

●李子 5 !

含超过一般水果3～6倍的纤维素，特适合便秘的宝宝。因其味道较浓，可在宝宝5个月大后喂食。初食应选用熟透的、味淡的李子。

●桃、杏 5 !

换乳伊始不少宝宝会出现便秘，此时较为适合的水果就是桃和杏。因果面有毛易过敏，所以5个月后开始喂食。有果毛过敏症的宝宝宜在1岁后喂食。

● 油菜 6

含有丰富的维生素C、钙和铁，容易消化并且美味，是常见的用于制作辅食的材料。加热时间过长会破坏维生素，所以用开水烫一下后搅碎，然后用筛子筛后使用，一般适用于6个月以上的宝宝。

● 白菜 6

富含维生素C，能预防感冒。因其纤维素较多不易消化，并且容易引起贫血，故6个月后可以喂食。添加辅食初期选用纤维素含量少、维生素聚集的叶子部位。去掉外层菜叶，选用里面菜心烫后捣碎食用。

● 蘑菇 6

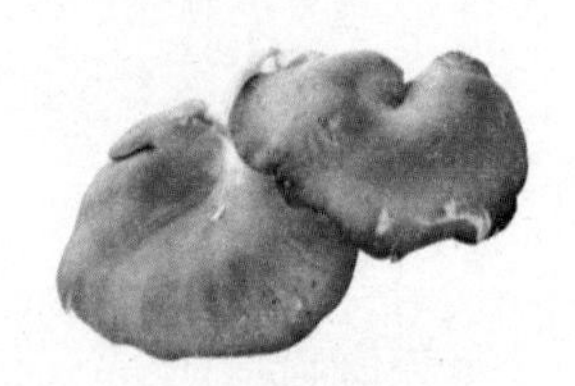

除了含有蛋白质、无机盐、纤维素等营养素，还能提高免疫力。先食用安全性最高的冬菇，没有任何不良反应后再尝试其他蘑菇。开水烫一下后切成小块，再用粉碎机捣碎后食用。

● 胡萝卜 6

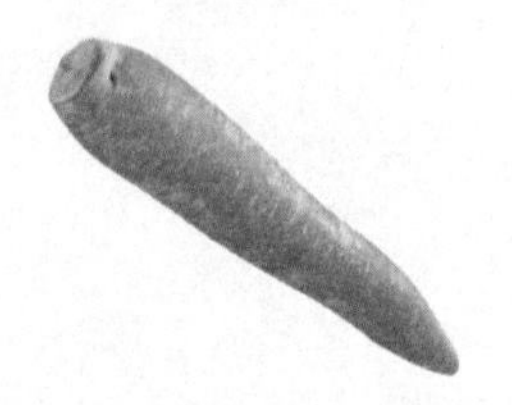

富含胡萝卜素和植物纤维，胡萝卜素在体内可转化成维生素A，有补肝明目的作用，对视网膜和上皮细胞的发育很有好处。植物纤维吸水性强，可以增加粪便容积，加强肠道蠕动，预防宝宝便秘。换乳初期和中期应去皮蒸熟后食用，和少许油脂一起吸收更好。

● 卷心菜 6

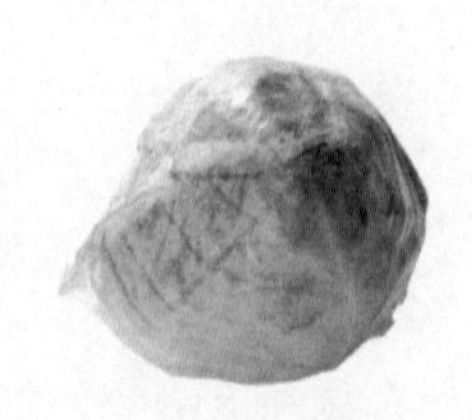

适用于体质较弱的宝宝以提高对疾病的抵抗力。首先去掉硬而韧的表皮，然后用开水烫一下里层的菜叶后捣碎。最后再用榨汁机或者粉碎机研碎以后放入大米糊糊里一起煮。

常用食物的黏稠度

大米：磨碎后做成10倍米糊，相当于母乳的浓度。

鸡胸脯肉：开水煮熟切碎，再用粉碎机捣碎食用。

苹果：去皮和籽磨碎，用筛子筛完加热。

油菜：用开水烫一下磨碎或捣碎，然后用筛子筛。

胡萝卜：去皮煮热后磨碎或捣碎，然后用筛子筛。

土豆：带皮蒸熟后去皮捣碎，再用筛子筛。

其他常见的生活护理要点

Qita Changjian de Shenghuo Huli Yaodian

抱、放宝宝要小心受伤

在这个阶段，抱宝宝最重要的一点是防止宝宝后背扭伤，应该学会保护好后背的方法，抱起宝宝时，不应双腿站直只要弯下后背，这时整个力量都会集中在后背上。最好的方法是挺直后背，弯下双膝，让大腿撑起重力。

如果要把此阶段的宝宝放下则要注意，不要像以前那样小心，可以采用抱起的方法放下宝宝，也可以一只手撑着宝宝的上身，护着宝宝的后背和臀部，另一只手扶着臀部。

呵护好宝宝的情绪

4～5个月的宝宝已有比较复杂的情绪了，此时的宝宝，面庞就像一幅情绪的图画，高兴时他会眉开眼笑、手舞足蹈、咿呀作语，不高兴时，则会哭闹喊叫。并且此期的宝宝似乎已能明白家长严厉或亲切的声音，当家长离开他时，他还会产生惧怕、悲伤等情绪。当然，这段时期只是宝宝情绪的萌发时期，也是情绪健康发展的敏感期。

宝宝4个月时，父母一定要做好宝宝的情绪护理。妈妈要用温暖的怀抱、香甜的乳汁、慈祥的音容笑貌来抚慰宝宝，使宝宝产生欢快的情绪，建立起对妈妈的依赖和对周围世界的信任。这样，宝宝就易产生一种欢快的情绪，对于宝宝的心理发展及成长是很有益的。

清理宝宝鼻腔

1.将宝宝带至灯光明亮之处，或者使用手电筒照射。

2.妈妈轻轻固定宝宝的头，将棉棒蘸一些凉开水。

3.将蘸了水后的棉棒，轻轻地伸进鼻子内侧顺时针旋转，即可达到清洁的目的。

给宝宝剪指甲

宝宝的指甲长得很快，一般4～5天就要剪一次，否则宝宝会抓伤自己的小脸。

选用钝头指甲剪

给宝宝剪指甲时，妈妈要选用安全实用的专业的宝宝指甲剪，在大多孕婴店都可以买到。专业的宝宝指甲剪是专门为宝宝设计的，修剪后有自然的弧度。

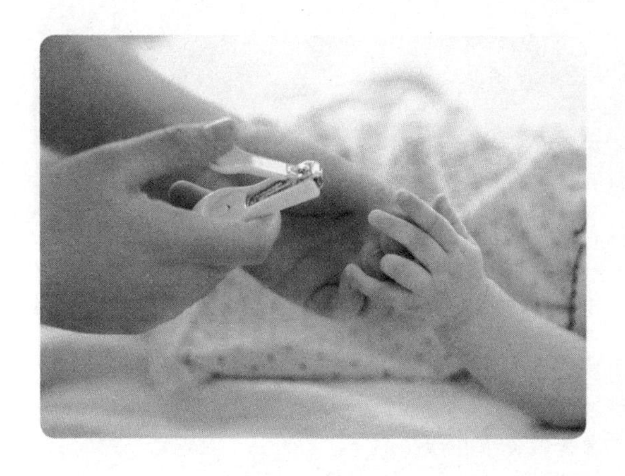

选择合适的修剪时机

给宝宝剪指甲并不是一件简单的事，因为宝宝不会乖乖听话。建议妈妈在宝宝熟睡后再进行修剪。另外，宝宝洗澡后，指甲比较柔软，这时候修剪也比较方便。给宝宝剪指甲时，妈妈一定要抓稳小手，以免误伤宝宝。

外出

4～5个月的宝宝喜欢家人抱着走出家门，这时家人可以每天抱宝宝到室外看看，保证宝宝2～3小时的户外活动时间。

可以把宝宝抱到户外，看看更多的人，更多的新鲜的东西，宝宝高兴的时候还可以试着让宝宝“练习”一下新学的走路的动作。也可以为宝宝找些同龄小伙伴，增加他们活动的积极性。

适合这个阶段宝宝的玩具

4个月以上的宝宝动作已经很灵活了，一般喜欢摸弄东西，喜欢看明亮鲜艳的色彩，同时也会因听到一种奇特的声音而高兴。

这时期宝宝需要的玩具主要不在于造型的逼真和结构的完美，而必须可以抓摸戏耍而且无毒。其外形必须圆滑而无尖利，有鲜艳的色彩，并能发出响声。所以，对这时期的宝宝最合适的是较大型的搪塑玩具，娃娃、长毛绒玩具以及会发出音乐声的琴等，切忌选择金属玩具，以防尖刺划伤皮肤。

给宝宝安全的环境

保证宝宝的居家安全	
1	千万别将宝宝单独留在车内或屋内。宝宝吃东西时，要一直待在他身边
2	宝宝在浴缸或浴盆内时不能离开他
3	宝宝在小床内时要将护栏拉起来
4	抱起宝宝时要抓住他的胸部抱，不可以从他的臂膀拉起来
5	宝宝在桌、床或沙发上时要留意他
6	千万别使用塑料袋作为更换桌、床及沙发的覆罩
7	随时留意可能会使他噎住的小东西

肠套叠的救治与护理

肠套叠是指一段肠管套入邻近的另一段肠腔内，是宝宝时期的急腹症，多发生于4～12个月的健康宝宝。宝宝患了肠套叠之后会很痛苦，常表现为大声哭闹、四肢乱挣动、面色苍白、额出冷汗。发作数分钟后，宝宝安静如常，甚至可以入睡。但是一小时内会复发，宝宝又哭闹不止，如此反复发作。与此同时，宝宝还有呕吐、拒绝吃奶等现象，病初排便，1～2次为正常便，哭闹过4～12小时后，宝宝多排出果酱样便或深红色血水便，这是由于肠管缺血、坏死所致。

对阵发性哭闹的宝宝怀疑是肠套叠时，应争取时间，迅速到医院就诊。凡病程在48小时内的原发性肠套叠，无脱水症，腹不胀，可以用气灌肠疗法使肠管复位，复位率在95%以上。晚期病情严重者，需手术治疗。

宝宝肺炎的护理

病症

一般来说，肺炎症状较重，宝宝常有精神萎靡，食欲缺乏，烦躁不安，呼吸增快或较浅表现。重症的肺炎患儿还可能出现呼吸困难、鼻翼扇动、三凹症（指胸骨上窝、肋间以及肋骨弓下部随吸气向下凹陷）、口唇及指甲发绀等症状。如果发现宝宝出现上述症状，要及时带宝宝去医院就诊。

处理方法

患肺炎的宝宝需要认真护理，尤其是对患病毒性肺炎的宝宝，由于目前尚无特效药物治疗，更需注意护理。宝宝患了肺炎，需要安静的环境以保证休息，避免在宝宝的居室内高声说话，要定期开窗通风，以保证空气新鲜，不能在宝宝的居室抽烟，要让宝宝侧卧，这样有利于气体交换。

宝宝的饮食应以易消化的米粥、牛奶、菜水、鸡蛋羹等为主，要让宝宝多喝水，因宝宝常伴有发热、呼吸增快的症状，因此，丢失水分比正常时要多。

宝宝贫血的预防

宝宝体内储存的铁含量很少，出生后4个月后将不能满足生长发育的需要。但此时宝宝正处在生长的增长期，血容量增加很快，并且宝宝活动量增加，对营养素的需求也相对增加，尤其是铁的需要量也相对增加，所以，为了预防贫血的发生，应增加含铁丰富的辅食，以补充机体内所需的铁。

由于此时宝宝还不能吃富含铁的动物性食物，如猪肝泥、鸡肝泥，吃蛋黄又容易过敏，所以此时最佳的预防贫血的辅食就是铁强化的米粉。还可以给宝宝补充含维生素C较高的蔬菜泥和水果泥。这对预防宝宝贫血也很有好处。

5月龄的宝宝

本月宝宝特点

Benyue Baobao Tedian

宝宝发育特点

1.已经出牙0～2颗。

2.双手支撑着坐。

3.物体掉落时，会低头去找。

4.能发出四五个单音。

5.会玩躲猫猫的游戏。

6.能熟练地以仰卧位自行翻滚到俯卧位。

7.坐在椅子上能直起身子，不倾倒。

8.大人双手扶宝宝腋下，让宝宝站立起来，能反复屈曲膝关节自动跳跃。

9.不用扶着就能坐立，但只能坐几秒钟。宝宝这时开始喜欢坐在椅子上，所以宝宝周围要用东西垫好。

10.能用双手抓住纸的两边，把纸撕开。

11.变得爱照镜子，常对着镜中人笑、咿呀出声。他将开始对喂他的食物表现出某种偏爱。

12.可以把小玩具从一只手倒到另一只手。

身体发育标准

体重	男孩平均7.00千克，女孩平均7.35千克
身长	男孩平均66.76厘米，女孩平均65.90厘米
头围	男孩平均43.10厘米，女孩平均41.90厘米
胸围	男孩平均43.40厘米，女孩平均42.05厘米
坐高	男孩平均43.57厘米，女孩平均42.30厘米

生长发育标准

胎毛脱落期

你是否发现，宝宝后脑勺上的头发几乎已脱尽，枕头上沾满宝宝细软的胎毛，而前半部和左右两边，还有点胎毛。这个时期的宝宝，正是胎毛脱落时期，后脑勺部位因为经常触碰枕头，所以胎毛脱落最明显。

宝宝只有脱尽胎毛，才会有质感不同的新头发生成。到时候，有的宝宝或许长出一头乌黑浓密的黑发；有的宝宝或许有一头带卷稍黄的头发。

睡眠

这个月的宝宝每天睡15～16小时，夜间睡10小时，白天睡2～3次，每次睡2～2.5小时。白天活动持续时间延长到2～2.5小时。

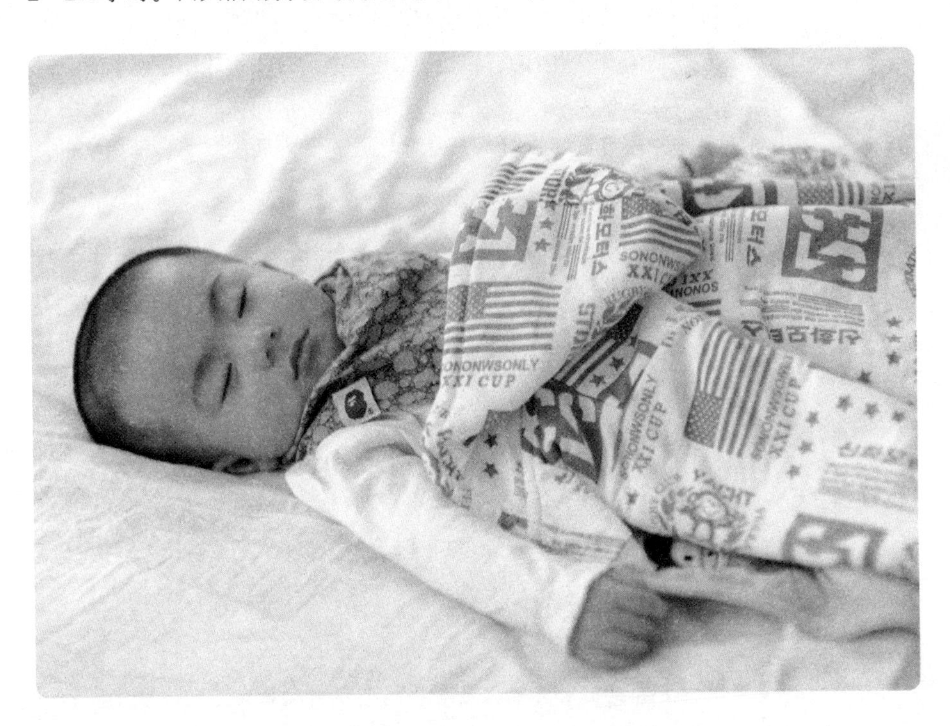

本月宝宝能力

Benyue Baobao Nengli

训练宝宝"坐"及模仿动作训练

5~6个月的宝宝，运动能力已以有了很大的发展。在大运动上，已经能够熟练地翻身，并且能稳稳当当地坐上一会儿；在精细动作上，手的抓握能力已经相当强，不但可以牢牢地抓住东西，而且还会自己伸手去拿。因此，在宝宝半岁时，一定要加强动作方面的锻炼，使宝宝的动作智能发育得更完善。

需要注意的是，**如果不遵循婴儿动作发育的规律，脱离宝宝自身的发育状况，盲目训练，这样的话不但没有好的效果，反而会给宝宝的发育带来不利。**因此，爸爸妈妈在训练自己宝宝的运动能力时一定要适可而止。

宝宝的翻身能力及训练

5~6个月的宝宝在仰卧时，前臂可以伸直，手可以撑起，胸及上腹可以离开床面，开始会自己从俯卧位翻成仰卧位。如果父母在一边用玩具逗引，宝宝能动作熟练地从仰卧位自行翻滚到俯卧位。

让宝宝练习翻身，可以锻炼他的背、腹部、四肢肌肉的力量。训练时宜先从仰卧翻到侧卧开始，爸爸妈妈可以用玩具在宝宝身体上方的一侧慢慢移向另一侧，引诱宝宝并帮助他完成翻身动作。然后再锻炼宝宝从侧卧翻到俯卧，最后从俯卧翻成仰卧。当宝宝学会了翻身，就为他自己探索世界迈出了第一步。

宝宝坐立能力与训练

宝宝在这月时，用双手向前撑住后，能自己坐立片刻。其实，宝宝从卧位发展到坐位是动作发育的一大进步。这样，宝宝的视野大大地扩大了，就能更好地接受外界的信息，这对他的智力发展相当有利。虽然这时候宝宝还不能够站立，但两腿能支撑大部分的体重。

刚满5个月的宝宝，好像突然对翻身失去了兴趣，平躺的时候，老是翘起头来，拽着爸爸妈妈的手就想要坐起来。这是宝宝要学坐的信号，爸爸妈妈要为宝宝创造这个锻炼的机会，通过一些游戏，帮助宝宝学习坐立起来。

● 坐坐站站

妈妈双手扶住宝宝的腰部或腋下，扶成站姿，让宝宝的两腿成45° 分开，然后双手扶腰，将宝宝身体向下推按至坐姿，然后顺势仰卧下去，片刻之后再扶坐、站立，反复进行3～6次。

这个训练使宝宝由躺变为站，由站又坐了下来，姿势的变化中，会让宝宝非常开心，非常有成就感，身体也会随之硬朗起来。但是，在训练时，要留心手法，注意保护宝宝的胳膊和腰部。

● 独坐练习

在宝宝会靠坐的基础上，可以让宝贝进行独坐练习。爸爸妈妈可以先给宝宝一定的支撑，以后逐渐撤去支撑，使其坐姿日趋平稳，逐步锻炼颈、背、腰的肌肉力量，为独坐自如打下基础。

● 扶坐练习

宝宝仰卧，可以让他的两手一起握住妈妈的拇指，而妈妈则要紧握宝宝的手腕，另一只手扶宝宝头部坐起，再让他躺下，恢复原位。

若宝宝头能挺直不后倒，可渐渐放松扶头的力量，每日练数次，锻炼宝宝腹部肌肉，增加手掌的握力及臂力。

宝宝练坐三不宜	
不可单独坐	不可以让宝宝单独坐在床上，以防有外力或宝宝动作过大而摔下床。可以将宝宝坐的空间用护栏围起来，以保证安全
不要跪成“W”型	练坐时不要让宝宝两腿成“W”状或两腿压在屁股下坐立，这样容易影响宝宝腿部的发育，最好是采用双腿交叉向前盘坐
不宜坐太久	刚开始学坐时间不宜太久，因为这时宝宝的脊椎骨尚未发育完全，时间过长容易导致脊椎侧弯，影响生长发育。宝宝开始练坐时，最好能在他的背后放个大垫子，帮助他保持身体的平衡

宝宝平衡感训练小游戏

平衡感训练，与锻炼宝宝眼球的追视能力、专注力、阅读力、音感能力、触觉和语言能力都有关，所以锻炼宝宝的平衡感也是极其重要的。

学爬行小游戏

适合月龄：5～10个月的宝宝

游戏过程

可以将宝宝放在俯卧位，爸爸或妈妈可先将手放在宝宝的脚底，利用宝宝腹部着床和原地打转的动作，帮助他向前爬行。

游戏目的

这个游戏能锻炼宝宝的平衡感，提升宝宝爬行能力，还能扩大宝宝视野。

培养宝宝语言与感触能力

5～6个月的宝宝，正处于语言能力发展的第二个阶段，也是连续发音的阶段。这个时候宝宝语言能力的特点是多重复。

这时的宝宝，当你在背后呼喊他的名字时，宝宝会主动转头寻找呼喊的人；在他不愉快时会发出喊叫，但不是哭声，当宝宝哭的时候，会发出“妈”全音；能听懂“再见、爸爸、妈妈”等，还能用声音表示拒绝，高兴时还会发出尖叫。

宝宝语言能力培养方案

宝宝成长到这个月时，会发“dada、mama”音节，无所指；还能发出“mama”等双唇音，无意识；此外，还会模仿咳嗽声、舌头咔嗒声或咂舌音。

宝宝能对自己熟悉的人以不同方式发音。如对熟悉的人发出声音的多少、力量和高兴的情况与见陌生人相比有明显区别。在培养宝宝语言能力时，可以根据不同的年龄特点来进行。

●增强对话次数

通过和妈妈等周围亲人的接触和对话，可以培养宝宝的语言能力。这个时期的宝宝，常常会主动与他人搭话，这时无论是妈妈还是家里其他亲人，都应当尽量创造条件和宝宝交流或“对话”，为宝宝创造良好的发展语言能力的条件。随着语言能力的发展，也提高了宝宝的交往能力。

●听音乐和儿歌

爸爸妈妈要定时用录放机或VCD放一些儿童乐曲，提供一个优美、温柔和宁静的音乐环境，提高宝宝对音乐的理解能力。

通过训练宝宝听觉，可以培养宝宝的注意力和愉快情绪，也有利于宝宝语言能力的发展。

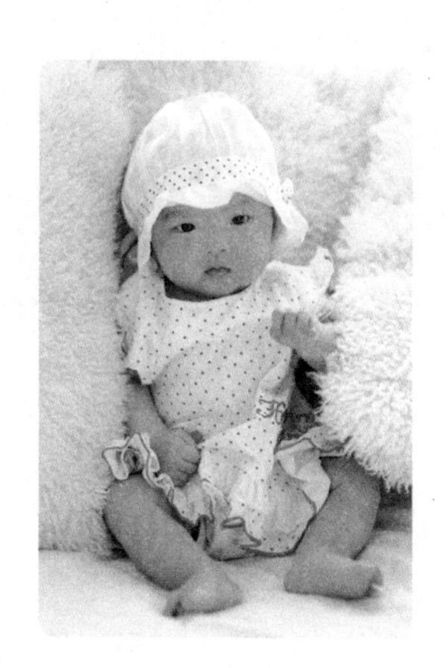

●积极练习发音

爸爸妈妈可以继续训练宝宝发音，如叫“爸爸、妈妈、拿、打、娃娃”等，家长要多与宝宝说话，多逗引他发音，还要引导宝宝用动作来回答问题，如“再见，欢迎”等，这样可以积极地训练宝宝发音，促进宝宝的语言能力的发展。

宝宝语言发展游戏训练

5~6个月的宝宝，是宝宝语言能力发展的第二个阶段，也是语言能力着重培养的阶段，爸爸妈妈千万不可错这个好机会。

敲小鼓，鼓励宝宝发音

适合月龄：5～10个月的宝宝

游戏过程

爸爸妈妈在宝宝的背后轻轻地敲小鼓，让宝宝把头转向你，这时再敲鼓，并将鼓递向宝宝，微笑地说："你真乖，你玩玩吧"。

游戏目的

逗引宝宝高兴地发出声音，并能用手去拿小鼓。

培养宝宝认知能力

5～6个月的宝宝已经能够区别亲人和陌生人，看见看护自己的亲人会高兴，从镜子里看见自己会微笑，如果和他玩藏猫猫的游戏，他会很感兴趣。

这时的宝宝会用不同的方式表示自己的情绪，如用哭、笑来表示喜欢和不喜欢。认知能力已有很大发展，与他人的交往能力也有了很大的进步。

宝宝的认知能力及培养

5～6个月的宝宝，能力已相当强，不但头可以竖得很稳，视野也更加广阔，这时宝宝对周围的事物开始感兴趣，因此，爸爸妈妈要利用宝宝对某些事物感兴趣这一特点，首先教会他认识这些事物。

5个月大的宝宝，能觉察正在玩的玩具被别人拿走，并会以哭表示反抗；而在4个月之前婴儿从不觉察消失了什么；5个月后，能听到或追随失落之物转头寻找；只有到了5～6个月才真正觉察别人拿走自己的东西，而且强烈反抗，这是认知智力上的一大进步。

●认识名字

5～6个月的宝宝能够知道自己的名字。如果叫他没有反应，爸爸妈妈应该告诉他："XXX是你的名字，这是在叫你啊！"然后再叫宝宝的名字，如果他有反应就鼓励他，抱抱他或亲亲他，这样反复几次，宝宝听到叫他的名字就会有反应了。

●认知周围环境

培养宝宝的认知能力，爸爸妈妈平时无论做什么事都要对宝宝边做边说，特别是他日常接触的事物和经常看到的物体都用语言强调，如“奶瓶”“水”“电视机”等，训练宝宝逐渐听并熟悉这些名称，或教他看和指这些东西，通过让宝宝观察周围环境来发展宝宝的认识能力。

●妈妈抱抱

妈妈在宝宝面前有意识地伸出双手，并说：“宝宝，让妈妈抱抱。”然后，抱起宝宝逗他玩一会儿，再放下来。要重复上述过程，直到形成宝宝看见妈妈伸出双手，自己也伸出双手的反应现象。

在进行训练时，妈妈要注意宝宝的反应。反应积极时，玩的时间可以长一些；反应不积极甚至表现出厌烦时，应该停止。

宝宝认知能力开发小游戏

培养宝宝的认知能力，可以用一些有趣的小游戏来启发宝宝。

掌握音乐的节奏感

适合月龄：5～11个月的宝宝

游戏过程

5～6个月的宝宝，听到好听的音乐或愉快的音乐时，会高兴得手舞足蹈。这时，爸爸妈妈可以抓着宝宝的身体配合音乐舞动，让宝宝学会用身体表现快乐的情绪。

这段时间，宝宝已开始知道各种东西会发出各种不同的声音，妈妈可以和他一起玩声音的游戏，让他自己动手敲出声音。

游戏目的

培养宝宝的认知能力和观察能力。

宝宝情感表达与生活行为

5~6个月的宝宝，在情感与行为能力上已以有了很大的进展。当他需要妈妈抱时，不仅会发出声音，而且能有伸开双臂的姿势。当妈妈给他洗脸或擦鼻涕时，如果他不愿意，就会将妈妈的手推开。

这时期的宝宝非常惧怕生人，当被陌生人抱起来或与生人眼神接触时，眼睛会盯着妈妈、甚至哇哇哭起来，这是宝宝与妈妈建立相依恋感情及自己情感表达的体现。

宝宝的早期情商发展

这个月是宝宝个性发展的分水岭。如果说前5个月是宝宝先天个性的形成期，那么从这以后则是宝宝个性形成的后天培养期，也是良好性格的关键形成时期。因此，打造一个性格健全的宝宝千万不要错过这个时期。

● 宝宝的个性形成关键期

从这个月时起，宝宝开始有了自己独立的意识。他开始有点意识到自己与妈妈是不同的个体，知道自己对周围的人和物会产生的影响，甚至知道了自己的名字。于是，随着记忆力和对周围意识的发展，宝宝的个性也在不断地发展。他开始了解什么是可以做的，什么是不能做的。但是，爸爸妈妈还不能从此就期望他是个“完美”宝宝，因为尝试与学习打破你原来预期的“边界”，正是小家伙学习与探索的方式之一。

在进行训练时，妈妈要注意宝宝的反应。反应积极时，玩的时间可以长一些；反应不积极甚至表现出厌烦时，应该停止。

● 宝宝的个性培养方案

爸爸妈妈一定要做好对宝宝情商的培养与照顾，一定要付出足够的耐心与爱心。

那些天生好交往、胆子大的宝宝，能很快地度过分离焦虑期；而那些天生谨慎、胆小的宝宝，则会在相当长的一段时间内，都会像妈妈身上的“小年糕”似的，希望妈妈寸步不离自己。对此，爸爸妈妈一定要多鼓励宝宝，想办法让宝宝活泼一些，性格开朗起来。

宝宝的行为表现与训练

5～6个月的宝宝表达自己的想法会有多种方式，当妈妈给他洗脸或擦鼻涕时，如果他不愿意，会将妈妈的手推开。如果你将手帕放在宝宝脸上，他会伸手将布拉开，并且会冲你呀呀地叫，表示不高兴的样子。

有心理学家发现，这个月龄的宝宝还会有骗人的行为。这个时期的宝宝知道，假哭与装笑能够引起爸爸妈妈的注意。

● 伸手取玩具

当宝宝趴着的时候，在他面前摆几样玩具，让宝宝试着伸手去拿。宝宝自行伸手选取，正是自我意识的表现。而且当一手取玩具时，另一手就得支撑着身体，这个动作还能训练爬行提早进行。

训练生活习惯与自理能力

宝宝5个月了，越来越大了，爸爸妈妈要逐步培养宝宝的生活自理能力。

● 训练扶奶瓶及自喂食品

当宝宝趴着的时候，在他面前摆几样玩具，让宝宝试着伸手去拿。宝宝自行伸手选取，正是自我意识的表现。而且当一手取玩具时，另一手就得支撑着身体，这个动作还能训练爬行提早进行。

● 训练定时大小便

5个月以后，就可以开始让宝宝练习大小便了。练习时，最好在早晨吃奶后坐盆，养成早晨排便的习惯。经过一段训练也会形成规律。

由于是定时定量喂养，排小便的时间也逐渐会形成规律。

● **培养规律睡眠**

5～6个月的宝宝，逐步显示出最初的独立性，要抓住时机首先培养定时睡眠。一般，宝宝一昼夜需睡15～16小时，白天要睡3次，每次1.5～2小时，夜间睡10小时左右。最好是晚间9～10时入睡，夜间基本不起，清晨7时左右醒来，逐步形成了规律，对宝宝和对大人都有好处。

情感表达能力开发小游戏

揉纸团的游戏

适合月龄：5～11个月的宝宝

游戏过程

将各种不同材质的纸，剪裁成适合宝宝用来游戏的大小。让宝宝体验纸的触感后，尽情地揉成纸团。

游戏目的

揉纸团的游戏能锻炼宝宝手部大肌肉和小肌肉的力量。

培养宝宝好行为的小游戏

宝宝最爱笑

适合月龄：5～11个月的宝宝

游戏过程

这个游戏，妈妈可以带领宝宝在房间里面做。给宝宝讲一个他喜欢听的小故事，或者跟宝宝一起玩他喜欢的玩具，用欢笑表示赞同的信号，让宝宝开心地大笑。

游戏目的

这个游戏会使宝宝建立在社交场合中的幽默感，还可以增强宝宝的自信心。

宝宝启蒙教育与记忆力培养

5个月时，宝宝不但在语言、动作上有了很大的发展，在智能上也有了很大的变化，因此，爸爸妈妈要做好宝宝智力开发的启蒙教育。

本月宝宝的教育学习事项

5~6个月的宝宝，是全面发展的最佳时期，这时宝宝都应该学习什么能力呢?

● 行为上的专心

对宝宝学习活动的时间要有意识、有计划地逐渐延长，切忌学一会马上去玩一会，玩一会儿又学一点，然后又去玩。这样会使宝宝分心，不能专注地做好一件事。

● 语言上的学习

爸爸妈妈要抓住时机与宝宝进行对话互动，在宝宝愉快时，引导宝宝叫出“ma-ma、ba-ba”等。

如果宝宝模仿得清晰准确，应该及时以笑语或亲吻表示鼓励。

● 扩大人际交往

爸爸妈妈要积极地用丰富的语调、口气与宝宝交流，逗宝宝欢笑。除了爸爸妈妈之外，还要让宝宝接触其他亲人和陌生人，这样培养出来的宝宝性格就会开朗阳光、包容坦荡。

● 自信心的培养

经常在宝宝的周围多放些不同的玩具，让他自己选择。在发现他最喜欢的玩具后，故意放在离宝宝远一点的地方，逗引他自己爬动伸手去抓取。长此以往，宝宝的自信心会一天天地建立起来。

本月宝宝的色彩启蒙计划

宝宝对颜色的认识不是一下子就能完成的，必须经过耐心的启蒙和培养，这种启蒙教育应该从宝宝期开始，特别是5~6个月的宝宝。

这个月龄段的宝宝，对语言已有了初步的理解能力，能够坐起来，手能够抓握，一些色彩游戏可以有效地进行。

● 多彩的卧室

爸爸妈妈可以在宝宝的居室里贴上一些色彩协调的图片，经常给宝宝的小床换一些颜色清爽的床单和被套。并且，在宝宝的视线内还可以摆放一些色彩鲜艳的彩球、玩具等，充分利用色彩对宝宝进行视觉刺激。

● **多彩大自然**

爸爸妈妈可以多带宝宝到大自然中去，看看蔚蓝的天，漂浮的白云，公园里五颜六色的鲜花等等。让宝宝接触绚丽多彩的颜色。

本月宝宝的教育启蒙小游戏

这个月宝宝的教育启蒙，主要以开发智力与生活能力为主，爸爸妈妈可以根据以下方法来对宝宝进行教育。

拉扯玩具

适合月龄：5～11个月的宝宝

游戏过程

爸爸或妈妈拿来1根小绳子，在绳子前边绑上1个可爱的毛绒小玩具，妈妈先在宝宝面前拉扯小玩具，待到宝宝感兴趣后，引导宝宝来拉扯这个玩具。

游戏目的

通过妈妈在宝宝面前演示游戏过程，来吸引宝宝对新事物的好奇心以及尝试新事物的能力。

拇指点点打招呼

适合月龄：6～11个月的宝宝

游戏过程

妈妈在自己的拇指画上开心脸谱，用它来打招呼，并要宝宝点头回应。除了利用拇指打招呼外，妈妈和宝宝也可以用另一只手做“你好”“再见”“谢谢”等手势。

游戏目的

这个游戏虽然简单但对宝宝的智能开发很有用，还可以让宝宝学会基本的礼貌。

增强宝宝记忆力的小游戏

5个月是开发宝宝记忆能力的最佳时期。作为爸爸妈妈，你也许会说提高宝宝的记忆力该怎么做呢？下面几个游戏会对你非常有帮助。

寻找小宝贝

适合月龄：5～11个月的宝宝

游戏过程

妈妈要先当着宝宝的面把玩具藏在背后，并且问宝宝“玩具哪里去了”，让宝宝自己寻找。当宝宝意识到玩具的去向并且找到正确位置之后，妈妈可以逐渐增加游戏的难度，再让宝宝寻找。妈妈还可以变换藏起来的玩具，毛绒玩具、小糖果都可以。这个游戏一定要边玩边说，用手势和动作来辅助语意，这样宝宝玩起来会更容易一些！

游戏目的

通过妈妈的问话和宝宝听以及理解的游戏过程，可以发展宝宝的语言能力，同时还可以在宝宝看到玩具被藏的地方，然后去找的游戏过程中发展宝宝的记忆能力。

适合5个月宝宝的儿歌与玩具

儿歌开启宝宝智力天赋，是有科学根据的。所以给你的宝宝营造一个良好的环境，对宝宝身心发育是非常有益的。

适合5个月宝宝的儿歌

一些动听的儿歌，不但可以训练宝宝的情操与听力，还可培养注意力和愉快情绪，因此，爸爸妈妈除了让宝宝听音乐外，可以多给宝宝听一些儿歌。

让宝宝听儿歌也可以结合生活及其他活动，朗读一些简短的儿歌，如看到布娃娃玩具时，可以边玩边说：“布娃娃，我爱它，抱着娃娃笑哈哈”。在玩照镜子时，也可边看边配上儿歌，如“小小镜子，亮闪闪呀，宝宝照镜，笑呀眯眯笑！”。看到室内桌上摆的鱼缸时，也可边看边配上儿歌，如“小金鱼，真美丽，游来游去在水里！”。对着镜子看到自己的耳朵时，可边指着镜子看耳朵，边说：“小耳朵，灵又灵，各种声音分得清。”

此外，还可用录放机或VCD给宝宝放一些儿童乐曲，提供一个优美、温柔和宁静的音乐环境，提高宝宝对音乐歌曲的语言理解能力。

本月宝宝怎样玩玩具

5~6个月的宝宝视听感觉已比较灵敏，这时除了给宝宝一些哗铃棒、小摇铃等带柄的玩具抓握外，还可提供一些音乐娱乐的玩具。

一般宝宝看到形象生动有趣、能响能动的玩具如小熊打鼓、小鸡吃米、跳娃娃时会手舞足蹈，听到音乐以及电子琴等发出的美妙音乐时，也会随着音乐节奏摆动手脚。

●七彩大卡片

宝宝对色彩也是比较敏感的，他们大都喜欢颜色鲜艳的物品，而大卡片就是宝宝最早、最容易接触的物品，如水果等用鲜艳的色彩画在卡片上，作为宝宝的玩具，放在周围，有助于视觉的发育，也有助于宝宝以后更快地认识和接受这些物品。

●抱抱毛绒玩具

这个年龄段的宝宝开始对毛绒玩具有了一种依恋感。选择毛绒玩具的标准是：柔软、拥抱时很舒服。那种有硬耳朵，硬尾巴的“小动物”，还是尽量远离，小心宝宝受伤！要注意玩具的做工，最好选择那种没有“纽扣眼睛”“珍珠鼻子”的玩具，避免窒息危险。

对于一些容易过敏的宝宝尽量避免毛绒玩具，以免毛绒中隐藏的尘螨诱发宝宝的过敏症状。

本月宝宝喂养方法

Benyue Baobao Weiyang Fangfa

这个时期宝宝主要需要的营养

绝大部分妈妈都认为母乳喂养到4～6个月就足够了，很多妈妈都因为上班或怕身材变形，在宝宝6个月左右就不再母乳喂养了，但实际上，母乳还是对宝宝最好的食品。目前国际上流行“能喂多久就喂多久”的母乳喂养方式，很多西方国家都坚持母乳喂养一直到宝宝一两岁。

怎样喂养本月的宝宝

对于母乳充足的新妈妈来说，可以再坚持一个月的纯母乳喂养。如果母乳不足，或是混合喂养，则可以给宝宝吃一些母乳或配方奶以外的食品，补充宝宝所需的营养，并自然过渡到辅食，但每天仍要哺乳4～5次，不能只给宝宝喂辅食或以辅食为主，那样宝宝营养会不全面。

辅食不要添加味精

味精的主要成分是谷氨基酸，含量在85%以上，这种物质会与宝宝血液中的锌发生物理结合，生成谷氨基酸锌，不能被身体吸收，随尿液排出，锌的缺失会导致宝宝缺锌，并出现厌食、生长缓慢，所以宝宝辅食不要添加味精。

不要只给宝宝喝汤

有的家长认为汤水的营养是最丰富的，所以经常给宝宝喝汤或者是拿汤泡饭，其实这是错误的。因为不论怎么煮，汤水的营养都不如食物本身的营养丰富，因为汤里的营养只有5%～10%。

不要给宝宝喂过甜的水

如果给宝宝喝过甜的水，不仅会使宝宝的腹部饱胀，而且睡觉前要给已经萌出乳牙的宝宝定时清洁牙齿。所以不要给宝宝喂食带糖分的食物和水，以免含糖食物在口腔细菌作用下产生酸性物质，腐蚀宝宝的乳牙。

辅食不要添加白糖

很多食物本身就含有糖分，在给宝宝制作辅食时最好少用白糖，不要让宝宝养成爱吃甜食的习惯。

若过多地摄取白糖会导致肥胖，应尽可能控制食用。

不要把食物嚼烂后再喂宝宝

大人的口腔中往往存在着很多病毒和细菌，即使是刷牙，也不能把它们全清除掉。有些成年人口腔不洁，生有牙病或口腔疾病，这些致病微生物在口腔内存积更多，宝宝一旦食入被大人咀嚼过的食物，将这些致病微生物带人体内，由于宝宝免疫功能低下，则有可能引起疾病的发生，如呕吐、肝炎和结核病等，给宝宝造成严重危害。

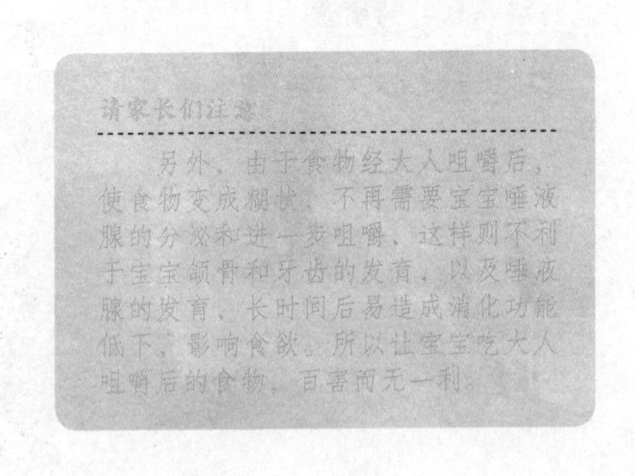

请家长们注意

另外，由于食物经大人咀嚼后，使食物变成糊状，不再需要宝宝唾液腺的分泌和进一步咀嚼，这样则不利于宝宝颌骨和牙齿的发育，以及唾液腺的发育，长时间后易造成消化功能低下，影响食欲。所以让宝宝吃大人咀嚼后的食物，百害而无一利。

重视宝宝的咀嚼训练

咀嚼的本质

宝宝生来就有寻觅和吸吮的本领，但咀嚼动作的完成需要舌头、口腔、面颊肌肉和牙齿彼此协调运动，必须经过对口腔、咽喉的反复刺激和不断训练才能获得。因此，习惯了吸吮的宝宝，要学会咀嚼吞咽是需要一个过程的，逐渐增加辅食是锻炼宝宝咀嚼能力的最好办法。

咀嚼食物对宝宝的影响

咀嚼食物可以使宝宝的牙齿、舌头和嘴唇全部用上，有利于语言功能的发展。为宝宝1岁半时发声打好基础，这更要求充分利用辅食期，锻炼宝宝的咀嚼与吞咽能力。

咀嚼训练的关键期

从宝宝4个月开始就可通过添加辅食来训练其咀嚼吞咽的动作，让宝宝学习接受吮吸之外的进食方式，为以后的换乳和进食做好准备。专家建议，从宝宝满4个月后（最晚不能超过6个月）就应添加泥糊状食物，以刺激宝宝的口腔触觉，训练宝宝咀嚼的能力，并培养宝宝对不同食物、不同味道的兴趣。

6～12个月是宝宝发展咀嚼和吞咽技巧的关键期，当宝宝有上下咬的动作时，就表示他咀嚼食物的能力已初步具备，父母要及时进行针对性的锻炼。一旦错过时机，宝宝就会失去学习的兴趣，日后再加以训练往往事倍功半，而且技巧也会不够纯熟，往往嚼三两下就吞下去或嚼后含在嘴里不愿下咽。

咀嚼的过程

时间	训练重点	辅食特点	可选辅食
4～6个月	吞咽	半流质	米糊、蛋黄泥、果泥、蔬菜泥
6～12个月	咬、嚼	黏稠、粗颗粒	肉末、水果、面包片、手指饼
12个月以上	咀嚼后的吞咽	较粗的固体	水饺、馄饨、米饭

外出时的辅食准备

奶类、谷类辅食的准备方法

米粉、麦粉：可以借用奶粉分装盒将米粉、麦粉、奶粉分别装好，这样外出冲泡时会较方便。用小汤匙喂食，让宝宝做吞咽练习。

米粥：带7个月以上的宝宝外出时，可以准备米粥，用大口径的保温瓶盛装，既方便盛出，又有保温效果。

面包片：宝宝7个月时可以开始用干面包片来训练咀嚼能力。外出时，先准备一些面包片，放进食物保鲜袋携带。

蔬果类辅食的准备方法

果汁或菜汁：选择富含维生素C的新鲜水果自行榨汁，如橘子、西瓜、葡萄等，也可以尝试喂食菜汤，如胡萝卜、菠菜等蔬菜的汤汁。外出时以干净且可密闭的容器盛装果汁或菜汁，再以小汤匙喂食。

果泥或菜泥：在家中做好的果泥和菜泥，同样以干净且可密闭的容器盛装，再以小汤匙喂食；也可以在外出前将水果洗净切好，再以汤匙刮下喂食。

本月宝宝食谱

Benyue Baobao Shipu

配方奶米粉

材料　婴儿配方奶粉1匙，婴儿米粉1匙，温水30毫升。

做法　将婴儿配方奶粉及婴儿米粉，以1∶1混合，即一匙婴儿配方奶粉加一匙米粉，以30毫升的温水调匀即可。

橘子汁

材料　橘子1个，清水50毫升。

做法　1.将橘子洗净，切成两半，放入榨汁机中榨成橘汁。

2.将清水倒入与等量橘汁中加以稀释。

3.将橘汁倒入锅内，再用小火煮一会儿即可。

米粉

材料　婴儿米粉1匙，温水适量。

做法　1匙婴儿米粉加30毫升温水，调制成糊状。第一次添加米粉的时候，可以稍微稀薄一些。

梨汁

材料　小白萝卜1个，梨两个。

做法　1.将白萝卜切成细丝，再将梨切成薄片。

2.将白萝卜丝倒入锅内加清水烧开，用小火炖10分钟后，加入梨片再煮5分钟，然后过滤取汁即可。

苹果汁

材料　苹果1/3个，清水30毫升。

做法　1.将苹果洗净，去皮，放入榨汁机中榨成苹果汁。

2.将清水倒入与等量苹果汁中加以稀释。

3.将稀释后的苹果汁放入锅内，再用小火煮一会儿即可。

其他常见的生活护理要点

Qita Changjian de Shenghuo Huli Yaodian

宝宝用品

宝宝渐渐长大，此期间，除了继续使用以前的用品外，从5个月开始应该为宝宝增加的用品有宝宝学步车、小勺、小碗、围嘴等等之类的东西。这些东西的选择，同样要选择安全、无污染、天然材质的。当然价格也需要考虑，不是越贵越好，给小宝宝买东西，选择时，看重的是品质和安全，而其他一些因素都是次要的。

准备家庭小药箱	
家中常备的内服药	发热退热药、感冒药、助消化药等
家中常备的外服药	3%碘优液、2%甲紫（紫药水）、1%~2%碘酒、75%乙醇、创可贴、棉棒、纱布、脱脂棉、绷带，以及止痒软膏、抗生素软膏、眼药水等

宝宝流口水怎么办

一般的宝宝从生后4个月开始，就可能会流口水，原因是，由于此时唾液腺的发育和功能逐步完善，口水的分泌量逐渐增多，而宝宝还不会将唾液咽到肚子里去，也不会像大人或大小孩一样必要时将口水吐掉，所以，从4个多月开始，宝宝就会出现流口水的现象。

由于小宝宝的皮肤虽然含水分比较多，但比较容易受外在影响，**如果一直有口水流在下巴、脸部，又没有擦干以保持干燥的话，容易出湿疹。**所以建议家长尽量看到宝宝流口水就擦掉，但是不要用卫生纸一直搓，只需要轻轻按干就行了，以免擦破皮。

宝宝睡觉不踏实怎么办

宝宝自身的原因

宝宝长到了6个月左右，母乳已经不会很充分，而且宝宝的成长需要更多的营养物质，母乳已经不能满足他，所以白天应该继续给宝宝添加一些辅食，比如肉泥、猪肝泥和炖蛋，还可添加杂粮做的粥，使宝宝获得更加均衡的营养。

● 宝宝缺少微量元素

如钙、锌等，缺钙易引起大脑及植物性神经兴奋性增设导致宝宝晚上睡不安稳，需要补充钙和维生素D；如果缺锌，则要注意补锌，可在医生的指导下服用一些补锌产品。

● 宝宝身体不适的判断

有鼻屎堵塞宝宝的鼻孔，引起宝宝呼吸不畅快，也容易引起睡眠不安稳，所以父母要注意这方面的因素，当宝宝睡不安稳时，检查一下宝宝的鼻孔，帮宝宝清理一下，可能症状马上就会得到缓解。肛门外有蛲虫也会影响宝宝的睡眠。如果有应求助于医生积极治疗。

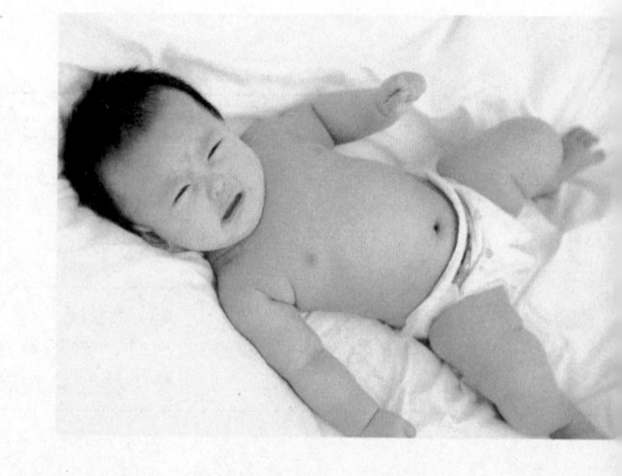

宝宝睡眠周边环境或人为原因

● 及时排尿及饮食注意

睡前应先让宝宝排尿。宝宝因为夜里想尿尿就醒，所以应该给他用尿不湿，这样不至于因为把尿影响宝宝睡觉。如果用了尿不湿的话，一定是尿不湿包得太紧。

积食、消化不良、上火或者晚上吃得太饱也会导致睡眠不安。

● 不要给宝宝养成醒了就要人抱的习惯

如果没有发现不适的原因，夜里常醒的原因很大一部分是习惯了，如果他每次醒来你都立刻抱他或给他喂东西的话，就会形成恶性循环。

宝宝夜里醒来时不要立刻抱他，更不要逗他，应该立刻拍拍他，安抚着他，想办法让他睡去。一般情况，处在迷糊状态的宝宝都会慢慢睡去。

● 睡眠环境的温度

如果太热或太冷，也可以导致宝宝睡不安稳，可适当地调节一下。由于宝宝的基础代谢率高，晚上睡觉一般都比妈妈盖得少，所以妈妈千万不要因为自己盖得被子厚就给宝宝也多盖，否则宝宝会后颈部出汗，睡不踏实。

宝宝的睡觉姿势的原因

关于宝宝的睡姿，到了宝宝翻身能自如掌控的时候，那时他会选择最舒服、最适合自己的方式睡。但是现在宝宝的肢体协调能力还没发育良好，如果让宝宝独立翻身找到舒服的睡姿是很难的事情，所以爸爸妈妈应该帮助宝宝暂时保持仰卧的睡姿。

这个阶段的宝宝发育就是这样，他的腿部力量越来越大，活动力越来越好，经过自己的练习，肢体的协调力也越来越好了。

请家长们注意

宝宝在睡觉的时候会经常蹬被子，爸爸妈妈要及时地给宝宝盖好被子，保证宝宝睡觉时不会着凉。这时爸爸妈妈就会感觉到很累，所以建议爸爸妈妈可以在宝宝肚子上搭一条毛巾，即使蹬了被子，只要肚子不着凉，一般也不会生病。

本月宝宝健康呵护

Benyue Baobao Jiankang Hehu

哪些宝宝容易缺锌

早产的宝宝易缺锌

宝宝越早产出，其缺锌的程度就越严重，同时缺锌的症状也就越明显。这是因为，孕期的最后一个月是母体储备锌元素的黄金时期，而宝宝越早产出，其吸收的锌就越不足。

好动的宝宝易缺锌

宝宝如果非常好动，那么必定会经常出汗，而出汗则可导致锌流失过多。

非母乳喂养的宝宝易缺锌

据研究测定，每100毫升母乳的含锌量为11.8微克，其吸收率为42%，是其他食物无法比拟的。

一般来说，非母乳喂养的宝宝易缺锌，而母乳喂养的宝宝缺锌的概率相对而言则要低许多。

如何给宝宝补锌

只要是宝宝出现了上面的一些状况，那么基本可以断定宝宝缺锌。但是，家长应带宝宝到医院做相关化验，让医生给出相应地指导，合理地给宝宝补锌。

如果带宝宝到医院化验后，其结果是宝宝缺锌，那么家长可首先通过食补的方式为宝宝补锌。相对而言，通过食补为宝宝补锌是一种极为安全的方法。

鱼类、蛋黄、瘦肉、牡蛎等食物中含锌较为丰富。其中锌的含量最高的是牡蛎。相对而言，植物性食物中锌的含量较低，100克中锌含量大概为1毫克。在植物性食物中锌含量稍高一些的食物主要有萝卜、大白菜、豆类、花生、小米等。妈妈平时可选择一些含锌量稍高的动物性食物和植物性食物。

宝宝如果缺锌十分严重，不仅要进行食补，而且极有必要进行药补。但通过药补为宝宝补锌时，必须要谨遵医嘱。在服药一段时间后，若宝宝并没有好转，家长就应带宝宝再到医院做进一步的检查，以确定宝宝的病因。

请家长们注意

通常，只要宝宝缺锌就会有以下几种状况出现：食欲不佳，不爱吃东西，常常挑食等；与同龄的宝宝相比，缺锌的宝宝的体重与身高均增长缓慢；头发长得稀疏，且长得很慢；容易患口腔溃疡和呼吸道感染等疾病；贫血且身体瘦弱。

宝宝缺钙的外在表现

多汗

宝宝经常会出现睡着以后枕部出汗的情况。即使气温不高，也会出汗，并伴有夜间啼哭、惊叫。哭后出汗更明显，还可看到部分儿童枕后头发稀少。虽然是小毛病，但应引起重视，这是宝宝缺钙警报。

机体缺钙时可以引起系列神经精神症状，首先应该考虑是体内缺钙引起的精神状况，要及早补钙。

厌食偏食

现在儿童厌食偏食发病率平均高达40%以上，且多发于正处于生长发育旺盛期的宝宝。钙控制着各种营养素穿透细胞膜的能力，因此也控制着吸收营养素的能力。

人体消化液中含有大量钙，如果钙元素没有得到及时的补充，容易导致食欲缺乏、智力低下、免疫功能下降等。

宝宝湿疹

宝宝湿疹多发于头顶、颜面、耳后，严重的可遍及全身。宝宝患病时，哭闹不安，患病部位出现红斑、丘疹，然后变成水疱、糜烂、结痂，同时在哭闹时枕后及背部多流汗。

专家认为，钙参与神经递质的兴奋和释放，调节自主神经功能，有镇静、抗过敏作用，在皮肤病治疗中，起到非特异性脱敏作用。

出牙不齐

牙齿是人体高度钙化、硬度很高，能够抵抗咀嚼的磨损、咬硬脆食物的器官。如果缺钙，牙床内质没达到足够的坚硬程度，会对以后的生活带来很大的麻烦。

儿童在牙齿发育过程缺钙，牙齿排列参差不齐或上下牙不对缝，咬合不正、牙齿松动，容易崩折，过早脱落。牙齿受损就不能再修复了。

宝宝如何补钙

宝宝此时正是发育最旺盛的时候，骨骼和肌肉发育需要大量的钙，因而对钙的需求量非常大。如未及时补充，两岁以下尤其是1岁以内的宝宝，身体很容易发生缺钙。一般来说，0～6个月的宝宝，每天需要钙元素300毫克，7～10个月，每天400毫克，1～3岁，每天600毫克。当然，这些数量的元素钙包括从奶中、饮食中或额外补充钙剂三个方面的来源。

正常足月儿应在出生后2周开始补充维生素D。每天400国际单位，早产儿、双胎儿出生后即可开始补充维生素D 800国际单位/天，三个月后减量为400国际单位/天，有条件可以监测生化指标，根据结果适当调整剂量。

补充维生素D和钙剂应持续到2～2.5岁，多晒太阳是婴幼儿预防佝偻病的重要途径。引起宝宝缺钙的主要原因是维生素D摄取不足，而维生素D在食物中含量很少，加之婴幼儿食谱单一，所以只能从食物中摄取到很少的维生素D。

6月龄的宝宝

本月宝宝特点

Benyue Baobao Tedian

宝宝发育特点

1.宝宝平卧在床面上，能自己把头抬起来，将脚放进嘴里。

2.不用手支撑，可以单独坐5分钟以上。

3.拇指与示指对应比较好，双手均可抓住物品。

4.能伸手够取远处的物体。

5.拉着宝宝的手臂，宝宝能站立片刻。

6.宝宝能够自己取一块积木，换手后再取另一块。

身体发育标准

体重	男孩平均8.46千克，女孩平均7.82千克
身长	男孩平均68.88厘米，女孩平均67.18厘米
头围	男孩平均44.32厘米，女孩平均43.80厘米
胸围	男孩平均44.06厘米，女孩平均42.86厘米
坐高	男孩平均44.16厘米，女孩平均43.17厘米

生长发育标准

睡眠

这个月龄的宝宝，白天睡3次较为正常，每次1.5～2小时，夜间睡10个小时左右。

长牙

宝宝长牙时，会咬手指、玩具、衣被，适当吃磨牙食物非常必要。

本月宝宝能力

Benyue Baobao Nengli

宝宝的体态语言及动作训练

6~7个月的宝宝，在大动作能力上，能够独坐在床上，并且能持续10分钟左右，无需用手支撑身体。这个时期宝宝已基本会爬，平衡能力也越来越强，逐渐还可以从趴着转变成坐姿；还能用手掌拿东西，会用手指的前半部分和拇指去捡起较小的东西。基本上掌握了简单玩具的功能，并能按要求去做。可以用双手握取东西，并将手中的物体对敲。

这时期的宝宝，还能用体态语言来表达自己的意思。高兴时往往手舞足蹈，生气时则捶拳踢腿，难过时还会号啕大哭等，因此，肢体语言就成了宝宝在学会词汇表达以前的沟通工具。

耐心地训练宝宝学爬行

在之前5~6个月时，宝宝就会为爬行做准备了，他会趴在床上，以腹部为中心，向左右挪动身体打转转，渐渐地他会匍匐爬行，但腹部仍贴着床面，四肢不规则地划动，往往不是向前爬而是向后退。到了7~8个月时，宝宝就会爬了。在真正会爬时，宝宝是用手和膝盖爬行，头颈抬起，胸腹部离开床面。

爬对宝宝来说是一项非常有益的动作，既能锻炼宝宝全身肌肉的力量和协调能力，又能增强小脑的平衡感，对宝宝日后学习语言和阅读有良好的影响。因此爸爸妈妈一定要帮助宝宝完成爬行动作。

● 宝宝学爬行的3个阶段

刚开始宝宝学爬有3个阶段：有的宝宝学爬时向后倒着爬；有的宝宝则原地打转，只爬不前进；还有的是在学爬时匍匐向前，不知道用四肢撑起身体；这都是宝宝爬的一个过程。因此，在这个时期爸爸妈妈一定要配合并耐心教宝宝练习爬行。

● 宝宝爬行训练方法

在教宝宝学爬时，爸爸妈妈可以一个拉着宝宝的双手，另一个推起宝宝的双脚，拉左手的时候推右脚，拉右手的时候推左脚，让宝宝的四肢被动协调起来。这样教导一段时间，等宝宝的四肢协调得非常好以后，他就可以立起来手和膝爬了。

在爬行的练习中，让宝宝的腹部着地也可以训练他的触觉。因为触觉不好的宝宝会出现怕生、黏人的症状。一旦宝宝能将腹部离开床面靠手和膝来爬行时，就可以在他前方放一只滚动的皮球，让他朝着皮球慢慢地爬去，逐渐他会爬得很快。

请家长们注意

对于爬行困难的宝宝，可以让他从学趴开始训练，然后爸爸妈妈帮助宝宝学爬行。其实，刚学爬的宝宝都有匍匐前进、转圈或向后倒着爬的现象，这是学爬的一个过程。这时爸爸妈妈一定要有耐心，想要宝宝学会爬，就要下些工夫。

科学训练宝宝用手活动

这时宝宝手部动作的能力越来越强，有时爸爸妈妈在喂饭时，他会伸手抓勺子；不想吃时，还会将勺子推开；喜欢把手浸在饭碗里，然后将手放入口中，有趣的“吃”，往往这时候爸爸妈妈总是很急着说：“哎，太脏了，不要把手放到嘴里！”但是，爸爸妈妈阻止宝宝这样做是不科学的。因为宝宝的运动发育过程，遵循头尾规律，即从头开始，然后发展至脚，感知觉的发育也是如此。宝宝发展到一定阶段，就会出现一定的动作。

其实，宝宝能用手把东西往嘴里放，这代表他的进步，这意味着他已经为日后自食打下良好基础，与此同时，也锻炼了手的灵活性和手眼的协调性。这时，爸爸妈妈应鼓励宝宝这样做，并要采取积极措施，例如把宝宝的手洗干净，让他抓些饼干、水果片类的“指捏食品”，这样不仅可以训练示指的能力，还能摩擦牙床，以缓解长牙时牙床的刺痛。

● 双手交替玩玩具

爸爸妈妈可以将有柄带响的玩具让宝宝握住，然后，自己手把手摇动玩具，宝宝自己也学会摇动玩具；接下来，再给宝宝两个玩具，让宝宝一手一个玩具，或是摇动或是撞击敲打出声；在给宝宝一手拿一个玩具后，再在宝宝身旁放两件玩具，让宝宝两手交换几个玩具，并教他自己取玩具。

要注意这个月龄的宝宝喜欢用拇指、示指捏小物品，还喜欢将小物品放进嘴里或耳洞里。因此，爸爸妈妈应多陪伴在宝宝身旁，做指捏练习，避免他吞食小物品或将小物品塞入身体的孔、穴中。

训练宝宝手部灵活能力时的注意事项	
1	爸爸妈妈对宝宝的玩具，要经常洗刷，保持干净，以免因不卫生而引起肠道疾病
2	为宝宝买软、硬度不同的玩具，让宝宝通过抓握和捏各种玩具，体会不同质地物品的手感，让他的探索活动顺利发展
3	不要给宝宝买有危险的玩具，如上漆的积木、有尖锐角或锐利边的玩具汽车等，都不要给宝宝玩
4	宝宝玩具不应过小，直径应大于2厘米

● 宝宝精细动作训练小游戏

捡玩具

适合月龄：6～10个月的宝宝

游戏过程

妈妈准备一些小玩具放在宝宝面前，让宝宝用手去拾，开始时加以指导。

游戏目的

通过这个游戏，可以使宝宝用拇指与示指对捏拾细小物品，这一精细动作可以锻炼宝宝手眼协调能力，有利于促进大脑功能的发展。

训练宝宝学会表达肢体语言

我们的身体特别是幼儿，常在自觉或不自觉中以动作的形式传递了许多信息，这就是肢体语言，它是还不会说话的幼儿能够以字词表达之前与他人沟通的重要方式。

● 宝宝能力特点

肢体语言所表达出一个人内心的意思，有时比说话更为真实。特别是天真可爱的幼儿由于口语表达的能力不够成熟，所以最擅长运用其肢体语言来诉说自己的心情。他们往往在高兴时手舞足蹈，生气时捶拳踢腿，难过时号啕大哭等，都很明显并且容易被了解。

宝宝体态语言分析	
先天常见的	笑——高兴；打哈欠——想睡或感到无聊；撅嘴——不愉快；伸手向人——想抱；身体打战——冷；用手推开物品——不想要等
后天常见的	拍拍手——高兴或好棒；点头——是想要或好；挥挥手——再见；用示指轻触嘴唇——安静；竖起大拇指——好棒；摇头——不要或不好等，真是不胜枚举

宝宝学习肢体语言的途径，一般有刻意教导与无意示范两个方面。当宝宝的身体发展到某一程度，手脚较能灵活运用时，看到成人或较大一些的宝宝做一些可爱逗趣的动作，宝宝就会模仿起来。 对于宝宝的体态语言，爸爸妈妈要多分析与理解，才能明白宝宝想要表达的意思。

● 宝宝体态语言训练方案

给予想象力的发挥：平时，爸爸妈妈可以给宝宝看一些成人不同表情、姿势的图片或照片。

同情心：对于宝宝咬人、丢东西等行为，要先了解原因，体察他的情绪，再教导他采用不会伤害到他人的表达方式。

营造一个温馨安全的环境：宝宝在温暖安全的环境中会乐于表达自己。

留意爸爸妈妈以本身惯用的肢体语言：宝宝是爸爸妈妈的一面镜子，那些有蹙眉叹气习惯的爸爸妈妈，他们的宝宝一定也常如此；而急躁的家长，其子女也一定不易安静。

适时的鼓励与赞美：当宝宝表达方式合适或有进步时，爸爸妈妈应给予适当的鼓励。

请家长们注意

宝宝的模仿性很强，所以爸爸妈妈良好的示范是很有必要的。肢体语言与口语一样，有些会带给别人愉悦的感觉。但也有些动作是令人不悦的，因此当宝宝表现不雅的或没礼貌的肢体语言时，爸爸妈妈应立即予以纠正。

体态语言可以说是人格的一部分。有良好表达能力的人，总是较受欢迎，并有较佳的人际关系。这些幼儿期的肢体的语言，多数会随宝宝年龄的增长就慢慢不再使用，因为宝宝已经懂得了丰富的语言来表达，但有的会继续使用到成长，起到辅助、强调语言意义。

宝宝的认知与社交能力训练

6个月的宝宝在与人交往方面，“怕生”的行为非常明显，对一些陌生的人或事都会显出很恐惧的心理。

其实，这是宝宝认知能力发展的一个大进步，爸爸妈妈应当多训练宝宝的社交与认知能力。

宝宝认知能力的训练

宝宝在6个月时，认知能力会有很大的飞跃，爸爸妈妈不可错过开发的时机。6个月的宝宝，其认知能力有一个明显的特点：眼不见，心还在想。如果你手中拿着一个很有趣的玩具，宝宝就会兴奋地想伸出手去抓，但这时如果有什么东西挡住了宝宝的视线，那么玩具虽然在宝宝的视野在消失了，可宝宝却会突然试着拍打挡住他视线的东西，并用力要挪开它或压低它，而要努力想拿到这个看不见的玩具。

从这个动作我们可以看出，宝宝已经“眼不见，心却在想”，他会表现出想去寻找见到过又被隐藏起来的物体，因为他已经意识到“看不见的东西”依然存在。

● 认识家

抱着宝宝多在家里走走，给宝宝指认家里的各种陈设和用品，边指边把名称告诉他，并进行多次强化。如果安全，还可以让宝宝用手摸一摸，充分调动他的感觉器官。如：“这是电灯。”用手指给他看灯，按按开关，让孩子注意灯的一明一灭，握着他的小手，让宝宝亲自开关灯的按钮，从而调动孩子认知的积极性。

在游戏时，爸爸妈妈要尽可能让宝宝亲手摸或操作，以积累宝宝的触觉经验，加深宝宝对其生活环境、用品的感知。以训练宝宝将语言与实物相结合的能力；使宝宝认识生活环境和用具，积累视觉、触觉经验，加深记忆力。

● 颜色感知练习

让宝宝多看各种颜色的图画、玩具及物品，并告诉宝宝物体的名称和颜色，这可使宝宝对颜色认知的发展过程大大提前。

● 方位听觉训练

训练宝宝追寻物体。用玩具声吸引宝宝寻找前后左右不同方位、不同距离的发声源，以刺激宝宝方位感觉能力的发展。每日训练2～3次，每次3～5分钟。

宝宝认知训练小游戏

制作纸球

适合月龄：6～11个月的宝宝

游戏过程

这个游戏比揉纸团游戏更难，因为要用力抛或踢揉好的纸团。用纸分别揉出足球、棒球、乒乓球大小的纸团，然后当做球来打。

游戏目的

有助于宝宝小肌肉的发育，而且能促进眼、手、听觉的协调。

装电筒

适合月龄：6~11个月的宝宝

游戏过程

妈妈可以拿起手电筒，在宝宝面前折开零件，取出电池，然后将各部位安装好。接着再打开开关，用手电照亮各处，再关上。宝宝往往喜欢发亮的东西，会伸手去摸，学习按开关。

游戏目的

这个训练，不但能培养宝宝的认知能力，还能培养观察能力。

帮宝宝走出怕生的心理

宝宝长到6个月大时，“怕生”的现象比以前更多了，面对不熟悉的人会感到不安和恐惧，害怕陌生人靠近他或抱他，总是紧紧地抱着爸爸妈妈不放。

对宝宝的“怕生”行为，有些爸爸妈妈会觉得奇怪，宝宝以前见到陌生人，还会朝陌生人笑，喜欢看着陌生人，怎么到了这半岁多的时候反而会怕生呢，是不是退步了？其实不是的，“怕生”是宝宝心理发展过程中出现的一种正常现象，说明宝宝已能敏锐地辨认出熟人和陌生人。宝宝怕生，爸爸妈妈就要多注意、多鼓励、多调教，让宝宝渐渐走出怕生的心理。

● 对客人怕生

如果家里来了宝宝不熟悉的客人，不要立刻让客人抚摸或抱宝宝，不然会造成宝宝心理上的压力和不安全感，他会因为紧张和害怕出现哭闹。妈妈应把宝宝抱在怀里，先让大人们交谈，让宝宝有一段时间的观察和熟悉，渐渐地他的恐惧心理消退后，宝宝就会高兴地和客人交往。如果宝宝出现了又哭又闹的行为，就要立即抱他离远一些，过一会儿再让宝宝接近客人。

● 对环境怕生

宝宝除了怕生人，还会出现对新环境的惧怕，这时候爸爸妈妈也要注意，不要让宝宝独自一人处在新环境里，要陪伴他直到他熟悉以后再离开，让他对新环境有一个适应和习惯的过程。

● 过分依恋爸爸妈妈

伴随着怕生的行为，宝宝还会出现对爸爸妈妈的过分依恋。这时期爸爸妈妈要尽量陪伴宝宝，不要长期离开自己的宝宝，在对爸爸妈妈依恋的基础上，宝宝会渐渐建立起对环境的信任感，发展起更复杂的社会性情感、性格和能力，巩固早期建立的亲子关系。

宝宝怕生的程度和持续时间的长短与教养方式有关，如果平时爸爸妈妈能经常带宝宝出去接触外界，多和陌生人交往，经常给他摆弄新奇的玩具，那么怕生的程度就会轻一些，持续的时间也会短些。

语言与视、听觉能力训练

通常，6～7个月的宝宝在语言上能发出“大大、妈妈”等双唇音，能模仿咳嗽声、舌头“喀喀”声或咂舌声。并且能对不同的人以不同的方式发音，如对熟悉的人发出声音的多少、力量和与陌生人时相比有明显的区别。

宝宝语言能力训练

当宝宝在半岁左右时，他就会发现利用自己的舌头、牙齿可以制造出各种奇怪的“音响效果”，并且还对玩这个“新玩具”乐此不疲。

● 宝宝能力特点

宝宝6～7个月大时，会从单纯地玩自己的声音转而模仿来自外界听到的声音，并会使用自己母语范围内的音素来表现，所以虽是模仿动物的叫声或玩具所发出的声音，也不全模仿得一模一样。不过，到了这个阶段，宝宝很少会发出自己生活中不存在的语言或声音了，而是发出一些很熟悉的音节，并且模仿咳嗽声、舌头咔嗒声或咂舌音，还经常对熟悉的人发音。

爸爸妈妈说的话语，是宝宝最爱模仿的，这种模仿发生在宝宝还不能正确发音的时候。所以，宝宝会学大人说话的节奏、韵律或整体感觉，用自己容易说出的语音不断地重复。因此，爸爸妈妈可以多与宝宝说话，以培养宝宝的语言能力。

● 增强母子对话

这个时期的宝宝，常常会主动与他人搭话，这时无论是妈妈还是家里其他亲人，都应当尽量创造条件和宝宝交流和“对话”，为宝宝创造良好的发展语言能力的条件。随着语言能力的发展，宝宝的交往能力也会增强。

叫宝宝的名字

适合月龄：6～11个月的宝宝

游戏过程

妈妈用同一语调叫很多人的名字，其中夹有宝宝的名字。如果在念到宝宝的名字时，他能回头朝妈妈看、微笑，表明他能准确地听出他自己的名字，妈妈要抱起他，亲亲他的小脸，对宝宝说：“你好，你是XX。”如果孩子没有反应，要反复地对宝宝说：“XX，你的名字叫XX，你就是XX呀！”。

游戏目的

训练宝宝对语言的反应能力，并让宝宝记得自己的名字。

注意：在最初帮助宝宝记住自己的名字时，全家要统一叫宝宝一个名字，不要各叫各的，否则会延迟宝宝记住自己名字的时间。

宝宝视、听觉发展与训练

6～7个月的宝宝，视觉发育的范围会越来越广，听觉发育也越来越灵敏，这时爸爸妈妈务必要做好对宝宝视、听能力的培养与训练。

宝宝的视、听觉与语言是同时发展的。宝宝从听大人的语音到学会分辨，再发出与听到的声音相似的语音，同时以听觉、视觉来认识外界所发生的各种现象，再把现象和语音联系起来，才得以学会使用语言。因此，培养宝宝的视、听觉能力还需要从多沟通、多交流开始。

● 听音乐和儿歌

在上一个月训练的基础上，爸爸妈妈可以继续播放一些儿童乐曲，以提高宝宝对音乐歌曲的语言理解能力。通过训练听觉，培养注意力和愉快情绪，也有利于语言的发展。

● 扩大视觉范围

随着宝宝坐、爬动作的发展，行动大大开阔了他的视野，他能灵活地转动上半身，上下左右地环视，注视环境中一切感兴趣的事物。

训练宝宝规律的生活行为

宝宝到了6个多月时，爸爸妈妈会发现他们变得“调皮”了，坐不好好坐，站又不会站，抱在手上上蹿下跳，左右环顾，还整天手脚不停，没有安静的时候，将爸爸妈妈折腾得够呛。这是因为宝宝的自主意识加强了，动作也就多了。他的活动能力加强了，就显得活泼好动，这时候爸爸妈妈不但要仔细地看护，还要注重训宝宝生活行为向规律化发展。

培养有规律的睡眠与饮食习惯

良好的睡眠习惯来自于日常的培养，因此，爸爸妈妈要从小培养宝宝有规律的睡眠。此外，良好的饮食习惯也一样。规律的饮食习惯可使神经系统、内分泌系统、消化系统等协调工作，并建立起对进食时间的条件反射，促进食物的消化与吸收。

6个月以后的宝宝，白天约睡3次，每次睡1～2小时不等。通常早上醒来玩两小时后就会感到疲倦而入睡；午餐后玩一小会儿，又将入睡；醒后玩两小时左右，在傍晚前又睡一觉。爸爸妈妈要从小培养宝宝按时睡觉的习惯与规律饮食的习惯，不要总是抱着宝宝连拍带摇、又走又唱地哄着睡，这样虽然也能入睡，但却养成了不良的睡眠习惯，这样哄着睡常常容易惊醒，睡得不踏实。

● 睡眠习惯训练

培养有规律的睡眠，爸爸妈妈可将宝宝白天的睡眠时间逐渐减少1次，即白天睡眠3～4次，每次1.5～2小时。

夜间如果宝宝不醒，尽量不要惊动他。如果醒了，尿布湿了可更换尿布，或给他把尿，宝宝若需要吮奶、喝水可喂喂他，但尽量不要逗弄他，让他尽快接着转入睡眠。同时，要注意宝宝睡觉的姿势，要经常让宝宝更换头位，以防止宝宝把头睡偏。

● 饮食习惯训练

培养宝宝的饮食习惯，爸爸妈妈可以每日将喂养次数减为6次，间隔4个小时左右，中午这顿奶可以完全被辅食替代，夜间可以视宝宝需要情况进行哺喂，一般1次即可，如果宝宝夜间不醒或不愿进食，可不哺喂。还要开始逐渐训练宝宝用勺吞咽食物，为以后断奶时用勺进食做准备。

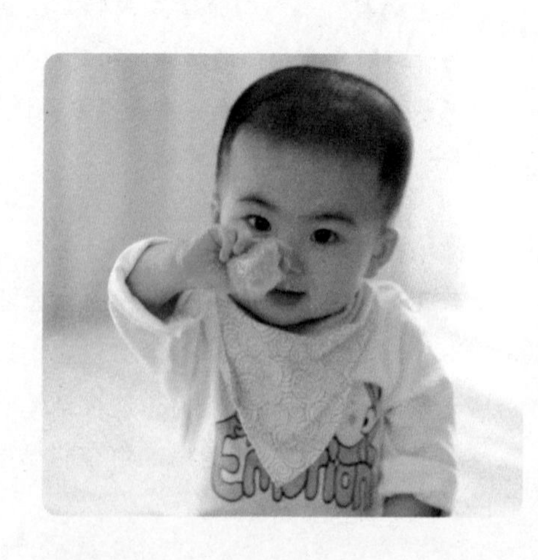

训练宝宝喝水

对宝宝来说，从出生起无论是母乳喂养还是人工喂养，都应该额外喂一点白开水。当训练宝宝自己喝水时，不妨从训练他学会自己用奶瓶作为第一步。等宝宝熟练了用奶瓶喝水后，接下来就可以训练他用吸管以及杯子喝水了。

训练宝宝用奶瓶喝水

在让宝宝学用奶瓶喝水时，先是妈妈手持奶瓶，并让宝宝试着用手扶着，再逐渐放手。如果担心太重的话，可以用小的奶瓶或只装少量的水。开始的几次，妈妈一定要在旁边守护着宝宝，万一宝宝手无力让奶瓶掉落，妈妈应及时扶住。因为是奶嘴，所以不太会呛着。

训练宝宝用杯子喝水

在教宝宝用杯子喝水时，要先给宝宝准备一个不易摔碎的塑料杯或搪瓷杯。要带吸嘴且有两个手柄的练习杯，这样不但易于抓握，还能满足宝宝半吸半喝的饮水方式。在宝宝练习用杯子喝水时，爸爸妈妈要用赞许的语言给予鼓励，比如："宝宝真棒！"这样能增强宝宝的自信心。

宝宝益智游戏训练

培养宝宝记忆力的小游戏

宝宝从一出生就具有形成记忆的能力，在那个阶段各种信息以一种自动的、无意识的形式进入宝宝的记忆中，而且只能存留很短的时间。因此，延长宝宝的记忆能力就要多加训练与培养。

藏玩具

适合月龄：6～11个月的宝宝

游戏过程

一边让宝宝看着，一边用一块布盖在他最喜欢的小玩具上。过一小会儿，放开宝宝，看宝宝是否到那块布的下面去找他的玩具。如果他这么做了，说明他记得看见你把玩具盖了起来。

游戏目的

这个游戏能增强宝宝的记忆能力。

本月宝宝喂养方法

Benyue Baobao Weiyang Fangfa

这个时期宝宝主要需要的营养

6~7个月宝宝的主要营养来源还是母乳或是配方奶，同时添加辅食。宝宝长到6个月以后，不仅对母乳或配方奶以外的其他食物有了自然的需求，而且对食物口味的要求与以往也有所不同，开始对咸的食物感兴趣。

这个时期的宝宝仍需母乳喂养，因此，妈妈必须注意多吃含铁丰富的食物。对有腹泻的宝宝，及时控制腹泻也极为重要。

怎样喂养本月的宝宝

宝宝到了这个阶段，可以给宝宝喂烂粥或烂面条这样的辅食，不要拘泥于一定的量，要满足宝宝自己的食量。但从营养价值来讲，米粥是不如配方奶的，而且过多吃米粥还会使宝宝脂肪堆积，对宝宝是不利的。

为了使宝宝健康成长，还要加一些鸡蛋、鱼、肉等。对于从上个月就开始实行换乳的宝宝，这个月的食量也开始增大，一般都可以吃鱼肉或者动物肝脏了。若宝宝的体重平均10天增加100~120克，就说明换乳进行得比较顺利。

宝宝偏食怎么办

一般宝宝会在这个月出现偏食现象，对于他爱吃的食物，会大口大口地吃，对于他不爱吃的食物，会用舌头顶出来，对食物的好恶感很明显。

一些妈妈很担心，宝宝这么小就偏食，长大了可怎么办？于是，妈妈就想方设法哄宝宝吃下他不喜欢吃的食物，最后弄得宝宝哇哇大哭。其实，妈妈不用过于担心，这种宝宝期的偏食和我们平时所说的偏食不一样，这时期出现的这种偏食只是宝宝一种天真的反应，而且很多宝宝在这个月都会出现这种偏食现象，不过，情况很快会有好转，同一种食物，今天他不喜欢吃，过几天就会喜欢吃了。

为了避免宝宝偏食，妈妈可变换花样做同一种食材。如果宝宝不喜欢吃单独的肉泥，妈妈可以把肉泥放在粥里；宝宝不喜欢吃青菜泥，妈妈可以把碎菜放在鸡蛋里，蒸来喂宝宝吃。总之，妈妈尽量将辅食做成宝宝喜欢的形状来吸引宝宝，这样宝宝不但会愉快进食，也能达到营养均衡。

影响宝宝智力的食物

以下食物宝宝如果吃多了，会影响大脑的发育，使宝宝智力出现问题。

含铝食物

世界卫生组织提出，人体每天摄铝量不应超过60毫克，如果一天吃50～100克油条便会超过这个允许摄入量，导致记忆力下降、思维能力迟钝，所以，早餐不能以油条为主食。经常使用铝锅炒菜，铝壶烧开水也应注意摄铝量增大的问题。

含过氧脂质的食物

过氧脂质对人体有害，如果长期从饮食中摄入过氧化脂并在体内积聚，可使人体内某些代谢酶系统遭受损伤，促大脑早衰或痴呆，如熏鱼、烤鸭、烧鹅等。还有炸过鱼、虾的油会很快氧化并产生过氧脂质。其他如鱼干、腌肉及含油脂较多的食物在空气中都会被氧化而产生过氧脂质。

过咸食物

人体对食盐的生理需要极低，大人每天摄入6克以下，儿童每天摄入3克以下，习惯吃过咸食物的人，不仅会引起高血压、动脉硬化等症，还会损伤动脉血管，影响脑组织的血液供应，使脑细胞长期处于缺血缺氧状态而导致智力迟钝、记忆力下降，甚至过早老化。

提高宝宝免疫力的食物

铁、锌很重要

控制免疫力的白细胞是血液中中重要的成分，因而对增加血液是至关重要的。要保证摄入充足的铁、锌等无机盐。

富含铁的食物：
猪肝泥、鸡肝泥、蛋黄、瘦肉泥。
富含锌的食物：
猪肝泥、鸡肝泥、鱼、瘦肉泥（牡蛎虽然含锌量高，但婴儿食用容易过敏，须等1～2岁后才可食用）。

蛋白质的补充

作为组成细胞基础的蛋白质也是不可少的。特别是鱼类（鱼类食物可能产生过敏反应，应从换乳后期开始添加）等优质蛋白质源，含有DHA和EPA等不饱和脂肪，可以使血液通畅，使白细胞由细胞顺利到达全身。

富含蛋白质的食物：
鸡蛋、鱼类、猪肉、牛肉、虾等。

维生素A和维生素C

白细胞是以团队形式进行工作的，巨噬细胞和淋巴球等通过放出化学物质使巨噬细胞提高工效。摄取维生素A和维生素C可以增加巨噬细胞的放出量。维生素C除攻击侵入体内的细菌，还有缓解紧张的功效。

富含维生素C的食物：
南瓜、香蕉、草莓等含量丰富。
富含维生素A的食物：
胡萝卜等黄绿色蔬菜和奶酪中含量丰富。

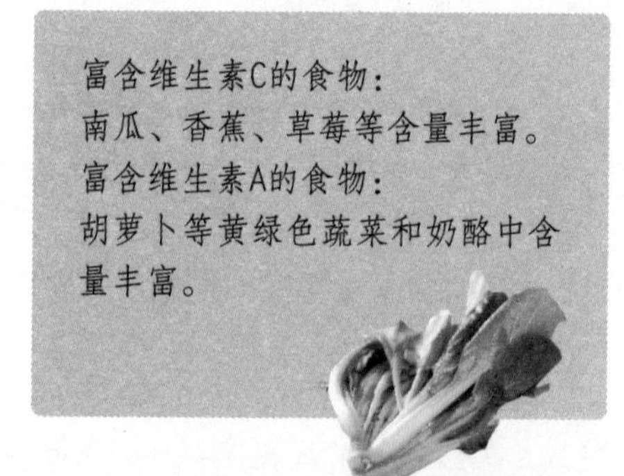

辅食添加中期

Fushi Tianjia Zhongqi

添加中期辅食的信号

添加中期辅食6个月后进行

一般说来在进行初期的辅食后一两个月才开始进行中期辅食，因为此时的宝宝基本已经适应了除配方奶、母乳以外的食物。所以初期辅食开始于4个月的宝宝，一般在6个月后期或者7个月初期开始进行中期辅食添加较好。

但那些易过敏或者一直母乳喂养的宝宝，还有那些一直到6个月才开始换乳的宝宝，应该进行1～2个月的初期辅食后，再在7个月后期或者8个月以后进行中期辅食喂养为好。

● 较为熟练咬碎小块食物时

当把切成3毫米大小的块状食物或者豆腐硬度的食物放进宝宝嘴里的时候，留意他们的反应。如果宝宝不吐出来，会使用舌头和上牙龈磨碎着吃，那就代表可以添加中期辅食了。如果宝宝不适应这种食物，那先继续喂更碎、更稠的食物，过几日再喂切成3毫米大小的块状食物。

● 开始长牙，味觉也快速发展

此时正是宝宝长牙的时期，同时也是味觉开始快速发育的时候，应该考虑给宝宝喂食一些能够用舌头碾碎的柔软的固体食物。

食物种类可以更多，用来配合咀嚼功能和肠胃功能的发育，同时促进味觉发育。注意不要将大块的蔬菜、鱼肉喂给宝宝，应将其碾碎后喂给宝宝。

对食物非常感兴趣

宝宝一旦习惯了辅食之后，就会表现出对辅食的浓厚兴趣，吃完平时的量后还会想要再吃，吃完后还会抿抿嘴，看到小匙就会下意识地流口水，这些都表明该给宝宝进行中期辅食添加了。

请家长们注意

由于宝宝已经开始长牙，所以能吃很多东西。妈妈在这一阶段应该发挥的作用，是让辅食的种类在宝宝的胃肠内能够接受的范围越多越好，扎扎实实地逐渐使辅食成为宝宝的主食。这一时期宝宝喜欢自己拿着吃，因此可以让宝宝自己拿着吃。

中期辅食添加

中期辅食添加的原则

6～9个月的宝宝，已经开始逐渐长出牙齿，初步具有一些咀嚼能力，消化酶也有所增加，所以能够吃的辅食越来越多，身体每天所需要的营养素有一半来自辅食。

● 食物应由泥状变成稠糊状

辅食要逐渐从泥状变成稠糊状，即食物的水分减少，颗粒增粗，不需要过滤或磨碎，喂到宝宝嘴里后，需稍含一下才能吞咽下去，如蛋羹、碎豆腐等，逐渐再给宝宝添加碎青菜、肉松等，让宝宝学习怎样吞咽食物。

● 七八个月开始添加肉类

宝宝到了6～7个月，可以开始添加肉类。适宜先喂容易消化吸收的鸡肉、鱼肉。随着宝宝胃肠消化能力的增强，逐渐添加猪肉、牛肉、动物肝等辅食。

● 让宝宝尝试各种各样的辅食

通过让宝宝尝试多种不同的辅食，可以使宝宝体味到各种食物的味道，但一天之内添加的两次辅食不宜相同，每顿饭都应包括3种食物，如谷类、蛋白质类和蔬菜类，才是营养均衡的一顿辅食。

● 给宝宝提供能练习吞咽的食物

这一时期正是宝宝长牙的时候，可以提供一些需要用牙咬的食物，如苹果切成粗条让宝宝去咬，训练宝宝咬的动作，促进长牙，而不仅是让他吃下去。

● 开始喂宝宝面食

面食中可能含有可以导致宝宝过敏的物质，通常在6个月前不予添加。但在宝宝6个月后可以开始添加，一般在这时不容易发生过敏反应。

● 食物要清淡

食物仍然需要保持原汁原味，不可加糖、盐及其他调味品。

● 养成良好的饮食习惯

6～9个月时宝宝已能坐得较稳了，喜欢坐起来吃饭，可把宝宝放在儿童餐椅里让他自己吃辅食，这样有利于宝宝形成良好的进食习惯。

● 进食量因人而异

每次吃的量要据宝宝的情况而定，不要总与别的宝宝相比，以免发生消化不良。

● 保持营养素平衡

在每天添加的辅食中，蔬菜是不可缺少的食物。可以开始少尝试吃一些生的食物，如番茄及水果等。

每天添加的辅食，不一定能保证当天所需的营养素，可以在一周内对营养进行平衡，使整体达到身体的营养需要量。

中期辅食添加的方法

每天应该喂两次辅食，辅食最好是稠糊状的食物。6～9个月主要训练宝宝能将食物放在嘴里后会动上下腭，并用舌头顶住上腭将食物吞咽下去。

添加过程	用量
蛋羹	可由半个蛋羹过渡到整个蛋羹
添加肉末的稠粥	每天喂稠粥两次，每次一小碗（6～8汤匙）。一开始可以在粥里加上2～3汤匙菜泥，逐渐增至3～5汤匙，粥里可以加上少许肉末、鱼肉、肉松、豆腐末等
馒头片或饼干	开始让宝宝随意啃馒头片（1/2片）或饼干，训练咀嚼及吞咽动作，刺激牙龈以促进牙齿的发育。母乳（或其他乳品）每天喂2～3次，吃辅食之前应该先喂母乳或配方奶，母乳吸尽了再喂辅食，中间最好隔开一点儿时间，以免添加的半固体辅食影响母乳中的铁吸收
菜泥、菜末	宝宝开始添加辅食后，就要注意同时添加菜泥、菜末，对于超重或肥胖的宝宝，每餐蔬菜的量要适当增加，至少要和主食一样多

中期辅食食材

7 7个月后开始喂　　8 8个月后开始喂　　9 9个月后开始喂

! 注意过敏反应　　? 有过敏的宝宝可以吃的月数

●粗米 7

具有大米4倍以上的维生素B_1和维生素E的营养成分，但缺点是不易消化，故在7个月后开始少量喂食。先用水泡上2~3小时后用粉碎机磨碎后使用。

●干枣 7

富含维生素A和维生素C。将干枣洗净用水煮20分钟，去皮去核后，加水搅拌成枣泥，既可补血健脾，枣泥中丰富的膳食纤维又可以润肠预防便秘。

新鲜的大枣容易引起腹泻，所以要在宝宝1岁后再喂食。

●鸡蛋 7 ! 24

蛋黄可以在宝宝6~7个月后喂食，但蛋白还是最好在1岁后喂食为佳。

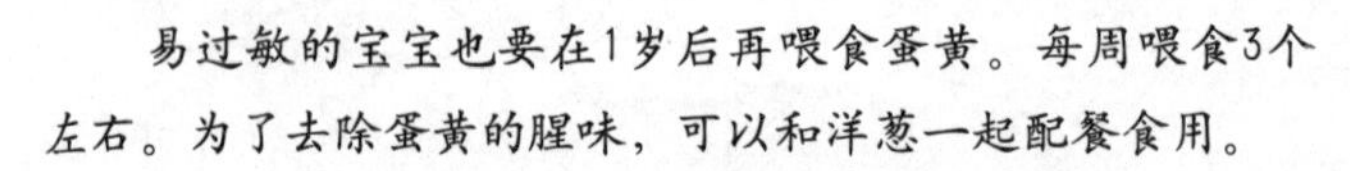

易过敏的宝宝也要在1岁后再喂食蛋黄。每周喂食3个左右。为了去除蛋黄的腥味，可以和洋葱一起配餐食用。

●玉米 7 !

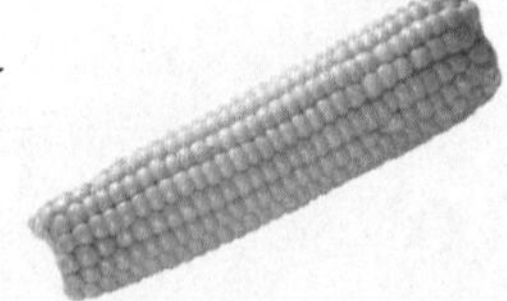

富含维生素E，对于易过敏的宝宝，等到1岁以后喂食则较稳妥。去皮磨碎后再行食用。

食用时，先用开水烫一下会更为安全。

●鳕鱼 7

最常见的用于辅食制作的海鲜类，富含蛋白质和钙，极少的脂含量，味道也清淡。

食用时用开水烫一下后蒸熟去骨捣碎后喂食。

● 黄花鱼 7

富含易消化吸收的蛋白质，是较好的换乳食材。若是腌制过的可在1岁后喂食。

为防营养缺失宜蒸熟后去骨捣碎食用。

● 刀鱼 7

避免食用有调料的刀鱼，以免增加宝宝肾的负担。喂食宝宝的时候注意那些鱼刺。使用泡米水去其腥味，然后配餐。蒸熟或者煮熟后去刺捣碎食用。

● 哈密瓜 9

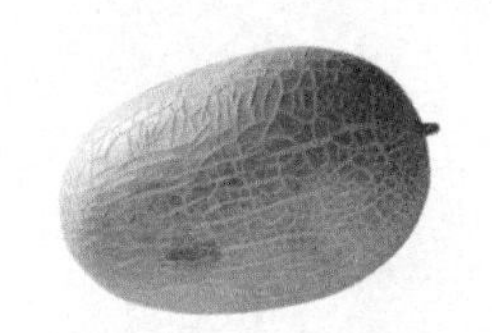

鲜嫩的果肉吃起来味道香甜可口。9个月大的宝宝就可以生吃了。

挑选时应选纹理浓密鲜明的，下面部位摁下去柔软，根部干燥的。

● 豆腐 8 !

辅食里常见的材料，具有高蛋白、低脂肪、味道鲜的特点。8个月以后的宝宝可以开始试着食用，先从较嫩的南豆腐开始吃起，可放在粥里、蛋羹中一起炖熟。

易过敏的宝宝要在满1岁后再喂食。

● 洋葱 7

因其味道较浓，宜在中期后食用。熟了的洋葱带有甜味，所以可在辅食中使用。

富含蛋白质和钙。使用时切碎后放水泡去其辣味。

● 黄豆芽 9 !

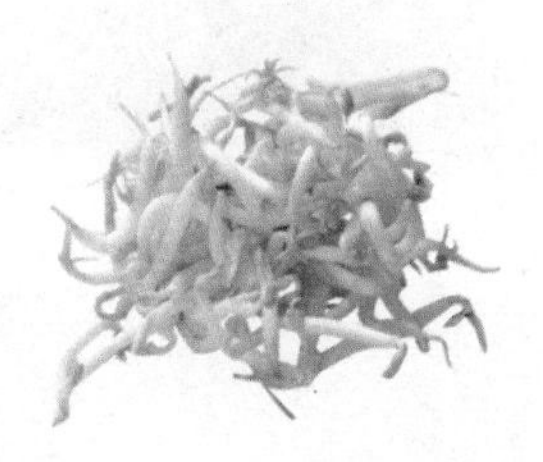

富含维生素C、蛋白质和无机盐。但需留意其头部可能引起过敏应去掉。可喂食9个月大的宝宝。去掉较韧的茎部后汆烫使用。

因其不易熟透，要捣碎后喂食。

● **大豆** 7 !

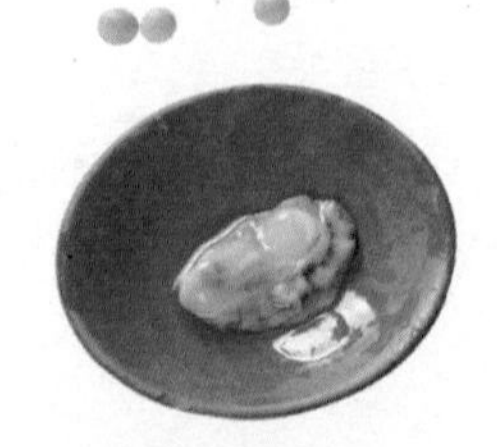

富含蛋白质和糖类，有助于提高免疫力。易过敏的宝宝应在1岁后喂食。不能直接浸泡食用，应在水中浸泡半天后去皮磨碎再用于制作辅食的配餐。

● **牡蛎** 9 !

各种营养成分如钙、维生素、蛋白质等含量都高，对于补锌非常有效。煮熟后肉质鲜嫩。冲洗时用盐水，然后用筛子筛后滤水放入粥内煮。

由于贝壳类海鲜易引起过敏，1岁后食用更为安全。

● **松子** 9 !

对大脑发育有益的富含脂肪和蛋白质的高热量食品。丰富的软磷脂对身体不适的宝宝很有帮助。可以磨成粉状拌在粥中食用。

易过敏的宝宝要在1岁以后食用。

● **绿豆** 9

具备降温、润滑皮肤等作用，对有过敏性皮肤症状的宝宝特别有益。先用凉水浸泡一夜后去皮，或煮熟后用筛子更易去皮。若买的是去皮绿豆可直接磨碎后放粥里食用。

一眼分辨的常用食物的黏度

大米：有少量米粒、倾斜匙可以滴落的5倍粥。

鸡胸脯肉：去筋捣碎后放粥里煮熟。

苹果：去皮和籽后，切碎成3毫米大小的小块。

油菜：开水烫一下菜叶后，切碎成3毫米的段。

胡萝卜：去皮煮熟后，切碎成3毫米大小的小块。

海鲜：去掉外壳，蒸熟之后捣碎。

中期辅食中粥的煮法

大米饭煮粥

原料：20克米饭，60毫升水（比例调控为1∶3）

做法：1.将米饭捣碎后放入锅内倒水。2.先用大火煮至水开后小火再煮，过程中用匙慢慢搅拌碎米饭粒。

泡米煮粥

原料：20克泡米，100毫升水（比例调控为1∶5）

做法：1.把泡米用榨汁机磨碎，或者使用粉碎机用5倍水里的水一起磨碎。2.把磨碎的米和剩下的水放入锅内。3.先用大火边煮边用匙搅拌，等水开后用小火煮熟。

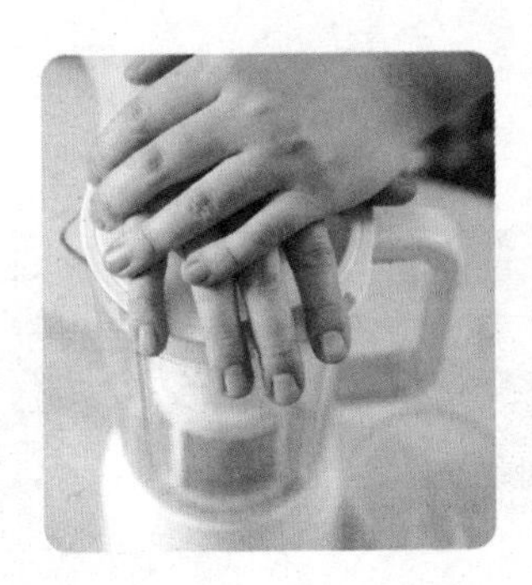

本月宝宝护理要点

Benyue Baobao Huli Yaodian

选鞋

过了6个月之后，由于宝宝生长发育的需要，穿鞋可以促进宝宝多爬、多走，对运动能力和智能发展都很有好处，所以，在这时父母一定给宝宝选双合适的鞋子。

当宝宝开始学爬、扶站、练习行走时，也就是需要用脚支撑身体重量时，给宝宝穿一双合适的鞋就显得非常重要。为了使脚正常发育，使足部关节受压均匀，保护足弓，要给宝宝穿硬底布鞋，挑选时要注意以下几方面：根据宝宝的脚型选鞋，即鞋的大小、肥瘦及足背高低等；鞋面应以柔软、透气性好的鞋面为好；鞋底应有一定硬度，不宜太软，最好鞋的前1/3可弯曲，后2/3稍硬不易弯折；鞋跟比足弓部应略高，以适应自然的姿势；鞋底要宽大，并分左右；宝宝骨骼软，发育不成熟，鞋帮要稍高一些，后部紧贴脚，使踝部不左右摆动为宜；宝宝的脚发育较快，平均每月增长1毫米，买鞋时尺寸应稍大些。

生活环境

宝宝的房间一定要选朝阳的，但此时期的宝宝视网膜没有发育完善，因此，要使用床幔来阻挡阳光，避免宝宝眼睛受到强光的刺激。房间灯光一定要实现全面照明度，强调有光无源，一般可采取整体与局部两种方式共同实现。房间里不能有一盏光线特别强的灯，可用光槽加磨砂吸顶灯，也可用几盏壁灯共同照明。

房间最好紧临父母的卧室，在格局上，让父母的卧室和宝宝房成为套房关系，相连的墙用柜子或帘子隔开，方便随时照看。

面积不宜过大，因为宝宝对空间的尺度感很小，房间面积不宜超过20平方米，但最好不要低于10平方米。

要高度注意宝宝的安全

有很多家长看到宝宝只会爬行，就认为宝宝不会发生什么危险，所以，当宝宝在地上玩时，家长就极有可能粗心大意——将宝宝放在地上，自己去做其他的事情。可以说，这是宝宝发生危险的最主要原因。

为了宝宝的安全，家长不能让宝宝离开自己的视线。最好将家中一切潜藏的危险都清除掉。

1	必须将地上的东西清理干净，以免宝宝捡起放到嘴里
2	厨房的门一定要关好，以防止宝宝弄倒垃圾筒而误食了脏东西
3	要将家里的暖水瓶放在宝宝碰不到的地方，以防止宝宝被烫伤
4	筷子、笔等杆状的东西一定不要让宝宝拿到，以防止发生危险

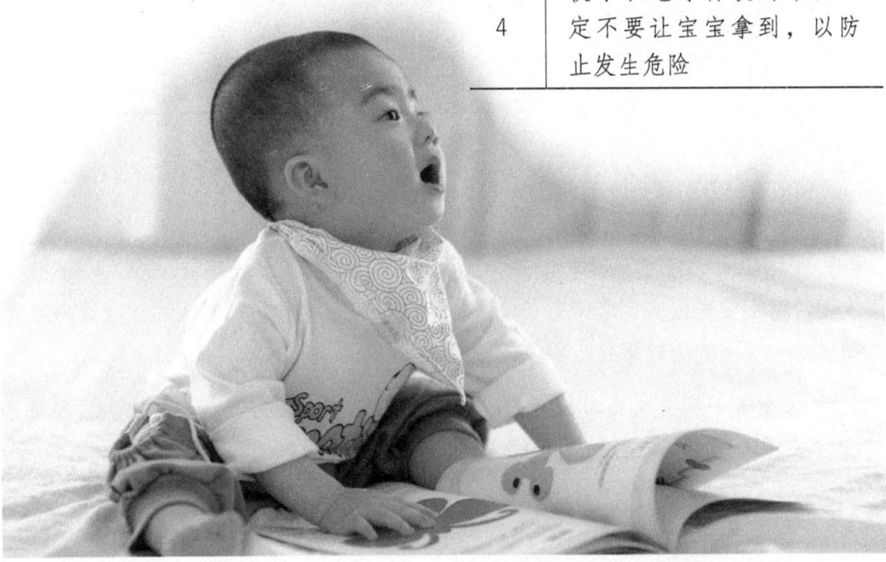

本月宝宝健康呵护

Benyue Baobao Jiankang Hehu

预防宝宝长痱子

1	保持通风凉爽，避免过热，遇到气温过高的日子，可适当使用空调降温
2	宝宝如果玩得大汗淋漓，应及时给宝宝擦干汗水，保持皮肤清洁干燥
3	宝宝睡觉宜穿轻薄透气的睡衣，但也不要脱得光光的，以免皮肤直接受到刺激
4	外出时，要使用遮阳帽、婴幼儿专用防晒霜
5	在洗澡水中加入花露水等预防痱子

长痱子居家护理

每天用温水给宝宝洗澡，以保持皮肤清洁，水温不宜过热或过冷。痱子已经形成后，就不要再给宝宝使用痱子粉了，否则会阻塞毛孔，加重病症。注意为宝宝选择婴幼儿专用的洗护用品，不要使用成人用品。

宝宝身体一旦出现大面积痱毒或脓痱，应及时到医院治疗。可让宝宝吃一些清凉解暑的药膳，如绿豆汤、绿豆百合粥、西瓜汁等。

便秘的预防与护理

宝宝便秘的表现

排便的次数少，有的宝宝3～4天才排一次大便，并且粪便坚硬，排便困难，排便时疼痛或不适，引起宝宝哭闹。

形成便秘的原因

用牛奶喂养的宝宝容易出现便秘，这是由于牛乳中的酪蛋白含量多，可使大便干燥。另外，宝宝由于食物摄入的不正确，造成食物中含纤维素少，引起消化后残渣少，粪便减少，不能对肠道形成足够的排便刺激，也可形成便秘；还有的宝宝没有养成定时排便的习惯，也可以发生便秘。

避免便秘的方法

1.帮助宝宝形成定时排便的习惯。

2.用白萝卜片煮水给宝宝喝，理气、消食、通便。

3.给宝宝喂新鲜果汁水、蔬菜水和苹果泥、香蕉泥等维生素含量高的辅食。

4.辅食中增加富含膳食纤维和纤维素的食品以增加粪便体积，软化大便，如蒸红薯、白萝卜泥、胡萝卜泥等。

5.每天2次，以肚脐为中心顺时针按摩5分钟，促进肠道蠕动。

如何预防宝宝晒伤

1.不要让宝宝在强光下直晒，在树荫下或阴凉处活动，同样可使身体吸收到紫外线，而且还不会损害皮肤。每次接受阳光照射一小时左右为宜。

2.外出时要给宝宝戴宽沿、浅色遮阳帽及遮阳眼镜，撑上遮阳伞，穿上透气性良好的长袖薄衫和长裤。

3.选择婴幼儿专用防晒品，在外出前30分钟把防晒品涂抹在暴晒的皮肤部位，每隔两小时左右补擦一次。

4.防晒用品要在干爽的皮肤上使用，如果在湿润或出汗的皮肤上使用，防晒用品很快便会脱落或失效。

5.尽量避免在上午10时至下午3时外出，因为这段时间的紫外线最强，对皮肤的伤害也最大。

晒伤的居家护理

1	将医用棉蘸冷水在宝宝晒伤脱皮部位敷10分钟，以减轻灼热感，这样做能安抚皮肤，又能迅速补充表皮流失的水分
2	涂抹芦荟纯植物凝胶，修复晒伤后的皮肤
3	让宝宝处于通风的房间里，或洗一个温水澡，这些方法都能让宝宝感觉舒服。洗澡时，不要使用碱性肥皂，以免刺激伤处
4	如果宝宝出现明显发热、恶心、头晕等全身症状应及时就诊，在医生的指导下，口服抗组织胺药物或镇静剂，重症者则需给予补液和其他处理

预防被蚊虫叮咬

1.注意室内清洁卫生，开窗通风时不要忘记用纱窗做屏障，防止各种蚊虫飞入室内。

2.宝宝睡觉时，可选择透气性较好的蚊帐，或使用婴幼儿专用电蚊香、驱蚊贴等防蚊用品。

3.外出时尽量让宝宝穿长袖衣裤；还可以在外出前涂抹适量驱蚊驱虫用品，或佩戴目前热卖的驱蚊手环。

4.用八角、茴香泡水给宝宝洗澡，洗后身上淡淡的香味就如同上了一道无形的防护罩，蚊子会不敢近身。

叮咬后的居家护理

1	勤给宝宝洗手，剪短指甲，以免宝宝抓破蚊咬处引起皮肤感染
2	如果被蜜蜂蜇了，要先用冷毛巾敷在受伤处；如果被虫子身上的细刺蛰得面积比较大，应先用胶带把细刺粘出来，再涂上金银花露消毒
3	用盐水涂抹或冲泡痒处，这样能使肿块软化；还可切一小片芦荟叶，洗干净后掰开，在红肿处涂擦几下，就能消肿止痒
4	症状较重或由继发感染的宝宝，必须去医院诊治，一般医生会使用内服抗生素消炎，同时使用处方医用软膏等

7月龄的宝宝

本月宝宝特点

Benyue Baobao Tedian

宝宝发育特点

1.会肚子贴地，向前匍匐爬行。

2.能够将玩具从一只手换到另一只手。

3.能够坐姿平稳地独坐10分钟以上。

4.可以自行扶着站立。

5.能辨别出熟悉的声音。

6.能发出“ma-ma”“ba-ba”的声音。

7.会模仿大人的动作。

8.已经能分辨自己的名字，当有人叫宝宝的名字时有反应，但叫别人名字时没有反应。

9.对大人的训斥和表扬表现出委屈和高兴。

10.开始能用手势与人交往，如伸手要人抱，摇头表示不同意等。

11.会自己拿着饼干咬、嚼。

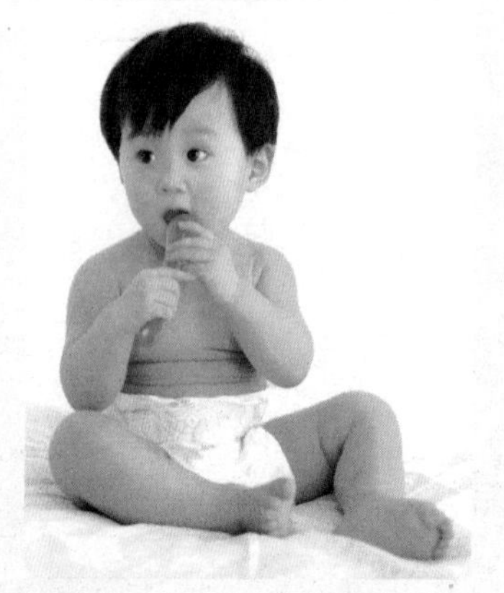

身体发育标准

体重	男孩平均8.80千克，女孩平均8.20千克
身长	男孩平均70.60厘米，女孩平均68.80厘米
头围	男孩平均44.61厘米，女孩平均43.50厘米
胸围	男孩平均44.70厘米，女孩平均43.82厘米
坐高	男孩平均45.02厘米，女孩平均43.73厘米

生长发育标准

睡眠

这个月的宝宝每天仍需睡15～16个小时，白天睡2～3次。如果宝宝睡得不好，家长要找找原因，看宝宝是否病了，给他量量体温，观察一下面色和精神状态。

体重

7～8个月的宝宝，体重增长的速度变缓慢了，但身高却迅速增长，渐渐已显示出“幼儿”的模样了。

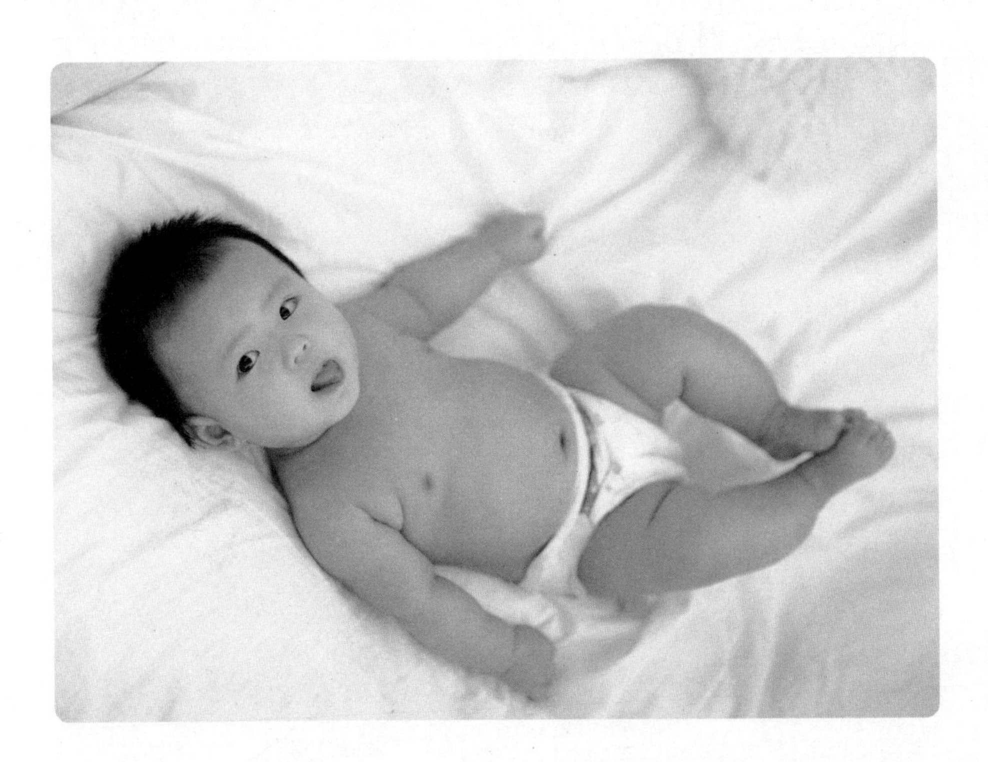

本月宝宝能力

Benyue Baobao Nengli

爬出一个健康的宝宝

爬行是一种极好的全身运动，能够为日后的站立与行走创造良好的基础。爬行扩大了宝宝的认识范围，这就有利于宝宝听觉、视觉、平衡器官以及神经系统的发育，同时也为宝宝建立、扩大和深化对外部世界的初步认识创造了条件。所以，爸爸妈妈应利用多种条件让宝宝练习爬行。

宝宝爬行锻炼

宝宝成长到7个月时，每天都应该做爬行锻炼。爬行对宝宝来说，并不是轻而易举的事情，对于有些不爱活动宝宝，更要努力训练。

● 先练用手和膝盖爬行

为了拿到玩具，宝宝很可能会使出全身的劲向前匍匐地爬。开始时可能并不一定前进，反而后退了。这时，爸爸妈妈要及时地用双手顶住宝宝的双腿，使宝宝得到支持力而往前爬行，这样慢慢宝宝就学会了用手和膝盖往前爬。

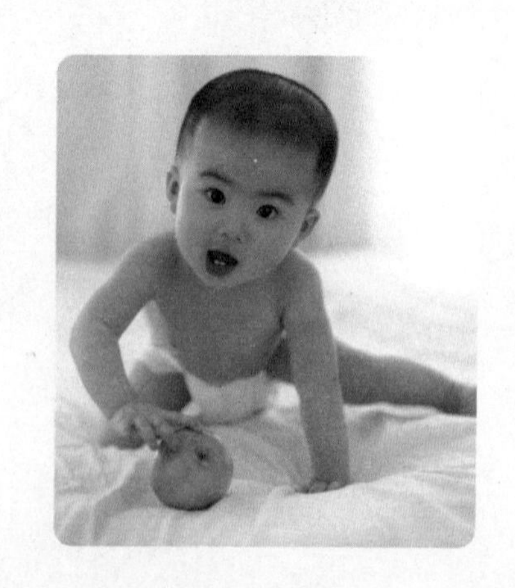

● 再练用手和脚爬行

等宝宝学会了用手和膝盖爬行后，可以让宝宝趴在床上，用双手抱住腰，把小屁股抬高，使得两个小膝盖离开床面，小腿蹬直，两条小胳膊支撑着，轻轻用力把宝宝的身体向前后晃动几十秒，然后放下来。每天练习3～4次为宜，会大大提高宝宝手臂和腿的支撑力。

当支撑力增强后，妈妈用双手抱宝宝腰时稍用些力，促使宝宝往前爬。一段时间后，可根据情况试着松开手，用玩具逗引宝宝往前爬，并同时用“快爬！快爬！”的语言鼓励宝宝，逐渐宝宝就完全会爬了。

练习独立爬行	
爬行小路	爸爸妈妈将不同质地的东西散放在地板上，让宝宝爬过去。如把一小块地毯、泡沫地垫、麻质的擦脚垫、毛巾等东西排列起来，形成一条有趣的小路。这样，就诱导宝宝沿着“小路”去爬，体会不同质地的物质。但是这些东西用过后爸爸妈妈要将其放起来收好，过些天可以将它们以不同的顺序排列成另一条小路，让宝宝继续学爬
自由爬	妈妈要先整理一块宽敞干净的场地，拿开一切危险物，四处放一些玩具，任宝宝在地上抓玩。但要注意的是，必须让宝宝在妈妈的视线内活动，以免发生意外
定向爬	宝宝趴着，妈妈把球等玩具放在宝宝面前适当的地方，吸引他爬过去取。待宝宝快拿到时，再放远一点
转向爬	妈妈先把有趣的玩具给宝宝玩一会儿，然后当着宝宝的面把玩具藏在他的身后，引诱宝宝转向爬

宝宝爬行注意事项

宝宝会爬了，看到自己的宝宝一天天长大，又学会了新的本领，会激起爸爸妈妈喜悦的心情，但是，此时爸爸妈妈更应该注意宝宝爬行的安全和卫生问题。

宝宝爬行运动有赖于骨骼肌肉的发育

动作发育的规律之一是由正向反的发展，如先学会抬头，再学会低头，先学会向后爬，再学会向前爬；动作发育的规律之二是由不协调到协调，如当婴儿要去抓一个东西时，一开始他又瞪眼，又使劲，费很大力气才抓住，抓住后又不会放开手指，以后便会很自如地完成这些动作。7个月的宝宝往往是见了什么东西都要抓一把，往往稍一疏忽，就会造成不可挽回的后果。

● 宝宝学爬的场地要安全

为了让宝宝安全地爬行，爸爸妈妈应当把屋子地面打扫干净，铺上干净的地毯、棉垫或塑料地板块，创造一个有足够面积的爬行运动场，这是防止宝宝坠落地上的好方法。

这么大的宝宝往往会不分好歹地把碰到的东西往嘴里塞，万一把纽扣、硬币、别针、耳钉，小豆豆等吞下去，就会有危险，因此，屋子里各个角落都要打扫干净，注意卫生清洁，任何可能发生意外的东西都要收拾起来。

● 确保宝宝的身体安全

有的宝宝爬行时，往往出现用一腿爬行带动另一腿的方式，而且两只脚的灵活度也不一样，这时爸爸妈妈往往会担心宝宝两腿发育不一。其实，这种情况属于正常现象，不需过度担忧。但是，当这种状况维持太久没有改变时，就要怀疑宝宝是否发生了肌肉神经或脑性麻痹等异常状况，要及时带宝宝去医院就诊。

爸爸妈妈还应注意，爬行最容易发生头部的外伤，当宝宝撞到头时，不管当时是否出现不舒服的情形，妈妈都要仔细观察宝宝。在爬行后，如果宝宝的睡眠时间太长，中间要叫醒他，看看是否有异状；如果宝宝在训练爬行的3天内出现严重的头痛、呕吐、昏睡、抽搐等症状就要立即送医院医治。

● 其他注意事项

1.在宝宝刚饮食后，不宜立即练习爬行。

2.每次练习爬行的时间不宜过长，10分钟左右为宜，贵在坚持。

3.让宝宝学爬，要有足够大的爬行空间。

4.于宝宝学爬，爸爸妈妈要有耐心，不能急躁。

5.要培养宝宝学爬的兴趣。教爬时要选择宝宝情绪好的时候，可以用宝宝非常喜欢的玩具逗引他向前爬，避免宝宝感到厌倦。

宝宝动作智能大训练

宝宝在7个月大时，不仅学会了爬行，在一些其他动作上也有了很大的变化。在大运动方面：宝宝能俯卧，前面用玩具逗引，会以手腹为支点向前爬行；在仰卧时，能坐起来、并躺下，能自己从仰卧变俯卧，再变成坐位，并会自己躺下。若让宝宝靠栏边站立，能手扶栏杆站立5秒钟以上。

精细动作方面

将大米花等物放在桌上，宝宝能用拇指和示指或示指以外的其他手指捏起大米花。如果给宝宝一手握一块积木，再递第三块，宝宝有要取第三块的意思但不一定取到。因此，对于宝宝的动作能力还应抓紧培养与训练。

宝宝手部灵活动作训练

宝宝在7个月时就能随心所欲地抓起摆在他面前的小东西了。抓东西时，也不再是简单地抓起来握在手里，而且会摆弄抓在手里的东西，还会把东西从一只手传递到另一只手，出现了双手配合的动作。

请家长们注意

宝宝在摆弄物体的动作过程中，能够初步认识到一些物体之间的简单联系，比如敲击东西会发出声音，所以他才会不厌其烦地反复去敲，这是宝宝最初的一些“思维”活动，同时也是宝宝心理发展的一大进步。对此，爸爸妈妈应该提供机会让宝宝做一些探索性的活动，而不应该去阻止他或限制他。

关于宝宝手部的动作训练主要有以下方法：

● 训练宝宝拇指、示指对捏能力

训练宝宝的拇指、示指对捏能力，首先是练习捏取小的物品，如小糖豆、大米花等。在开始训练时，可以用拇指、示指扒取，以后逐渐发展至用拇指和示指相对捏起，每日可训练数次。

在训练时，最好爸爸妈妈要陪同宝宝一起，以免他将这些小物品塞进口或鼻腔内，进而发生危险。

●学习挥手和拱手动作

爸爸妈妈可以经常教宝宝将右手举起，并不断挥动，让宝宝学习“再见”动作。当爸爸上班要离开家时，要鼓励宝宝挥手，说“再见”。如此每天反复练习，经过一段时间，宝宝见人离开后，便会挥手表示再见。

在宝宝高兴的时候，还可以帮助他将双手对起握拳，然后不断摇动，表示谢谢，而后每次给他玩具或食物时，都会拱手表示谢谢。通过这个训练，可以扩大宝宝的交往动作和范围。

翻滚及拉站动作训练

让宝宝练习翻身打滚的动作，可以训练大动作的灵活性以及视听觉与头、颈、躯体、四肢肌肉活动的协调，是宝宝的基本动作训练。

●训练宝宝翻身打滚

在训练时，先让宝宝仰卧，用一件新的有声有色的玩具吸引他的注意力，引导他从仰卧变成侧卧、俯卧、再从俯卧转成仰卧。训练时要注意安全，最好在干净的地板上或在户外地上铺席子和被褥，让宝宝练习翻身打滚。

●训练宝宝拉物站起

爸爸妈妈可以先将宝宝放入扶栏床内，先让宝宝练习自己从仰卧位扶着栏杆坐起，然后再练习拉着床栏杆，逐渐达到扶栏站起，锻炼平衡自己身体和站立的能力。熟练后可训练宝宝拉站起来，再主动坐下去，而后再站起来和坐下去……反复训练，效果更佳。

通过训练主动拉物，能使宝宝竖直身体，锻炼腿部力量。

培养宝宝的语言及视听能力

宝宝到了7个月大时，爸爸妈妈可以人为地扩大宝宝与周围人的接触和对话，以培养宝宝的语言及视听能力。

宝宝语言能力培养

● 扩大宝宝交流范围

7个月时，爸爸妈妈要经常带宝宝外出去玩，到公园和邻居家里都可以。可把变化的环境指给宝宝，并且，要尽量争取邻里的大人和儿童跟宝宝“交流”和做游戏的机会。

随着接触面的扩大，听到和感受到的内容也在不断增多，不但创造了宝宝语言能力发展的条件，也对增强宝宝的交往能力有益。

● 模仿声音

在这个时期，爸爸妈妈可以教宝宝模仿大人弄舌和咳嗽的声音，还可以训练宝宝发“da—da”或相当于它的音。经过练习一段时间后，宝宝能明确连接两个或两个以上的辅音，但发音内容无所指。此外，爸爸妈妈还可以鼓励他模仿大人的动作或声音，如点点头表示“谢谢”等。

培养宝宝的视听能力

7~8个月是宝宝视听能力发展的良好时期，应注意培养。

● 听力训练

爸爸妈妈要定时用录放机或VCD给宝宝放一些儿童乐曲，提供一个优美、温柔和宁静的音乐环境，以训练宝宝的听力，并提高对音乐歌曲的语言理解能力。

● 辨认颜色

将准备好的各色雪花纸片放在盒子里。过一会儿，妈妈从纸盒里任意取出一片雪花纸片，让宝宝说出其颜色。或者妈妈说出颜色的名称，让宝宝在纸盒里找出，并交给妈妈。

刚开始玩游戏时，最好以红、黄、蓝、绿这四种基本颜色为主。通过这个训练，可以提高宝宝的语言理解能力、语言表达能力，帮助其建立颜色感官。

聆听声音的游戏

适合月龄：7～11个月的宝宝

游戏过程

在不同材质的纸上面淋豆子、米等杂物。该游戏能让宝宝听到“沙沙沙”“沙拉拉”等不同的声音，而且能体验到随着杂物量的变化而带来的声音差异。

游戏目的

此游戏能锻炼宝宝眼、手和听觉的协调能力。

晚上的小故事

适合月龄：7～11个月的宝宝

游戏过程

妈妈让宝宝坐在自己的膝盖上，给宝宝讲图画书上的故事。妈妈可以这样开头：“从前，有一个……”然后，妈妈可以稍微停顿一下，等着看宝宝的反应。故事中的事情或人物都应该是宝宝日常所熟悉的。最好提到一些宝宝喜欢的动物、花朵，还有宝宝认识的单词和名称。

游戏目的

这个游戏锻炼宝宝的视听和语言能力，调节宝宝的情绪，让宝宝学会与大人交流。

宝宝认知与社交行为开发

宝宝到了7个月时，认知能力已发展得相当好。当宝宝看到一个示范摇铃后，就会有意识地摇铃；如果用玩具在宝宝面前摇动逗引他，他会持续用手追逐玩具。

在情绪与社交行为上，宝宝对训斥或赞许会产生委屈或兴奋的不同表情；当大人在宝宝面前做事时，宝宝会注视大人的行为并模仿。

宝宝认知与社交能力训练

7～8个月是宝宝认知的分水岭。这时的宝宝已经有对物体永存的认知，并且已经拥有自我抑制力、抓取能力及良好的记忆能力，因此，这个年龄段应多培养宝宝的认知能力。

● 感知训练

训练宝宝的感知能力，爸爸妈妈可以给宝宝一些抚摸、亲吻，再配合儿歌或音乐的拍子，握着宝宝的手，教他拍手，按音乐节奏，模仿小鸟飞，蹦跳身体；还可以让宝宝闻闻香皂、牙膏，培养嗅味感知能力。

● 听说话认知小训练

爸爸妈妈可以故意将宝宝戴着的帽子取下，并有意识地说“把帽子取下来”，然后将宝宝抱到挂放帽子的地方，再有意识地向宝宝发问：“你的帽子呢？”接着就让宝宝指点。

通过这个训练，能初步培养宝宝听懂大人说话的意思，并认识常见物品。

● 模仿认知训练

爸爸妈妈要经常观察宝宝是否注视自己的行动，开始时应给予引导，从中让宝宝了解和模仿大人的行为活动。

盒中有宝

适合月龄：7～11个月的宝宝

游戏过程

可以先用碗盖住一些宝宝喜爱的小玩具或食物，然后让宝宝寻找。妈妈还可以适当增加难度，用一个小筐盖住藏有玩具的小碗，再让宝宝寻找。当宝宝找到后一定要称赞他。

游戏目的

这个游戏能协助宝宝建立与人交往的技巧，学会如何对别人的行为作出反应，还可增强宝宝的耐心和意志力。

小小杯子

适合月龄：7～11个月的宝宝

游戏过程

把宝宝安置在一个高一点的沙发上，妈妈首先举起杯子假装喝水，同时说一些“好喝、好喝”之类的话。然后妈妈再把杯子举到宝宝的嘴边，看看宝宝是否会将杯子举到嘴边，做喝水的动作。

游戏目的

通过妈妈的示范，引导宝宝模仿，可以让宝宝学会怎样用杯子喝东西，锻炼宝宝的自立能力，并且形象地向宝宝阐明了喝水是怎样的事情。

培养宝宝良好的生活行为

培养宝宝良好的生活行为，要从小处开始，从细节入手，要在各方面不断重复和练习。平常，我们经常会看到这些现象：积木玩过就随地扔，进餐后满地是饭菜，这都是没有养成良好的生活习惯造成的。因此爸爸妈妈要注意培养宝宝良好的生活行为，为宝宝的日后发展打下良好基础。

培养宝宝良好的饮食习惯

爸爸妈妈如果能从小培养宝宝定时吃饭的好习惯，将来要求宝宝有规律地进食就容易多了。

从心理方面来讲，宝宝认为到时间才进食是自然而合理的；从生理方面来讲，身体已建立起这样的生物钟，到一定的时间才感到饥饿，宝宝就会吃得又香又多。

● 固定餐位、餐具

一般7～8个月的宝宝就可以独坐了。喂饭时可让宝宝坐在有东西支撑的地方，还可以用宝宝专用的前面有托盘的椅子，总之每次喂饭靠坐的地方要固定，让宝宝明白，坐在这个地方就是为了吃饭。

在喂饭时，妈妈用一只勺子，让宝宝也拿一只勺子，允许他把勺子插入碗中。此时，宝宝往往分不清勺子的凹面和凸面，往往盛不上食物，但是让他拿勺子可以使他对自己吃饭产生积极性，有利于学习自己吃饭，也促进了手—眼—脑的协调发展。

● 吃饭是自己的事

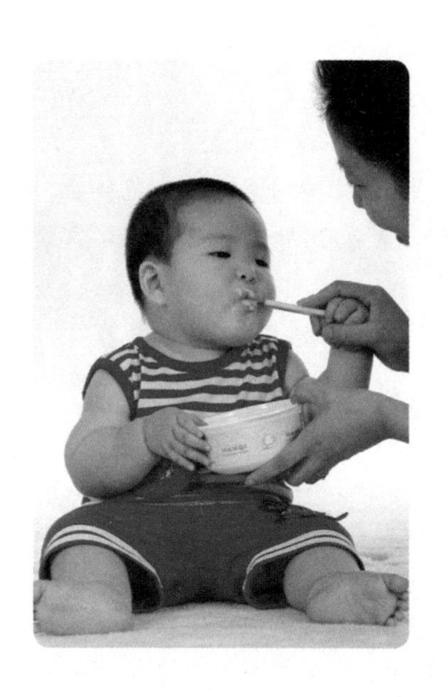

不要让宝宝看出爸爸妈妈对自己的吃饭问题特别关注，一顿饭吃少点就表现出焦急万分的样子。别当宝宝还小，他也会在家里“争权夺利”。当宝宝吃饭的“成绩”不太好时，爸爸妈妈最好不动声色，让宝宝明白：吃饭完全是他自己的事。

● 爱心和耐心

均衡的营养能使宝宝成长得更好，但是要让他们快乐地吃进食物，才能发挥食物的营养效果。因此，应该特别注意培养亲密的亲子关系。

在吃饭时，不要因进食问题而责骂宝宝，强迫宝宝进食。爸爸妈妈应该知道爱心和耐心才是宝宝最需要的。

● 禁止吃饭时玩耍

要禁止宝宝边吃边玩、边吃边看电视的行为，尤其不要追着喂饭。爸爸妈妈应该帮助宝宝建立起进餐是该在餐桌上进行的正确观念，从小培养做任何事情都要集中注意力的好习惯，使宝宝全身心地投入进食过程，而不受周围事物的干扰。

培养良好的日常自理行为

7~8个月的宝宝，懂得大人面部表情，对于大人的训斥或赞扬，会表现出委屈或兴奋的神情。

在自理能力上，宝宝会自己吃饼干。这时宝宝往往能自己拿着饼干，有目的地咬、嚼，而不是简单地“吃”；当大人站宝宝面前，伸开双手招呼他时，宝宝会发出微笑，并伸出双手表示要抱；如果妈妈跟他玩拍手游戏，宝宝会合作并模仿着玩。

养成坐便盆的好习惯

7~8个月的宝宝已经可以坐得很好了，爸爸妈妈可以培养宝宝坐便盆的习惯。首先观察宝宝排便的规律，在宝宝有便意或有所表示时让宝宝坐在便盆上排便，但决不能强迫宝宝坐盆，如果宝宝一坐盆就吵着闹着不干，或过了3~5分钟也不肯排便等，不必勉强，就垫上尿布，但每天必须坚持让宝宝坐盆，时间一长，经反复练习，宝宝一坐盆，就可以排大小便了。

宝宝的智能开发小游戏

游戏可以增长宝宝的智力，开发各种潜能，使宝宝的智能得以及早的发展，特别是在婴儿时期，是宝宝智力增长最快的时候，爸爸妈妈一定要抓住这个黄金时期。

捉迷藏

适合月龄：7~11个月的宝宝

游戏过程

宝宝扶站小沙发旁，妈妈站在沙发的对面或者侧面，“宝宝，看妈妈在这里！”妈妈躲入沙发侧面，然后对宝宝说：“猜猜妈妈在哪里？”诱导宝宝下蹲。然后母子在沙发侧面对视，说：“妈妈在这里！”妈妈直立起身体，诱导宝宝寻找，“宝宝，妈妈在哪里？”，从而逗引宝宝站立。

游戏目的

可以帮宝宝练习站和蹲，训练下蹲时的平衡感，使宝宝身体更健康。

本月宝宝喂养方法

Benyue Baobao Weiyang Fangfa

这个时期宝宝主要需要的营养

宝宝到了7~8个月，妈妈的母乳量开始减少，且质量开始下降，所以，必须给宝宝增加辅食，以满足其生长发育的需要。母乳喂养的宝宝在每天喂三次母乳或750毫升配方奶的同时，还要上下午各添加一顿辅食。

需要注意的是，此时期的宝宝与饮食相关的个性已经表现出来，所以，煮粥时不要大杂烩，应一样一样地制作，让宝宝体会不同食物的味道。同时也要补充菜泥、碎米、浓缩鱼肝油等营养丰富的食物。另外，肝泥、肉泥、核桃仁粥、芝麻粥、牛肉汤、鸡汤等食物营养也很丰富。如果宝宝已经长牙，可喂食面包片、饼干等。

怎样喂养本月的宝宝

宝宝对食物的喜好在这一时期就可以体现出来，所以，妈妈可以根据宝宝的喜好来安排食谱。比如，喜欢吃粥的宝宝和不喜欢吃粥的宝宝在吃粥的量上就会产生差别，所以，要根据个体差异制作辅食。不论代辅食如何变化，都要保证膳食的结构和比例要均衡。本月宝宝每日的母乳或配方奶摄入量在750毫升左右。

宝宝长牙需哪些营养素

多补充磷和钙

这个阶段是宝宝长牙的时期，无机盐钙、磷此时显得尤为重要，有了这些营养素，小乳牙才会长大，并且坚硬度好。多食用虾仁、海带、紫菜、蛋黄粉、奶制品等食物可使宝宝大量补充无机盐钙。而多给宝宝食用肉、鱼、奶、豆类、谷类以及蔬菜等食物就可以很好地补充无机盐磷。

补充适量的氟

适量的氟可以增加乳牙的坚硬度，使乳牙不受腐蚀，不易发生龋齿。

海鱼中含有大量的氟元素，可以给宝宝适量补充。

补充适量的蛋白质

如果要想使宝宝牙齿整齐、牙周健康，就要给宝宝补充适量的蛋白质。蛋白质是细胞的主要组成成分，如果蛋白质摄入不足，会造成牙齿排列不齐、牙齿萌出时间延迟及牙周组织病变等现象，而且容易导致龋齿的发生。所以，适当地补充蛋白质就显得尤为重要。

各种动物性食物、奶制品中所含的蛋白质属优质蛋白质。植物性食物中以豆类所含的蛋白质量较多。这些食物中所含的蛋白质对牙齿的形成、发育、钙化、萌出起着重要的作用。

维生素也是好帮手	
维生素A	能维持全身上皮细胞的完整性，缺少维生素A就会使上皮细胞过度角化，导致宝宝出牙延迟
维生素C	缺乏维生素C可造成牙齿发育不良、牙骨萎缩、牙龈容易水肿出血，可以通过给宝宝食用新鲜的水果，如橘子、柚子、猕猴桃、新鲜大枣等能补充牙釉质的形成需要的维生素C
维生素D	维生素D可以增加肠道内钙、磷的吸收，一旦缺乏就会出牙延迟，牙齿小且牙距间隙大。可以通过给宝宝食用鱼肝油制剂或直接给宝宝晒太阳来获得维生素D

训练宝宝自己吃饭

当宝宝不耐烦时

当宝宝感到不耐烦时，要马上停止给宝宝进食，先好好安抚宝宝的情绪，等宝宝的情绪稳定下来之后，再让他继续用餐。

突然吞咽困难时

父母要观察宝宝平时是否常容易发生口齿不清的情形，或者是时常有呛到的现象，如果经常发生以上两种状况，很有可能是宝宝的脑部发育或是咀嚼肌肉出现问题。

此时，父母应带宝宝就医诊视，请耳鼻喉科的专科医师先做初步评估，之后再转诊到相关科室做进一步详细检查。

宝宝拒吃时

当宝宝拒绝吃饭时，父母除了正餐以外，不喂食宝宝任何其他食物，等用餐时间一到，宝宝感觉到肚子饿，自己便会要求进食，此时要给宝宝提供容易消化的食物。

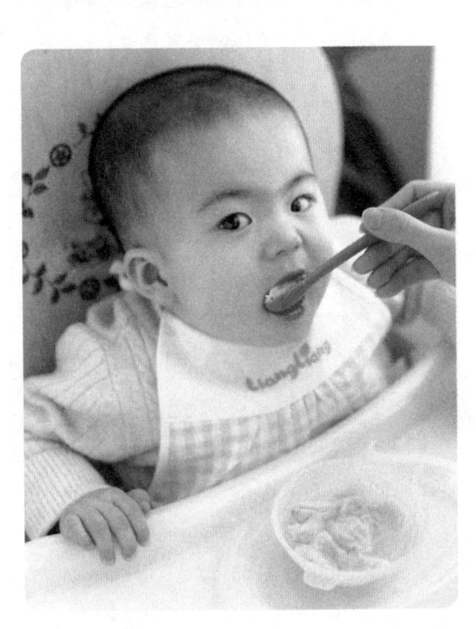

本月宝宝护理要点

Benyue Baobao Huli Yaodian

不要让宝宝的活动量过大

通常，喜欢动的宝宝只要是醒着，就基本上不会闲着，而且在不闲着的情况下仿佛也不知道累。只要宝宝不哭，家长往往会忽视其他的问题。此外，有些家长为了使宝宝尽快会走路，常常长时间地扶着宝宝让其练习走路，还认定这对宝宝的成长有好处。

但是实际上，宝宝的活动量过大不仅无法达到既定的目的，反而还会为宝宝的成长带来不利影响。因为本阶段的宝宝关节软骨还太软，活动量过大极有可能致使关节韧带受伤，进而导致宝宝患上创伤性关节炎。

让宝宝拥有良好情绪

在日常生活中，不论是对妈妈而言，还是对宝宝而言，有一个良好的情绪是至关重要。妈妈拥有良好的情绪，会对宝宝更加爱护，给予宝宝更多的爱；而宝宝拥有良好的情绪，则会更加热情地探索对自己而言完全未知的世界，并从这一过程中收获乐趣，收获信心，从而形成一个良好的发展方向。更为关键的是，宝宝拥有良好的情绪，过得开心快乐，家长也会跟着开心快乐。无疑，这样的家庭氛围对宝宝的成长是绝对有利的。

为宝宝创造安全自由的空间

在本阶段，随着宝宝的成长，好奇心也在逐步提升，活动的能力也在逐步增强，同时宝宝的独立意识也逐步提升。对家长的关心或帮助，此阶段的宝宝有时会表现出抵触情绪。也就是说，宝宝自此开始已经不再完全依赖家长了，而有些宝宝甚至喜欢一个人爬上爬下，如爬椅子、沙发等。

可以说，这种表现一方面让家长很欢喜，而一方面又让家长很担忧。喜的是宝宝已经能够自由独立地活动了，忧的是在活动的过程中存在着很多的安全隐患，威胁着宝宝的安全。

在这种情况下，一个自由而又相对安全的空间对宝宝和家长来说是非常重要的。这就要求家长在放手给宝宝自由的时候，要为宝宝创建一个安全的活动空间。如此，宝宝才能玩得快乐，家长才能放心。

宝宝玩具的清洗

玩具购买后应先清洁再给宝宝玩。平时清洁消毒的频率以每周一次为宜。不同材质的玩具清洗方法不一样。

各种玩具的清洗方法	
塑胶玩具	用干净的毛刷蘸取宝宝专用的奶瓶清洁液刷洗塑胶玩具，后用大量清水冲洗干净。带电池的塑胶玩具，可把食用小苏打溶解在水里，用软布蘸着擦拭，然后用湿布擦后晾干
布质玩具	没有电池的玩具可直接浸泡清洗，有电池盒的玩具需要拆出电池或者只刷洗表面，然后放在阳光下晒干
毛绒玩具	用婴幼儿专用的洗衣液来清洗即可，具有抗菌防螨功能的洗衣液更好。充分漂清后在向阳通风处悬挂晾干。不可水洗的玩具可送至洗衣店干洗
木制玩具	可用稀释的酒精或酒精棉片擦拭，再用干布擦拭一遍

夏天宝宝出汗多怎么办

每天给宝宝洗澡、洗头

勤给宝宝洗澡和洗头，常温天气每天洗1～2次，高温天气每天洗2～3次或更多，洗好后在宝宝的皮肤上扑上宝宝爽身粉吸汗，以使汗腺管不被堵住而让汗液通畅排出。

抱起宝宝减少哭闹

减少宝宝哭闹最简单的方法是把正在啼哭的宝宝抱起来，让他的头部贴着妈妈的左胸。这样宝宝听到妈妈的心跳声，能很快安静下来，一会儿就能入睡。

注意室内环境的通风和降温

室内温度保持在25℃～28℃，并经常开窗通风。可以使用空调、电扇等设备，但一定要避免宝宝直接对着冷气，同时还要注意给宝宝套上小肚兜。

多吃新鲜瓜果

宝宝添加辅食后，夏天的食物宜清淡，适当多吃丝瓜、冬瓜、苦瓜、西瓜等新鲜蔬菜和瓜果，及时补充水分。

清热消暑食疗更好

可以选择一些适合宝宝的食疗方法，如冬瓜汤、绿豆粥、金银花茶等，制作起来简便，给宝宝食用可以消暑，还能补充因出汗而流失的水分，一举多得。

寻找凉爽的地方避暑

对于有条件的家庭，尤其是全职妈妈，可以考虑带宝宝去天气凉爽的城市避暑。这样既可以开阔宝宝的眼界，也不必再为天热出汗所困扰了。

给宝宝穿柔软、吸汗的衣服

宝宝衣着宜柔软宽松，避免给宝宝穿尼龙纤的衣物。妈妈还要及时将宝宝身上的汗水擦干，保持宝宝全身的干爽和清洁。

本月宝宝健康呵护

Benyue Baobao Jiankang Hehu

急性肠炎的预防和护理

患急性肠炎的宝宝通常会出现腹泻，每天排便10次左右，大便为黄色或黄绿色，含有没消化食物残渣，有时呈“蛋花汤样”。

1	不必禁食，只要宝宝有食欲就可鼓励其进食，但尽量选择易消化且有营养的食物，如米汤、藕粉，或稀粥、面汤等
2	鼓励宝宝多喝水，防止出现脱水现象；一旦病情严重，并伴有脱水现象，应及时带宝宝去医院就诊
3	注意患病宝宝的腹部保暖，因为腹泻使宝宝的肠蠕动本已增快，腹部受凉则会加速肠蠕动，导致腹泻加重
4	患病宝宝的用品及玩具要及时洗净并进行消毒处理，以免反复感染

不要给宝宝掏耳朵

有的家长常常拿掏耳勺或小棉签给宝宝掏耳朵，其实这样做有很多害处，而且也是很危险的。

人的外耳道皮肤具有耵聍腺，它可以分泌一种淡黄色、黏稠的物质，称为耵聍，俗称“耳屎”或“耳蝉”，具有保护外耳道皮肤和黏附外来物质的作用。

经常给宝宝掏耳朵还容易使外耳道皮肤角质层肿胀、阻塞毛囊，促使细菌滋生。外耳道皮肤被破坏，长期慢性充血，反而容易刺激耵聍腺分泌，“耳屎”会越来越多。

请家长们注意

鼓膜是一层非常薄的膜，厚度仅约0.1毫米，比纸张厚不了多少。如果掏耳朵时宝宝乱动，稍不注意掏耳勺就会伤及鼓膜或听小骨，造成鼓膜穿孔，影响宝宝的听力。

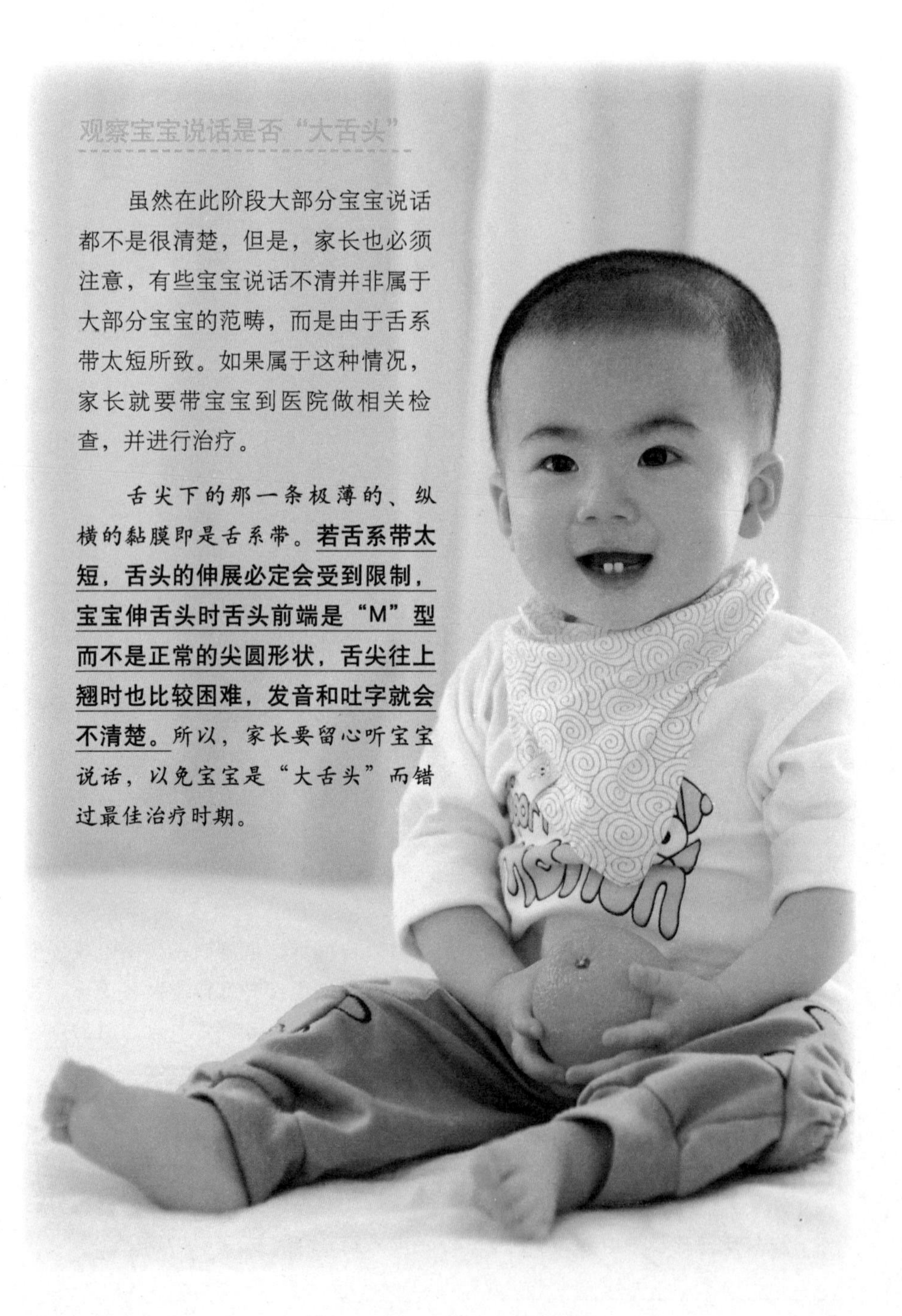

观察宝宝说话是否“大舌头”

虽然在此阶段大部分宝宝说话都不是很清楚，但是，家长也必须注意，有些宝宝说话不清并非属于大部分宝宝的范畴，而是由于舌系带太短所致。如果属于这种情况，家长就要带宝宝到医院做相关检查，并进行治疗。

舌尖下的那一条极薄的、纵横的黏膜即是舌系带。**若舌系带太短，舌头的伸展必定会受到限制，宝宝伸舌头时舌头前端是“M”型而不是正常的尖圆形状，舌尖往上翘时也比较困难，发音和吐字就会不清楚。**所以，家长要留心听宝宝说话，以免宝宝是“大舌头”而错过最佳治疗时期。

8月龄的宝宝

本月宝宝特点

Benyue Baobao Tedian

宝宝发育特点

1.爬行时可以腹部离开地面。

2.能自发地翻到俯卧的位置。

3.能自己以俯卧位转向坐位。

4.宝宝能用拇指和示指捏起小丸。

5.能够理解简单的语言，模仿简单的发音。

6.语言和动作能联系起来。

7.能用摇头或者推开的动作来表示不情愿。

8.能自己拿奶瓶喝奶或喝水。

9.手眼已相当协调，喜欢玩拍手游戏，能做抓、拿、放、捏、拍、打等动作。

身体发育标准

体重	男孩平均9.12千克，女孩平均8.49千克
身长	男孩平均71.51厘米，女孩平均69.99厘米
头围	男孩平均45.13厘米，女孩平均43.98厘米
胸围	男孩平均45.28厘米，女孩平均44.40厘米
坐高	男孩平均45.74厘米，女孩平均44.65厘米

生长发育标准

大便

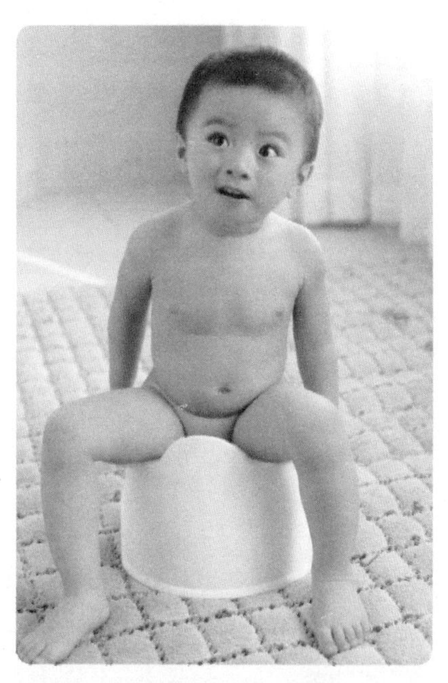

宝宝每天都基本上能够按时排大便，形成了一定的规律，每天定时给宝宝把大便，成功的机会也多起来。有的宝宝已经可以不用尿布了。但是这时的宝宝还不能自己有意识地控制大小便，只是反射性地排便。

有的宝宝排大便前脸部会有表情，学会“嗯嗯”地示意。只要大人留心，都可以准确地捕捉到宝宝的排便之需，及时帮他们解决内急。

排尿

宝宝此时还不会说话，不能表达自己的需求，还是要靠大人多观察，掌握宝宝的排尿规律。比如有的宝宝在排尿前会轻轻打个哆嗦。

睡眠

这个月的宝宝每天需要睡14～16个小时，白天可以只睡两次，每次2小时左右，夜间睡10小时左右。夜间如果尿布湿了，但宝宝睡得很香，可以不马上更换。

如有尿布疹或屁股已经淹红了的宝宝要随时更换尿布。如果宝宝大便了，也要立即换尿布。

能力增长与潜能开发

Nengli Zengzhang yu Qianneng Kaifa

宝宝“识五官”及认知能力

8~9个月的宝宝认知能力已经很强，宝宝开始有物体永存的概念，能找出在他眼前刚被隐藏的或部分被遮盖的玩具，并开始认识自己的身体部位，尤其是对自己的“五官”能非常清晰地记住，因此，这时爸爸妈妈应着重培养宝宝的认知能力。

宝宝指认五官训练

宝宝长到8个月大以后，已经能够认识自己的身体部位，并且对自己的五官：眼睛、耳朵、鼻子、嘴巴等认识得很清楚，并且能够指出来，这说明宝宝的认知能力已经攀上了一个新台阶，爸爸妈妈应多注意培养。

● 镜子里的小手、小脚

妈妈用手摇摆宝宝的小手、小脚，并用手挠挠宝宝的手心和脚心，以引导宝宝去注意自己的小手和小脚。

● 手指小儿歌

妈妈先打开宝宝的手掌，一边依次轻轻按下拇指、示指、中指……一边要念儿歌：“大拇哥，二拇哥，三中娘，四小弟，五小妞妞爱看戏。”

教宝宝认识自己的手、脚，能引导宝宝注意自己的四肢，发展自我意识；通过念儿歌还可以给予宝宝语言刺激，还能增加亲子之间的情感交流。

认知训练小游戏

宝宝长8个月大以后，认知能力已经发展得很成熟，能为了达到目的而采取间接的方法，比如会绕过椅子去取椅子后面的玩具，还能了解物体的性质而加以应用，如把纸捏成团或用毛巾擦脸等，因此，应该多多培养与训练。

看图认物

适合月龄：8～11个月的宝宝

游戏过程

妈妈可以给宝宝看各种物品及识图片卡、识字卡，卡片最好是单一的图，图像要清晰，色彩要鲜艳，主要教宝宝指认动物、人物、物品等等。

开始，可用一个水果名配上同样一张水果图，使宝宝理解图代表物。当认识几张图之后，就可以用一张图配上一个识字卡，使宝宝进一步理解字可以代表图和物。由于汉字是一幅幅图像，所以多数宝宝能先认汉字，后认数字。

游戏目的

进一步强化宝宝对图形的区分能力及对应能力，锻炼智力，促进大脑发育。

认识三维

适合月龄：8～11个月的宝宝

游戏过程

爸爸先找一个大玩具，玩具的高度要超过宝宝趴下后的高度，然后放在宝宝面前，告诉他玩具的名称，并让宝宝用手摸摸。接下来，可以引导宝宝绕着玩具爬一圈，再让他用手摸摸，并告诉他玩具的名称。最后，再把宝宝抱起来，让他从高处看到玩具，再把玩具的名称告诉他，让他摸摸玩具。

游戏目的

通过这个训练，可以引导宝宝认识三维世界，可以增加他的好奇心，培养宝宝的求知欲。

宝宝成长的动作智能训练

8～9个月的宝宝做各种动作都有意向性，会用一只手去拿东西；会把玩具拿起来，在手中来回转动；还会把玩具从一只手递到另一只手或用玩具在桌子上敲着玩。宝宝成长到8个月，运动能力明显提高。

在大运动方面

将宝宝放在地上，他能手膝着地、躯干抬高、腹部离地爬行；在地上牵着宝宝的两手，能走3～4步。

在精细动作方面

宝宝能将大米花或小药片等放在桌上的物品，用拇指和示指对捏。在这个时期爸爸妈妈应锻炼宝宝的动作能力，为独自站立、走路打下基础。

宝宝大运动智力开发

宝宝长到8～9个月的时候，能抓住栏杆从座位站起，也能从坐立主动地躺下变为卧位，而不再是被动地倒下。

这时的宝宝不需扶持即可自己坐稳，并能较熟练爬行，这时正是独自站立到行走的主要阶段，爸爸妈妈应加强这方面的培养。

● 扶站训练

在宝宝坐稳、会爬后，就开始向直立发展，这时爸爸妈妈可以扶着宝宝腋下让他练习站立，或让他扶着小车栏杆、沙发及床栏杆等站立，同时可以用玩具或小食品吸引宝宝的注意力，延长其站立时间。如果在以上练习完成较好的基础上，也可让宝宝不扶物独站片刻。此外，也可在宝宝坐的地方放一张椅子，椅子上放一个玩具，妈妈逗引宝宝去拿玩具，鼓励宝宝先爬到椅子旁边，再扶着椅子站起来。

大人是宝宝扶站的最好“拐棍”，必要时可站在宝宝旁边，让宝宝抓住你的手站起来。通过扶站练习，可以锻炼宝宝腿部或腰部的肌肉力量，为以后独站、行走打下基础。

● 让宝宝初练习迈步

在宝宝初学迈步时，可以让他先学推坐行车。开始宝宝可能后蹲后退，这时爸爸妈妈可帮助扶车，向前推移，使宝宝双脚向前移步前进。还可以将宝宝放在活动栏内，爸爸妈妈沿着活动栏，手持鲜艳带响的玩具逗引宝宝，让宝宝移动几步。

精细动作智能训练

宝宝到8个月时，精细动作能力已相当灵巧。能用拇指、示指夹小球或线头，能主动地放下或扔掉手中的物体，而不是被动地松手。宝宝的手眼协调能力也有很大变化，能联合行动，无论看到什么都喜欢伸手去拿，能将小物体放在大盒子里，再倒出来，并反复地放进、倒出。并且，宝宝在摆弄物体过程中，逐步提高了对事物的感知能力，如大小、长短和轻重。

● 训练有意识地拿起和放下

这时爸爸妈妈可训练宝宝有意识地拿起和放下。在宝宝开始拿玩具时，可能会扔掉或撒手，但并不是有意识地放下，爸爸妈妈可在宝宝拿起玩具如积木时用语言指导他放下，或给某人或放在某处，比如“把积木放到盒子里”，“把球给爸爸”，训练宝宝有意识地拿起放下。

每次成功后爸爸妈妈都要及时给予鼓励，激发宝宝自己动手的兴趣和信心。

● 对敲、摇能力的训练

爸爸妈妈可相继给宝宝两块方木或两种性质的小型玩具，鼓励宝宝两手对敲玩具，或用一只手中的玩具去击打另一只手中的玩具。也可给宝宝一只拨浪鼓或铃鼓，鼓励宝宝主动摇摆，随之发出悦耳的声音。

这个训练能培养手的灵活性，开发手的功能。

我要站起来了

适合月龄：8～11个月的宝宝

游戏过程

让宝宝先坐好，妈妈抓着宝宝的双手，帮助宝宝站起来。然后妈妈再轻轻地扶着宝宝坐下去。让宝宝一站一坐，反复地练习。

游戏目的

让宝宝练习伸曲膝盖，学习控制脚底、脚跟的重心和力量。

我会走路啦

适合月龄：8～11个月的宝宝

游戏过程

妈妈拉着宝宝的手，让宝宝站在小床上或地板上，并牵引他走几步，让宝宝尝试行走的感觉。

游戏目的

宝宝不能一直停留在爬行的阶段，所以要引导他学会自己走路。

训练宝宝的语言及视觉能力

8～9个月的宝宝语言能力有所发展，能听懂大人的话，如问他“妈妈在哪里？”宝宝会用眼睛看妈妈或用手指妈妈……同时，这个时期的宝宝能区分肯定句与问句的语气，并且开始用手或声音对简单词做一些适应性动作。如听到“再见”就摆手等。此外，还能听懂几个字，包括自己的名字及家庭成员的称呼。

在视觉上，这个时期的宝宝能较长时间看3～3.5米内的人物活动。宝宝会对周围环境中新鲜及明亮的活动物引起注意，宝宝拿到东西后会翻来翻去地看、摸摸、摇摇，表现出积极的感知倾向。

宝宝语言智力开发

8～9个月的宝宝在语言能力上，能发出类似“妈妈”的音；宝宝还能对一个人或物发音，但音不一定很准确。如发“不”同时摆手表示；发“这、那”同时用手指某东西；发“阿阿”音，同时指某东西，让你拿。

● 有意识地呼唤人

通常，8～9个月的宝宝会发出不少音节，如“ba、da、ga、ma”等，但所有这些音都是宝宝无意识地发出的。到了9个多月，宝宝的语言能力应该进步，所以在这个阶段该教宝宝有意识地称呼人。

当宝宝发出“mama”的音节时，首先赶快重复宝宝的发音，然后立即与实际人物相联系，如指着妈妈说：“这是妈妈。”这样经常不断地说，将词与人物反复联系，使宝宝逐渐形成印象：“mama”就是抱自己、亲自己的妈妈。

● 语言音乐训练

培养宝宝的语言能力，爸爸妈妈应注意培养宝宝的观察能力，除引导宝宝观察大人说话时的不同口型，为以后学话打基础之外，还要注意让宝宝观察成人的面部表情，懂得喜怒哀乐等情绪。

大人在与宝宝说话时，一定要脸对着宝宝，使他注意到你的面部表情。此外，还要经常给宝宝听优美的音乐和儿童歌曲，让他感受音乐艺术语言，感受音乐的美，用音乐启发宝宝的智力。

训练宝宝连续发音

8～9个月的宝宝的发音能力有一个明显的特点，就是能够将声母和韵母音连续发出，出现了连续音节，如“a–ba–ba”“da–da–da”等，所以也称这年龄阶段宝宝的语言发育处在重复连续音节阶段。此外，宝宝除了发音之外，在理解大人的语言上也有了明显的进步。

宝宝发音和理解大人语言的能力，很大程度上取决于环境与教育，若爸爸妈妈平时能多和宝宝交流，多和他说话，鼓励他发音，宝宝的语言能力一定会发育得快些。相反，认为宝宝还不会说话，听不懂大人说话也就不和他交流，这样就会阻碍宝宝的语言发育。

● 模仿发音，理解语言

训练宝宝模仿发音，除了如“爸爸”“妈妈”之类的称呼，也可以训练宝宝说一些简单动词，如“走”“坐”“站”等，在引导模仿发音后要诱导宝宝主动地发出单字的辅音。

在与宝宝的接触中，还要通过语言和示范的动作，教宝宝怎么做。如坐、走、看等。以培养宝宝能理解更多的语言，通过这个训练扩大宝宝与周围人的接触和对话的范围，培养他的语言能力。

● 让宝宝认物发音

在宝宝的床上放置各种玩具，爸爸妈妈可以叫宝宝的名字说：“×××，你把小狗给我！你把小鸭子给我！”等，使词和物多次结合。通过训练，培养宝宝理解大人的词意，练习发音。

宝宝的视觉训练

8~9个月的宝宝，视线能随移动的物体上下左右地移动，能追随落下的物体，寻找掉下的玩具，并能辨别物体大小、形状及移动的速度；开始出现立体知觉。

爸爸妈妈可以带宝宝走出家门出去看绿树蓝天、鲜花青草、来往人群、汽车等等，促进他的视听能力的发展，同时又可以培养他的初步的观察能力。

● 听音乐、念儿歌、讲故事

培养宝宝的视听能力，爸爸妈妈还可以根据实际条件，试着讲一些适合宝宝听的小故事，最好是结合宝宝的环境，自编一些短小动听的故事，可以念一些儿歌。

● 宝宝看电视

给宝宝看电视时，爸爸妈妈可选择一些画面稳定、优美的镜头给宝宝看，在看电视的同时，可以与宝宝进行语言交流，并告诉他画面上事物的名称与大概的意思。

通过让宝宝看电视，可以将视觉、听觉协调统一起来，给宝宝良好的视听环境。此外，还可以让宝宝习惯体验新奇的刺激。

宝宝的语言及视觉能力开发小游戏

敲敲打打

适合月龄：8~11个月的宝宝

游戏过程

给宝宝一根小木棒，在宝宝面前摆放各种材质不同的小物品，让宝宝用手中的小木棒敲打前面的物品，并听各种不同的声音。

游戏目的

通过让宝宝敲打不同的物品分辨声音，几次之后宝宝就可以有选择地挑能发出自己喜欢的声音的物品敲打了。

大自然看看看

适合月龄：8～11个月的宝宝

游戏过程

当爸爸妈妈带着宝宝一起外出时，可以让宝宝找出与图形有关的物品，例如公交车是长方形的，轮子是圆形的，砖是方形的……还可以找一些形状比较美丽独特的实物指给宝宝看，如美丽的花苞、奇妙的树叶等。

游戏目的

这个游戏让宝宝学会观察事物并且认识形状，在日常生活中注意细节，快乐学习。

培养宝宝的交往能力

8个月大的宝宝在人际交往上，会与大人一起做游戏，而且会很高兴地主动参与游戏；在情绪与社会行为方面，如果在宝宝面前出示两物，故意将其不要的东西给他，宝宝会用手推掉自己不要的东西，并且在模仿大人动作时，听到表扬会重复刚才做的动作。

培养宝宝的社交能力

通常，8个月的宝宝对陌生的成人普遍有怯生、不敢接近的现象，但他们较易接受与自己同龄的陌生小伙伴。

爸爸妈妈应陪宝宝多与小朋友交往，让宝宝积累与同伴交往的经验，同时也可以教宝宝怎样懂礼貌。

● 握握手，交朋友

为了培养宝宝的交往能力，爸爸妈妈可以有意识地让宝宝和同龄宝宝接触，通过以下方式，训练他和同伴相处的能力。

1.欢迎欢迎：当与小朋友们相互见面的时候，让宝宝对小伙伴点点头或拍拍手表示欢迎对方。

2.握握手：刚与小朋友见面后，爸爸妈妈应鼓励两个宝宝相互握握手，以示友好。

3.谢谢：引导小宝宝们相互交换自己的玩具，并让他们点点头，以表示谢意。

4.一起玩耍：让宝宝们一起在地毯上或床上互相追逐，嬉闹。

5.再见：与小伙伴们分手时，让宝宝挥挥手，表示再见。

通过宝宝与小伙伴们的玩耍，可以培养他的社会交往能力，减缓宝宝的怯生程度。

● 拓展宝宝社交范围

培养宝宝的交往能力，爸爸要拓展宝宝的交往范围，有空多陪宝宝玩耍，不要只顾自己看电视，而让宝宝自己玩。要让宝宝多与人接触，如阿姨、叔叔、爷爷、奶奶或公园的小朋友等等，都可以成为宝宝交往的对象。

社交能力开发小游戏

认识新朋友

适合月龄：8～11个月的宝宝

游戏过程

当家里面有客人来的时候，妈妈可以把宝宝抱到客厅当中去，让宝宝看到这些来的客人，妈妈可以一边抱着宝宝，一边向宝宝介绍这些客人，还可以抓住宝宝的小手向客人们打招呼，客人也要向宝宝打招呼，或者跟宝宝一起玩耍。

游戏目的

可以锻炼宝宝最早期的交往能力，可以帮助宝宝在以后的成长过程中不认生。

打电话

适合月龄：8～11个月的宝宝

游戏过程

妈妈把电话放在自己耳边，并同宝宝讲话："喂，是你吗？"然后妈妈把电话放到宝宝的耳边，重复同样的句子。这样重复几次后，可以用长句同宝宝交谈。在说话的时候，要尽量多使用宝宝的名字和宝宝能听懂的词语，然后把电话放到宝宝的耳旁，看宝宝是否也会对着电话说话。

游戏目的

可以锻炼宝宝的听力，促进宝宝的语言能力发展，锻炼宝宝同别人交往的能力和自立的能力。

宝宝个性教育与智力开发

8个月的宝宝，大脑里正在孕育着一场更大的智慧风暴，需要爸爸妈妈尽快了解宝宝的气质特征和个性特点，并在生活和游戏合作中引导宝宝循序渐进地调整自己的行为模式。

宝宝在生活能力方面已基本形成一些规律。夜间哭闹情况逐渐减少，白天一般小睡两次，每次1.5～2小时；会自己用手扶着奶瓶喝奶，能坐在饭桌边让妈妈喂饭，并且可以练习坐盆大小便。

本月宝宝的个性教育

宝宝很早就开始表现出鲜明的个性特点，也就是气质类型。宝宝的气质表现在日常生活的行为特征中，包括活动性、规律性、适应性、趋避性、反应强度、反应阈限、分散度、坚持性、心境等九个方面的特征倾向。

培养良好的性格是一个长期的过程，爸爸妈妈首先要尊重宝宝的特点，在选择游戏时应该适合宝宝的能力和兴趣偏好，培养宝宝的个性还可以从日常生活的习惯着手，比如睡觉、喂奶、吃饭、宝宝情绪和游戏活动，合理地加以培养。

● 生活自理

8～9个月的宝宝不但可以把大小便，同时还可以在爸爸妈妈的协助下练习坐盆，但现在还不能指望宝宝会立刻全盘接受，能让宝宝熟悉和适应一下便盆就达到目的了。

在喂奶、喂水、吃饼干、吃水果的时候倒是可以完全交给宝宝进行自我服务了，这不仅可以锻炼宝宝的能力，还称得上是培养独立的个性和劳动精神。

● 鼓励说话

言语能力的训练，现在也正式列入议事日程了，要鼓励宝宝学习和模仿正确的发音，教他说一些简单的字和词，还要用指认画片与对比实物的办法让宝宝把字词和实物联系起来。

对于8个月宝宝的个性启蒙教育应多多鼓励。其实，宝宝每一个小小的成就，爸爸妈妈都要随时给予鼓励，以全家人一起称赞的方法，营造出一个“强化”的亲子气氛。

宝宝的智力开发小游戏

8～9个月的宝宝好奇心极强，这一阶段也是极其重要的早期探索时期，因此，爸爸妈妈应鼓励宝宝的好奇和探索精神，以使宝宝的潜能得到全面开发。

接近大自然

适合月龄：8～11个月的宝宝

游戏过程

爸爸妈妈可以带宝宝到公园去，看看公园各种颜色鲜艳的花朵、各种动物等。如飞舞的彩蝶、在水中游动的各种色彩斑斓的金鱼，宝宝常常会看得目不转睛，露出愉悦的表情。

游戏目的

给宝宝接触外界事物的机会，让宝宝试着理解、表达周围事物，锻炼宝宝的思维能力。

本月宝宝喂养方法

Benyue Baobao Weiyang Fangfa

这个时期宝宝主要需要的营养

8～9个月为宝宝补充营养是十分重要的。宝宝此时期的生长十分迅速，需要有全面均衡营养的支持。不同月龄的宝宝，营养成分的配比也是会发生变化的。营养成分一定要充足，以适应成长发育的需要。

母乳是一直被崇尚的最经济、最佳食物，但是宝宝到了8～9个月这一时期，母乳的质量下降，致使其营养成分无法满足宝宝的需要。所以，在此时期提倡断乳，用配方奶代替母乳，并且加大营养代乳品的比例。营养代乳品的选择十分重要，既要满足宝宝的营养物质需求，又要避免宝宝摄入营养过多导致肥胖。

怎样喂养本月的宝宝

原则上提倡喂母乳12个月以上，但由于宝宝个体差异的原因，并不是每个妈妈都可以做到。如果宝宝在这一阶段完成断奶，在营养方面，妈妈可以以各种方式给宝宝食用代乳食品。

一般来讲，这一时期宝宝的饮食为：每天3～4次配方奶，分别在早7时、下午2时和晚上9时，和夜间（夜里如果宝宝熟睡也可以不喂）每次约为250毫升。另外要加两次辅食，可安排在上午11时和下午6时，辅食的内容力求多样化，使宝宝对吃东西产生兴趣且营养均衡。在这期间还可以安排宝宝吃些水果或果泥。在食物的搭配上要注意无机盐和微量元素的补充。

宝宝的饮食离不开水果

水果中含有类胡萝卜素，具有抗氧化的生理活性。还有的水果含有丰富的维生素、不饱和脂肪酸、花青素。这些营养素对宝宝的成长有重大的意义，是宝宝体内不能缺少的营养素。

宝宝饮食禁忌

不要给宝宝吃油腻、刺激性的食物

家长在给宝宝选择辅食时，要注意不要给宝宝准备油腻的、刺激性大、无营养的食物。

1	咖啡、可乐等饮料影响宝宝神经系统的发育
2	花生、糯米等不易消化的食物会给宝宝消化系统增加负担
3	刺激性大的食物不利于宝宝的生长，如辣的、咸的
4	不宜给宝宝吃冷饮，这样容易引起消化不良

不要给宝宝吃过多的鱼松

有的宝宝很喜欢吃鱼松，喜欢把鱼松混合在粥中一起食用，妈妈也喜欢喂给宝宝鱼松，认为鱼松又有营养又美味。虽然鱼松很有营养，但是也不能食用过量。这是因为鱼松是由鱼肉烘干压碎而成的，并且加入了很多调味剂和盐，其中还含有大量的氟化物，如果宝宝每天吃10克鱼松，就会从中吸收8毫克的氟化物，而且宝宝还会从水中和其他食物中吸收很多氟化物。

人体每天吸收氟化物的安全值是3～4.5毫克，如果超过这个值，就无法正常代谢而储存在体内，若长时间超过这个值，就会导致氟中毒，影响骨骼、牙齿的正常发育。所以，与其给宝宝吃鱼松、肉松，不如给宝宝吃新鲜的鱼肉末或猪肉末。

不要给宝宝吃太多菠菜

有的家长害怕宝宝因为缺铁而贫血，所以，就让宝宝多吃菠菜补充铁。实际上，菠菜含铁量并不很高，最关键的是菠菜中含有的大量草酸容易和铁结合成难以溶解的草酸铁，还可以和钙形成草酸钙。

如果宝宝有缺钙的症状，吃菠菜会使佝偻病情加重。所以，不要为了补充铁而给宝宝吃大量的菠菜。

不要给宝宝吃过量的西瓜

到了夏天，适当吃点儿西瓜对宝宝是有好处的，因为西瓜能够消暑解热。但是如果短时间内摄取过多的西瓜，就会稀释胃液，可能造成宝宝消化系统紊乱，导致宝宝腹泻、呕吐、脱水，甚至可能出现生命危险，对于肠胃出现问题的宝宝，更不能吃西瓜。

不宜给宝宝的食物加调料

这个月龄的宝宝食物中依然不要添加盐之类的调味品，因为这个月的宝宝肾脏功能依然没有完善，如果吃过多的调味料，会让宝宝肾脏负担加重，并且造成血液中钾的浓度降低，损害心脏功能。所以，这个时期宝宝尽量避免食用任何调味品。

这些蔬果是预防宝宝疾病的高手

萝卜

1.扁桃体炎：鲜萝卜绞汁30毫升，甘蔗绞汁15毫升，加适量白糖水冲服，每日两次。

2.腹胀积滞、烦躁、气逆：鲜萝卜1个，切薄片；酸梅2粒，加清水3碗煎成1碗，去渣取汁加少许食盐调味饮用。

胡萝卜

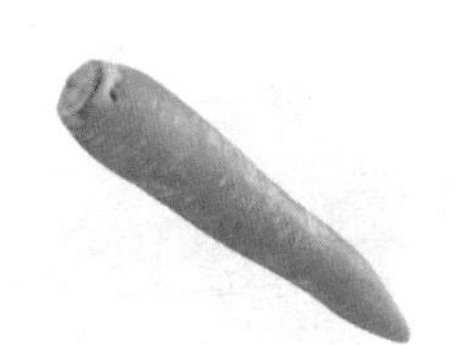

1.营养不良：胡萝卜1根，煮熟每天饭后当零食吃，连吃1周。

2.百日咳：胡萝卜1根，挤汁，加适量冰糖蒸开温服，每日两次。

冬瓜

1.夏季感冒：鲜冬瓜1块切片，粳米1小碗。冬瓜去皮瓤切碎，加入花生油炒，再加适量姜丝、豆豉略炒，和粳米同煮粥食用，每日两次。

2.咳嗽有痰：用鲜冬瓜1块切片，鲜荷叶1张。加适量水炖汤，加少许盐调味后饮汤吃冬瓜，每日两次。

南瓜

1.哮喘：南瓜1个，蜂蜜半杯，冰糖30克，先在瓜顶上开口，挖去部分瓜瓤，放入蜂蜜、冰糖，盖好，放在蒸笼中蒸两小时即可。每日早晚各吃一次，每次半小碗，连服5～7个月。

2.蛔虫、绦虫病：取新鲜南瓜子仁50克，研烂，加水制成乳剂，加冰糖或蜂蜜，空腹服

土豆

1.习惯性便秘：鲜土豆洗净切碎后，加开水捣烂，用纱布包绞汁，每天早晨空腹服下一两匙，酌加蜂蜜同服，连续15～20天。

2.湿疹：土豆洗净，切碎捣烂，敷患处，用纱布包扎，每昼夜换药4～6次，两三天后便能治愈，治湿疹。

白菜

1.百日咳：大白菜根3条，冰糖30克，加水煎服，每日三次。

2.感冒：大白菜根3条洗净切片，红糖30克，生姜3片，水煎服，每日两次。

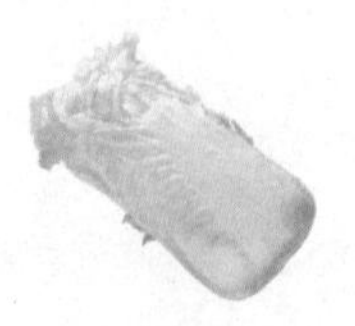

葱

1.感冒发热：连根葱白15根和大米一把煮粥，倒一勺醋，趁热吃，每日三次。

2.咳嗽：葱白连须5根，生梨1个，白糖2勺。水煎后，吃葱、梨，喝汤，每日三次。

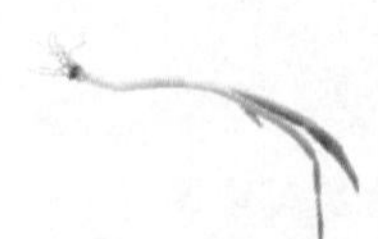

番茄

1.贫血：番茄洗净，鸡蛋1个煮熟，同时吃下，每日1～2次。

2.皮肤炎：将番茄去皮和籽后，捣烂外敷于患处，每日更换2～3次。

中期辅食食谱

Zhongqi Fushi Shipu

鱼肉青菜粥

材料　大米两小匙，鱼肉末、青菜各适量。

做法　1.将大米淘洗干净，开水浸泡1小时，研磨成末，放入锅内，添水大火煮开，改小火熬至黏稠。

2.青菜洗净用水焯一下，挤干水分，切成碎末待用。

3.粥快熟时，加入鱼肉末煮几分钟，最后加入青菜末，2～3分钟后即可出锅。

番茄碎面条

材料　番茄1/4个，儿童面条10克，蔬菜汤适量。

做法　1.在儿童面条中加入两大匙蔬菜汤，放入微波炉加热1分钟。

2.番茄去籽切碎，放入微波炉加热10秒钟。

3.将加热过的番茄和蔬菜汤面条倒在一起搅拌即可。

鱼肉泥

材料　鲜鱼50克，盐适量。

做法　1.将鲜鱼洗净、去鳞、去内脏。将收拾好的鲜鱼切成小块后放入水中加少量盐一起煮。

2.将鱼去皮、刺，研碎，用汤匙挤压成泥状，还可将鱼泥加入稀粥中一起喂食。

猪肝萝卜泥

材料　猪肝50克，豆腐1/2块，胡萝卜1/4根，清水适量。

做法　1.锅置火上，加清水烧热，加入猪肝煮熟，捞出之后用匙刮碎。

2.胡萝卜蒸熟后压成泥。

3.将胡萝卜和猪肝合在一起，放在锅里再蒸一会儿即可。

地瓜泥

材料　地瓜20克，苹果酱1/2小匙，凉开水少量。

做法　1.将地瓜削皮后用水煮软，用小匙捣碎。

2.在地瓜泥中加入苹果酱和凉开水均匀稀释。

3.将稀释过的地瓜泥放入锅内，再用小火煮一会儿即可。

{本月宝宝护理要点}

Benyue Baobao Huli Yaodian

给宝宝剪指甲5要点

选择合适的工具

对于新手妈妈来说，专业的宝宝指甲剪是个不错的选择。和大人的不太一样，宝宝指甲剪通畅是前部呈弧形、钝头的小剪刀，多数婴童店都可以买到。这种指甲剪是专门为宝宝的小指甲设计的，安全而实用，而且修剪后有自然弧度，尤其适合6个月以内的宝宝使用。

选择合适的修剪时间

帮宝宝剪指甲，最怕宝宝不配合，所以，建议在宝宝睡着时进行修剪。不过宝宝刚入睡时，睡眠比较浅，容易惊醒。所以，妈妈要避开宝宝入睡后的前10分钟，待宝宝熟睡后，就可以“尽情发挥了”。

给宝宝洗完澡后再修剪指甲也是不错的选择，因为这时候宝宝的指甲比较柔软，修剪起来更方便、更容易。

勿使剪刀紧贴指肚，剪后修平棱角

修剪时，需沿着指甲自然弯曲的方向轻轻地转动剪刀，切不可使剪刀紧贴到指肚，以防剪到指甲下的嫩肉。

抓稳小手以免误伤

给宝宝剪指甲时，一定要抓稳宝宝的小手。如果宝宝睡熟了，妈妈可支靠在床边，紧握住宝宝靠近妈妈这边的小手进行修剪，如果是洗澡后，妈妈可让宝宝坐在自己膝盖上，使其背部紧靠自己的身体，然后牢牢握住一只小手，以免宝宝扭动时，误伤到小手。

请家长们注意

宝宝3个月左右开始吃手了，但指甲缝里难免会有脏东西，怎么样才能清理干净呢？

可以用温水把宝宝的小手泡一会儿，再用宝宝用的小棉棒把脏东西擦出来，动作要轻柔，不要伤到甲床，这样不会伤着宝宝的小手，也很容易把脏东西清除。同时注意要勤剪指甲、勤洗手，注意环境及个人卫生，每次给宝宝洗脸、洗澡时都要好好洗手。

清洗指甲以防感染

修剪完后，若发现指甲下方有污垢，要用干净的温水清洗，切不可用指甲剪或其他锐利的东西清理，以防引起感染。

排便护理

这个月龄的宝宝已经能吃很多代乳食品了，所以宝宝的大便会有臭味了，颜色也更深了。有的宝宝每天排便一两次，有的宝宝两天排便一次。有的宝宝已经能够很好地利用便器了，一般也会很好地配合家长使用便器。

这个时期的宝宝小便次数减少了，很多宝宝小便也能很好地利用便器了，所以，家长要注意对宝宝进行排便训练。

睡眠护理

这个月龄的宝宝大多会睡午觉，睡午觉的时间并不相同，大多数宝宝会睡一两个小时，当然也有一刻也不睡的宝宝，这样的宝宝多为好动的宝宝，即使睡觉也会睡得很短。在睡眠时间上，一般宝宝会晚上9点左右睡，早上7～8点起来。

这个时期的宝宝已经没有被妈妈的乳房压迫导致窒息的危险了，所以，是可以母婴同睡的，尤其是在寒冷的冬季，母婴同睡可以更方便地照顾宝宝，使宝宝可以很快地入睡，只是宝宝晚上若经常起来玩，会影响父母的工作。

本月宝宝健康呵护

Benyue Baobao Jiankang Hehu

不能自取鼻腔异物

要预防鼻腔异物，首先是教育宝宝不要将异物塞入鼻内。宝宝学会爬行后，家长要把宝宝可以拿到的、危险的东西，如玻璃球、纽扣，吃完水果的果核、别针、花生、利器等物品放到宝宝不易拿到的地方。不让宝宝到昆虫多的地方玩耍，吃饭时不要说话，更不要说一些逗宝宝大笑的笑话。

如果发现宝宝出现鼻腔异物，家长应立即将宝宝送往医院治疗。不要自行去取鼻腔异物，尤其不要用镊子夹取。因为有些圆滑的异物如果夹取不住滑脱，可将异物推入鼻腔后端，甚至滑入鼻咽或气管内，而造成气管异物。

触电的紧急处理

发现宝宝触电后，要立即切断电源，或用干燥的木棒、竹竿、塑料棒等不导电的东西拨开电线，之后迅速将宝宝移至通风处。对呼吸、心跳均已停止者，立即在现场进行人工呼吸和胸外心脏按压。对触电者不要轻易放弃抢救，触电者呼吸、心跳停止后恢复较慢，有的长达4小时以上，因此，抢救时要有耐心。

实施人工呼吸和胸外按压法，不得中途停止，即使在救护车上也要进行，一直等到急救医务人员到达，由他们接替，采取进一步的急救措施。

不可盲目为长牙晚的宝宝补钙

正常情况下，宝宝出生之后6～7个月就开始长牙，所以，有些妈妈看到自己的宝宝到本阶段还不长牙，就十分着急，并片面地认定是宝宝缺钙而导致的。于是妈妈就会急切且盲目地为宝宝补充钙和鱼肝油。殊不知，只凭宝宝的长牙早晚并不能确定宝宝缺钙与否，而且就算宝宝真的缺钙，也要在医生的指导下给宝宝补充钙质。一旦给宝宝服用过量的鱼肝油和钙质，就极有可能会引发维生素中毒，使宝宝的身体受到损害。

宝宝长牙的早或晚，通常由多方面的因素导致，虽然也与缺钙有关，但缺钙并不是主要原因。**只要是宝宝没有什么其他的毛病，身体各方面都很健康，那么哪怕宝宝到1岁的时候才开始长牙，家长也无需担心，**只要保证宝宝日常需要的营养就可以了，绝不可盲目地为宝宝补充过量的鱼肝油和钙。

带宝宝外出时的注意事项

不要让学步宝宝在马路上走	刚学会走路的宝宝步子还不稳，所以，最好还是由妈妈抱着，不要让宝宝自己在马路上走
坐推车时要给宝宝系安全带	妈妈要记得，宝宝一坐上推车就要给他系上安全带
坐公车时不要与人挤	坐公车时，上车的时候如果人比较多，带宝宝的妈妈可以在最后上车，以免宝宝在拥挤混乱中受伤；把宝宝抱在手上是比较方便安全的办法
不要让宝宝把手和头伸到窗外	带宝宝坐私家车最好关上窗户，或由成年人时刻在旁边照看着，不让宝宝将头和手伸出窗户外面
让宝宝坐在后排的安全座椅上	只有让宝宝坐在安装在后排的安全座椅上，才能保护好宝宝的颈部和胸部，把意外伤害降到最低
下车时，记得拔下车钥匙	车门有自动落锁功能的车，父母更要谨慎，即使是暂时离开一小会，也要记得把钥匙拔下，以避免发生宝宝和车钥匙都被锁在车里的情况

9月龄的宝宝

宝宝发育特点

1.能从坐姿扶栏杆站立。

2.爬行时可向前也可向后。

3.宝宝扶着栏杆能抬起一只脚再放下。

4.拇指、示指能协调较好，捏小丸的动作越来越熟练。

5.会抓住匙子。

6.想自己吃东西。

7.能区分可以做和不可以做的事情。

8.懂得常见人和物的名称。

9.能有意识地叫“爸爸”“妈妈”。

身体发育标准

体重	男孩平均9.40千克，女孩平均8.80千克
身长	男孩平均73.01厘米，女孩平均71.03厘米
头围	男孩平均45.60厘米，女孩平均44.50厘米
胸围	男孩平均45.60厘米，女孩平均44.60厘米
坐高	男孩平均46.11厘米，女孩平均45.42厘米

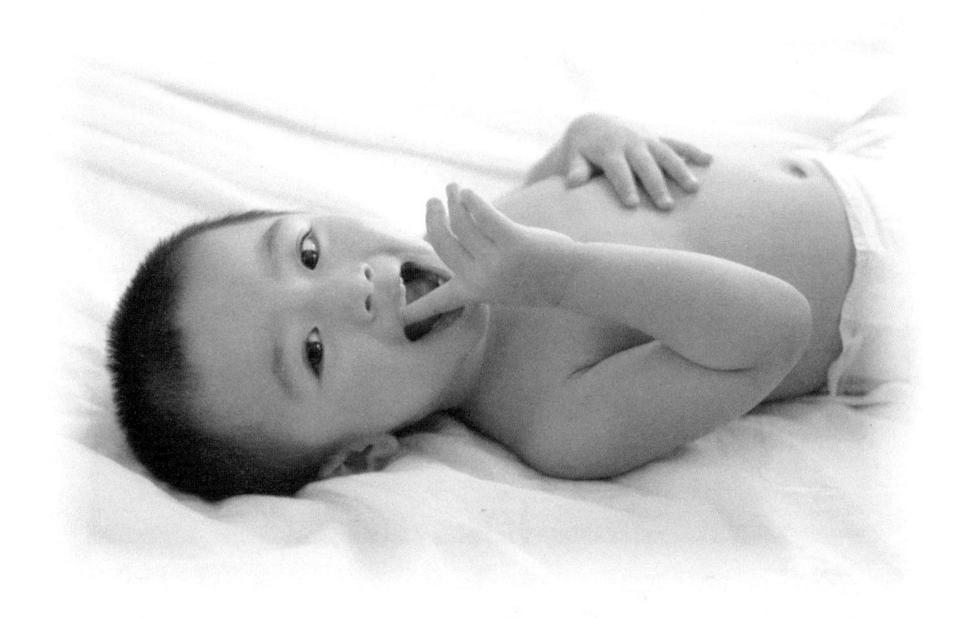

生长发育标准

大便

有的宝宝即使此时有了坐盆的习惯，可能等自我意识有了萌芽之后，有的宝宝可能又不坐了，遇上这种情况，大人不能对宝宝失去耐心，大吵大嚷，因为这样会使得宝宝对自己的身体产生不好的感觉。

如果父母能以宽容、耐心的态度面对并解决“事故”，则有助于宝宝形成健康的身体意识。

睡眠

这个月宝宝的睡眠和上个月时差不多。每天需睡14～16个小时，白天睡两次。

正常健康的宝宝在睡着之后，应该是嘴和眼睛都闭得很好，睡得很甜。若不是这样，就应该找找原因。

本月宝宝能力

Benyue Baobao Nengli

宝宝站立及运动训练

宝宝成长到9个月，拉着栏杆能自己站立起来，扶住宝宝站立后松开手，宝宝能独站两秒以上。让宝宝扶着椅子、床沿或小推车，鼓励其迈步，能迈3步以上。这一时期的主要特点就是独自站立。

在一些精细的动作上，宝宝能将眼前的玩具放进一个较大的容器里，并且能熟练用拇指和示指捏起爆米花一类的小东西，且动作协调、迅速。

这一时期，爸爸妈妈应加强宝宝动作能力的训练，特别是站立训练，为不久后的迈步及走路打下基础。

宝宝真的站起来了

9～10个月的宝宝已从坐位发展到站位了，并且在这段时间内完成从扶站、独站到扶走，甚至可以独自迈步摇摇晃晃向前走了，这是宝宝动作发展的一个飞跃阶段。站立不仅仅是运动功能的发育，同时也能促进宝宝的智力发展。当宝宝会站立了，视野就更加广阔，看得多了，摸得多了，新奇的探索会使宝宝增加更多的尝试，有利于宝宝的健康成长。

当宝宝能很自若地坐着玩时，他就开始不再满足于坐了，他会主动地想学站，他会向上站起，这时候学站的时机已经成熟了。爸爸妈妈应抓住宝宝运动发育的时机，在此阶段帮助和训练宝宝站立。

● 训练宝宝学站立

训练宝宝站立时，要由易到难逐渐进行。刚开始时，爸爸妈妈可用双手支撑在宝宝的腋下，让其练习站立。在比较稳定后，可让宝宝扶着床栏站立。慢慢地宝宝就能很稳地扶栏而立，并能自如地站起坐下或坐下站起。

● 放手让宝宝独站片刻

在宝宝刚开始学站时，爸爸妈妈应注意给予保护，同时要注意检查床栏，防止发生摔伤、坠床等意外事故。这时候，爸爸妈妈可以在宝宝前方放一玩具逗引他，让他学会挪步，移动身体。

当宝宝具备了独站、扶走的能力后，就离会走不远了。

● 宝宝练习迈步前走

爸爸或妈妈两手握住宝宝的手，然后，自己一步一步往后退，让宝宝慢慢迈步向前走，或让宝宝扶着推车，慢慢向前推，学会迈步。

宝宝精细动作训练

9～10个月的宝宝，精细动作有了一定程度的发展，宝宝的五指已能分工、配合，并能够根据物体的外形特征较为灵活地运用自己的双手。

● 训练手眼的协调能力

训练抓捏一些小豆子之类的东西，但妈妈要注意看护，不要让宝宝把东西放到口、鼻、耳中，要让宝宝把拿到的小豆子放在瓶子里。

在宝宝两手各拿一玩具玩耍时，让他有意识地放下手中的，去拿正在递过来的玩具，也可让宝宝把玩具送到指定的地方。

● 玩具放进去和拿出来

在练习放下和投入的基础上，妈妈可将宝宝的玩具一件一件地放进“百宝箱”里，边做边说“放进去”；然后再一件一件地拿出来，让宝宝一一去模仿。这时，还可以让宝宝从一大堆玩具中挑出一件，如让他将小彩球拿出来，可以连续练习几次。

飞起来又落下

适合月龄：9～12个月的宝宝

游戏过程

妈妈和宝宝一起站在地板上，先尝试着把丝巾扔到空中。当它缓缓落下的时候，妈妈举起胳膊去抓它，然后再扔出去，这一次让宝宝去抓它。妈妈还可以引导宝宝张开双臂，让丝巾落在宝宝的怀里。然后再继续用准备好的其他游戏道具重复玩。

游戏目的

这个游戏可以锻炼宝宝的反应能力，促进宝宝视觉和上半身的肢体动作协调感。

一步一步向前走

适合月龄：9～12个月的宝宝

游戏过程

让宝宝踏着妈妈的脚背学走。妈妈面对宝宝，用双手拉着宝宝的小手，让宝宝的两脚踏在自己的脚背上。待宝宝站稳后，妈妈向后倒退走，宝宝踏着妈妈脚背向前走，边走边说："宝宝学走路，跟着妈妈走，走呀走呀走。"宝宝学会了两脚交替向前迈步的动作后，妈妈可以教她向后走。

游戏目的

宝宝学习行走的时期，此项游戏可训练两脚交替向前迈步。

宝宝语言及感官训练

9～10个月的宝宝，“咿呀学语”变得更复杂了，他已经能够将不同的音节组合起来发音，虽然这些音节组合没有固定的模式，但已经可表达一些意思了。还能模仿大人说一些简单的词，还能够理解常用词语的意思，并会一些表示词义的动作。这说明宝宝的语言能力也有了很大的进步。

在视觉上，宝宝懂得常见人及物的名称，会用眼睛注视所说的人或物。能准确地观察爸爸妈妈及其他大人们的行为；在听觉上，听到“爸爸在哪儿？”或“妈妈在哪儿？”时能正确转头寻找，并知道是谁。

宝宝语言能力培养

宝宝在这个时期的语言能力特点是能有意识地并正确地发出相应的字音，以表示一个动作：如一个人，如“姨”；或一件物，如“狗”等。

宝宝开始出现说一些难懂的话。能说一句由2～3个字组成的话，但说得含糊不清；还会表演两个幼儿游戏。当妈妈说“欢迎”“再见”或“躲猫猫”时，宝宝会用动作表演2个以上。

● 听音乐、儿歌与故事

爸爸妈妈可以给宝宝放一些儿童乐曲、念一些儿歌，激发宝宝的兴趣和对语言的理解能力。

● 学习用品及动作语言

在日常生活中，爸爸妈妈还要通过学习和训练宝宝懂得“给我”“拿来”“放下”“开开”和“关上”的含义，并要懂得什么是“苹果”“饼干”“衣服”等食品和用品的意思。

● 练习再见

爸爸妈妈把宝宝抱在自己的膝盖上和另一个人说一会儿话之后，爸爸妈妈一边往外走，一边说：“再见”。这时要走的人不但要让宝宝摆手和爸爸妈妈说“再见”，而且自己也要说“再见”，让宝宝也模仿说“再见”。这类礼貌用语在日常生活中要让宝宝反复训练。

宝宝视觉能力培养

9~10个月的宝宝，视觉能力发育已有很大变化。

爸爸妈妈应根据这个阶段宝宝视觉发育的特点，来激发宝宝的视觉发育。

●指图问答

妈妈将宝宝带到动物园或给一本动物画书，从观察中说出各种动物的特点。如大象的鼻子长、小白兔的耳朵长、洋娃娃的眼睛大等。

妈妈除要告知宝宝图中的动物名称外，还要让宝宝注意观察各种动物的特点，反复学习数次后，可以问“大象有什么？”宝宝会指鼻子作答。但训练的内容每次不宜过多，从一个开始练习，时间1~2分钟，不宜太长，而且必须是宝宝感兴趣的东西，不能强迫宝宝去指认。

●图卡游戏

爸爸妈妈可将颜色鲜艳，图案简洁的儿童画，如动物、食物、玩具等贴在方盒的每个面上，让宝宝辨认。

此外，也可以先将一个图案的状况讲给宝宝听，如小鸟有翅膀，会“喳喳”叫，等宝宝记住后，把这个图转变方向，问“喳喳”叫在哪里，这时宝宝会在箱子周围爬来爬去找小鸟的图案。

宝宝听觉能力培养

这个时期，宝宝的听觉特点是能叫“妈妈”而且是有所指的叫声；被问“爸爸或妈妈在哪儿？”能转头找；在活动中，如果爸妈说“不行”后，宝宝能把活动停下来，这表明他能懂字义，而不仅是音；会表演一个动作，当爸爸妈妈说“欢迎”时，他会拍手；说 “再见”时，他会挥手。

●听音乐认图

经常在播放音乐同时给宝宝看图片或者录像，会形成条件反射，使宝宝从音乐的节奏中结合图的场面对音乐有深刻的印象，也使宝宝逐渐理解音乐的内涵。

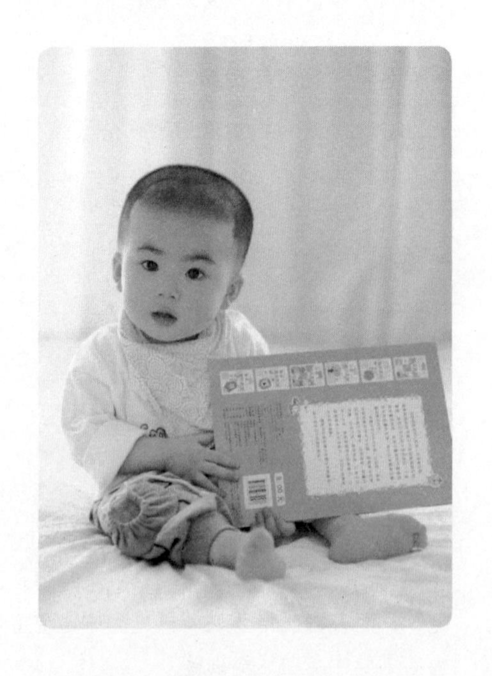

● 敲节拍

妈妈可以给宝宝一根小棍，这时宝宝就会开心地到处敲。妈妈再放音乐，并按节奏拍拍手，看宝宝是否会拿小棍跟着敲击。经过多次鼓励逐渐跟上节拍，培养宝宝的听觉与音乐节奏感。

宝宝触觉能力培养

宝宝成长到9个月以后，能熟练地用拇指和示指的指端捏住类似小丸的小物品，这是一种高难度的动作，它标志着大脑的发展水平，还要多加培养与训练，力求做到精确完美。

这时，爸爸妈妈应该根据宝宝的触觉特点，继续训练他的触觉能力。

● 识别温度

爸爸妈妈可以在开饭时，比如粥或面条往往会很烫，就告诉宝宝“烫”，如果宝宝不懂还要伸手，这时爸爸妈妈可以拿着宝宝的手，让他伸出示指轻轻地摸一下碗马上拿开说“烫”，这下宝宝就会知道什么是“烫”了，以后一听说“烫”宝宝就不敢摸了。

● 大碗和大勺

爸爸或妈妈可以用两个大碗和一个大勺子，让宝宝练习把珠子、枣子、玻璃球等从一个碗舀到另一个碗里。首先让宝宝认识勺子的两面。宝宝经过多次自己试，知道用凹面才能把东西舀起来。

一串长长的果实

适合月龄：9～12个月的宝宝

游戏过程

将宝宝喜欢的玩具，用绳子系在一起，让宝宝拉着这些玩具玩。一开始可以系两三样东西，然后妈妈可以在宝宝拖着这些玩具玩的时候唱一些很简单的单音节的歌谣，有意识地让宝宝也跟着学习，之后宝宝就可以尝试一边唱着歌一边拖着喜欢的玩具了。

游戏目的

让宝宝在学语言的启蒙阶段得到很大的锻炼。

敲敲的乐趣

适合月龄：9～12个月的宝宝

游戏过程

引导宝宝有节奏地敲鼓，让宝宝认识“鼓”这个乐器，并且训练宝宝准确地将鼓棒敲击在鼓面上，让宝宝感觉敲鼓的乐趣。

游戏目的

眼球追看和距离感是宝宝视觉潜能发展的重要方面，在这两方面打好基础，对宝宝日后阅读、写字、认字等各方面都有直接帮助。

认知教育与生活行为

宝宝成长到9个月以后，基本就会叫爸爸和妈妈了，这时他的认知能力及肢体动作迅速发展，会指认身体部位及图片，并且开始练习行走。

在生活行为上，宝宝能模仿一些简单的动作。如自己扶着奶瓶喝水，拿勺在水中搅一搅等。

宝宝认知能力培养

9～10个月的宝宝在认知能力上，能主动拿掉杯子取出藏在下面的积木玩；能明确地寻找盒内的木珠。

宝宝会认识这么多东西了，妈妈是不是很开心？不要忘记多鼓励他呀，让宝宝有足够的自信心来认识世界！

● 数手指

对于学过手指儿歌的宝宝，妈妈可以边说儿歌边教宝宝数手指说名称，然后问宝宝“哪个是大拇指？”看看他能否将大拇指伸出；再问“哪个是小指？”看他能否把小指也伸出。然后，学习数1（伸拇指），2（再伸示指）。通过训练，让宝宝建立最原始的数字概念。

● 没了，有了

当宝宝会打开盒子和松开纸包时，妈妈可以同宝宝在桌上玩小球和盒子。妈妈将小球放入盒内盖上说“没了”，看看宝宝能否打开盒子取出小球，看到小球时妈妈要高兴地拍手说“有了”。接着，再用白纸将小球轻轻包住说“没了”，如果宝宝能打开纸包将小球取出妈妈要鼓掌说“有了”。

● 户外认物

妈妈可以带宝宝到户外观看花草树木，随时认识一些事物，回到家中，在儿童图书或图卡上找到相对应的图再温习强化。这样，宝宝经常会记住一些他喜欢的事物，如蝴蝶、蚂蚁或车辆。

要记住温习与强化同时进行，渐渐扩大宝宝认识事物的范围。**此时期理解的词汇越多，对宝宝智力开发越有好处。**

宝宝生活自理能力培养

培养本月宝宝的生活自理能力，主要是训练一些简单的自理方式，比如捧杯喝水、穿脱衣服、自己洗手、自己吃饭、自己整理玩具等。

● 让宝宝自己吃东西

这个年龄段的宝宝，由爸爸妈妈喂食是很正常的，但是作为家长也应该鼓励宝宝自己动手吃东西。要随时注意宝宝送进嘴中的食物，以免食物过多，发生吞咽困难。

爸爸妈妈还要注意，一定要将食物切成小块，放到宝宝的盘中，鼓励他自己将食物送到嘴中。

●培养独立能力

此时，爸爸妈妈应该开始训练宝宝一些基本的生活技能了，培养他的独立性。首先，要使宝宝养成独自玩耍的习惯，在确定宝宝所处的环境是安全的以后，鼓励宝宝一个人独自玩耍，但要时时查看宝宝的情况。其次，鼓励宝宝自己独立去做一些事，在宝宝完成一个新的动作和新的技能时，要给了充分的肯定。

●训练排便

一些生活比较有规律的宝宝，到了这个时期，排便时间也变得相对固定。

爸爸妈妈如果细心观察，常常能发现宝宝的排便规律，如果依照其排便规律，训练宝宝坐便盆排便有时候也能成功。

宝宝智能开发小游戏

这个时期，宝宝常常会违背大人的意愿，做一些不被允许的事情。不要过多指责和限制宝宝，爸爸妈妈应清理好家庭环境，消除居室里的各种危险因素、营造能让宝宝充分探索、满足好奇心的环境，以使宝宝能更健康地成长。

配合穿衣

适合月龄：9～11个月的宝宝

游戏过程

这时宝宝已基本能听懂大人说话，并会随儿歌做动作。因此，这时爸爸妈妈在为宝宝穿衣时，可以让宝宝将手伸入袖子内；穿裤子时，爸爸或妈妈展开裤腿，让宝宝将腿伸入裤内，并让宝宝学习自己将裤腰拉好。

游戏目的

通过训练，让宝宝学习自理，为自己独立穿衣做准备。

捧杯喝水

适合月龄：9～12个月的宝宝

游戏过程

在宝宝会捧奶瓶吃奶时，爸爸妈妈可教宝宝用双手捧碗喝水，要选用一些不易打碎的杯子放1/4左右的水让宝宝模仿。初期，宝宝会将部分水洒漏出，但几次学习之后就能少漏或不漏。

游戏目的

通过训练，让宝宝学习自理，自己双手捧杯喝水。

宝宝的情绪与社交能力培养

宝宝在9～10个月时，在情绪与社交上已经能够意识到搂抱在感情交流上的重要性，为了得到爸爸妈妈或其他人的拥抱，宝宝甚至会主动拥抱你，这时的宝宝不再是一个被动的感情接受者了。

宝宝社交能力培养

宝宝9个月以后见到生人不再惊恐不安了，能按照大人的吩咐熟练地拍手欢迎或再见了，有时还会主动与人逗笑。爸爸妈妈要更多地关爱宝宝、拥抱宝宝，让他时刻知道爸爸妈妈对他的爱，并且懂得回报、表达自己的爱。

训练宝宝模仿大人交往，如见到邻居和亲友，爸爸拍手给宝宝看，妈妈把着宝宝的双手拍，边拍边说“欢迎”。反复练习，然后逐渐放手，让宝宝自己鼓掌欢迎。以训练宝宝的与人交往能力。

宝宝情绪智能调教

这个时期，宝宝的笑容从刚开始单纯的生理满足，逐渐演变为复杂的情绪因素，生活行为也变得丰富起来。

在失望时，宝宝大多会哭泣，这是宝宝对自己的身体无法随心所欲活动而产生的失望情绪。但只要爸爸妈妈在旁给予安慰和鼓励，就可以让宝宝变开朗；相反的，如果大人给予过分的同情或帮助，则会让宝宝失去自信。

● 个性的成形

到这月龄，宝宝就往往会故意把玩具扔掉、把报纸撕破、或者把抽屉里的东西都扔出来，每干完一样就高兴一阵子。

这时，爸爸妈妈就要注意对宝宝的个性及情绪进行合理的调教。比如说宝宝喜欢将鞋柜门拉开，并将里面的鞋子一只只拿出来，直到全部拿出来才罢休，完了，也会高兴一下。但若是你不让他干或让他干自己不想干的，马上就哇哇乱叫、大哭大闹，甚至打起滚来，这就是不良个性的雏形。

● 情绪调教

假如因宝宝一哭得凶、闹得厉害就照着他的意志去办，那么久而久之，宝宝不知不觉就会感到有求必应，慢慢会骄横、任性起来。

因此，爸爸妈妈在疼爱的同时还必须让宝宝学会自制、忍耐，不行就不行，不能干的就不给干，可以给一些其他的玩具，转移宝宝的注意力。

更要防止宝宝发生意外

当宝宝想把手指往电气插座里伸，或乱动煤气开关等有危险的事情时，爸爸妈妈就要反复责骂，使宝宝明白这些是不能乱动的，慢慢地宝宝就不会乱来了，其个性与情绪也会朝良好的方向发展。

宝宝智能开发小游戏

9～10个月的宝宝，开始对自己感兴趣的事物做较长时间的观察，并会模仿观察到的某些动作和声音。会从杯中取放玩具，可以灵活地摆弄玩具。

让母子更亲密的亲子游戏

摸摸头，拍拍手

适合月龄：9～12个月的宝宝

游戏过程

妈妈和宝宝一起摸摸自己的头，然后两个人拉拉手，这样重复几次，直到宝宝形成明显的先后次序概念。妈妈说“摸摸头”让宝宝自己就摸摸头，妈妈说“拍拍手”宝宝就拍拍手。

游戏目的

锻炼宝宝的臂力和注意力，认识自己身体的各部分。

照料娃娃

适合月龄：9～12个月的宝宝

游戏过程

当宝宝会拿勺子和手绢时，爸爸妈妈可以给宝宝一条可当被子的手绢和小碗、小勺，告诉他“娃娃困了，要睡觉了”，看看宝宝能否为娃娃盖被子、让它睡下。过一会儿，再给宝宝小碗小勺说“娃娃该起床吃饭了”，让宝宝用小勺喂娃娃吃饭。

游戏目的

训练宝宝模仿妈妈照料娃娃，学会关心别人，无论对男孩女孩都是有益的游戏。

想象力和创造力开发小游戏

宝宝的小魔方

适合月龄：9～12个月的宝宝

游戏过程

妈妈先准备一个正方形的空纸盒，在盒子的六面贴上六张好看的、宝宝熟悉的彩色画片。然后，就把正方形盒子拿给宝宝，让宝宝随意地转动、欣赏。每当宝宝转到一个画面时，妈妈就要告诉宝宝：“这是大象，这是苹果，这是一棵树。”等等。在宝宝熟悉了画面后，妈妈又可以训练宝宝听指令找画面。比如说：“大象在哪儿？”就要求宝宝把有大象的那一个面转过来，让妈妈看一看。如果宝宝能很快地把画面按照妈妈的要求翻转出来，就应对宝宝予以鼓励，并逐渐提高速度。

游戏目的

通过这个训练，提高宝宝对图片的观察力；锻炼宝宝的双手协调活动能力与形象思维能力；还可以培养宝宝的暂时记忆和永久性记忆能力。

本月宝宝喂养方法

Benyue Baobao Weiyang Fangfa

怎样喂养本月的宝宝

经常给宝宝吃各种蔬菜、水果、海产品，可以为宝宝提供维生素和无机盐，以供代谢需要。适当喂些面条、米粥、馒头、小饼干等以提高热量，达到营养平衡的目的。经常给宝宝搭配动物肝脏以保证铁元素的供应。

给宝宝准备食物不要嫌麻烦，烹饪的方法要多样化。注意色香味的综合搭配，而且要细、软、碎，注意不要煎炒，以利于宝宝的消化。

给宝宝选择营养强化食物

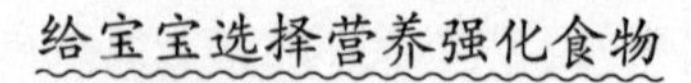

处于换乳期的宝宝，比较容易缺乏维生素A、维生素D、维生素B_2和钙、铁等无机盐。妈妈可以去买一些换乳期配方食品，这些食品大多是多种营养强化的，是为了增加营养而加入了天然或人工合成的营养强化剂的宝宝食品。购买时要根据厂家、食品说明来挑选，要买符合国家标准的食品。

如何给宝宝挑水果

挑选当季水果

挑选水果时以选择当季的新鲜水果为益。现在我们经常能吃到一些反季节水果，但有些水果，如苹果和梨，营养虽然丰富，可如果储存时间过长，营养成分也会丢失得厉害。所以，最好不要选购反季节水果。

购买水果时应首选当季水果；每次购买的数量也不要太多，随吃随买，防止水果霉烂或储存时间过长，降低水果的营养成分；挑选时也要选择那些新鲜、表面有光泽、没有霉点的水果。

水果要与宝宝体质相宜

要注意挑选与宝宝的体质、身体状况相宜的水果。比如，体质偏热容易便秘的宝宝，最好吃寒凉性水果，如梨、西瓜、香蕉、猕猴桃等，这些水果可以败火；如果宝宝体内缺乏维生素A、维生素C，那么就多吃杏、甜瓜及柑橘，这样能给身体补充大量的维生素A和维生素C；宝宝患感冒、咳嗽时，可以用梨加冰糖炖水喝，因为梨性寒、能够生津润肺，可以清肺热；但如果宝宝腹泻就不宜吃梨；对于一些体重超标的宝宝，妈妈要注意控制水果的摄入量，或者挑选那些含糖较低的水果。

水果不能随便吃

水果并不是吃得越多越好，每天水果的品种不要太杂，每次吃水果的量也要有节制，一些水果中含糖量很高，吃多了不仅会造成宝宝食欲缺乏，还会影响宝宝的消化功能，影响其他必需营养素的摄取。

有一些水果不能与其他食物一起食用，比如，番茄与地瓜、螃蟹一同吃，便会在胃内形成不能溶解的硬块儿。轻者造成宝宝便秘，严重的话这些硬块不能从体内排出，便会停留在胃里，致使宝宝胃部胀痛，呕吐及消化不良。

辅食添加后期

Fushi Tianjia Houqi

添加后期辅食的信号

加快添加辅食的进度

宝宝的活动量会在9个月大后大大增加，但是食量却未随之增长，所以宝宝活动的能量已经不能光靠母乳或者配方奶来补充了。

这个时候应该添加一定块状的后期辅食来补充宝宝必需的能量了。

● 对于大人食物有了浓厚的兴趣

很多宝宝在9个月大后开始对大人的食物产生了浓厚的兴趣，这也是他们自己独立用小匙吃饭或者用手抓东西吃的欲望开始表现明显的时候了。

一旦看到宝宝开始展露这种情况，父母更应该使用更多的材料和更多的方法，来喂食宝宝更多的食物。在辅食添加后期，可以尝试喂食宝宝过去因过敏而未使用的食物了。

● 正式开始抓匙的练习

表现出开始独立欲望，自己愿意使用小匙。也对大人所用的筷子感兴趣，想要学使筷子。

即使宝宝使用不熟练，也该多给他们拿小匙练习吃饭的机会。宝宝初期使用的小匙应该选用像冰激凌匙一样手把处平平的匙。

出现异常排便应暂停辅食

宝宝的舌头在9个月大后开始活动自如，能用舌头和上腭捣碎食物后吞食，虽然还不能像大人那样熟练地咀嚼食物，但已可以吃稀饭之类的食物。但即便如此，突然开始吃块状的食物的话，还是可能会出现消化不良的情况。

如果宝宝的粪便里出现未消化的食物块时，应该放缓添加辅食进度。再恢复喂食细碎的食物，等到粪便不再异常后再恢复原有进度。

后期辅食添加

后期辅食添加的原则

9月龄大的宝宝在喂食辅食方面已经省心许多了，不像过去那样脆弱，很多食物都可以喂了，但是妈妈也不可大意，须随时留意宝宝的状态。

● 这时间段仍需喂乳品

宝宝在这个时期不仅活动量大，新陈代谢也旺盛，所以必须保证充足的能量。喝一点儿母乳或者配方奶就能补充大量能量，也能补充大脑发育必需的脂肪，所以这个时期母乳和配方奶也是必需的，即使宝宝在吃辅食也不能忽视喂母乳，一天应喂母乳或者配方奶3～4次，共600～700毫升。

● 每天3次的辅食应成为主食

若是中期已经有了按时吃饭的习惯，那现在则是正式进入一日三餐按时吃饭的时期。

此时开始要把辅食当成主食

逐渐提高辅食的量以便得到更多的营养，一次至少补充两种以上的营养群。不能保障每天吃足五大食品群的话，也要保证2～4天均匀吃全各种食品。

后期辅食添加的方法

要养成宝宝一日三餐的模式，每天需要进食5～6次，早晚各两次奶，辅食添加3次。有的宝宝午睡后或夜间还需要喝一次奶。

不仅要喂食宝宝糊状的食物，也要及时喂固体食物，以便能及时锻炼宝宝的咀嚼能力，从而更好地向大人食物过渡。

先从喂食较黏稠的粥开始

宝宝已经完全适应一天2～3次的辅食，排便也看不出来明显异常，足以证明宝宝做好了过渡到后期辅食的准备。从9个月大开始喂食较稠的粥，如果宝宝不抗拒，改用完整大米熬制的粥。蔬菜也可以切得比以前大些，切成5毫米大小，如果宝宝吃这些食物也没有异常，证明可以开始喂食后期辅食了。

食材切碎后再使用

这个阶段是开始练习咀嚼的正式时期。不用磨碎大米，应直接使用。其他辅食的各种材料也不用再捣碎或者碾碎，一般做成3～5毫米大小的块即可，但一定要煮熟，这样宝宝才能容易用牙床咀嚼并且消化那些纤维素较多的蔬菜。

应使用那些柔嫩的部分给宝宝做辅食，这样既不会引起宝宝的抵抗，也不会引起腹泻。

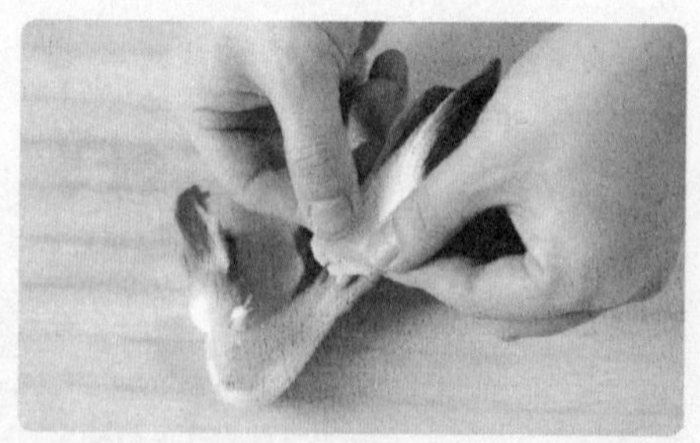

一眼分辨的常用食物的黏度

大米：不用磨碎大米，直接煮3倍粥，也可以用米饭来煮。

鸡胸脯肉：去掉筋煮熟后捣碎。

苹果：去皮切成5毫米大小的块。

油菜：用开水烫一下，菜叶切成5毫米的碎片。

胡萝卜：去皮切成5毫米大小的块。

海鲜：去皮蒸熟，然后去骨撕成5毫米大小。

后期辅食食材

10 10个月后开始喂　11 11个月后开始喂　12 12个月后开始喂

! 注意过敏反应　? 有过敏的宝宝可以吃的月数

●面粉 10 ! 13

9~10个月的宝宝就可以喂食用面粉做的疙瘩汤。过敏体质的宝宝应该在1岁后开始喂食。做成面条剪成3厘米大小放在海带汤里，宝宝很容易就会喜欢上它。

●西红柿 10 ! 18

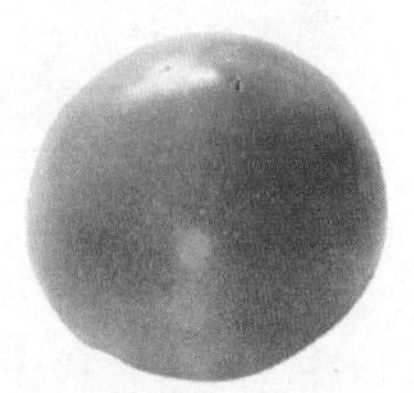

水果中含的维生素C和钙最为丰富。但不要一次食用过多，以免便秘。

去皮后捣碎然后用筛子滤去纤维素，然后冷冻。使用时可取出和粥一起食用或者当零食喂。

● 虾 10 ! 24

富含蛋白质和钙，但容易引起过敏，所以越晚喂食越好。过敏体质的宝宝则至少1岁大以后喂食。

去掉背部的腥线后洗净，煮熟捣碎喂食。

● 葡萄 11

富含维生素B_1和维生素B_2，还有铁，均有利于宝宝的成长发育。

3岁以前不能直接喂食宝宝葡萄粒，应捣碎以后再用小匙一口口喂。

● 鹌鹑蛋黄 10 !

含有3倍于鸡蛋黄的维生素B_2，宝宝10个月大开始喂蛋黄，1岁以后再喂蛋白。

若是过敏儿，则需等到1岁后再喂。

● 红豆 12 ! 24

若宝宝胃肠功能较弱，则应在1岁以后喂食。一定要去除难以消化的皮。

可以和有助于消化的南瓜一起搭配食用。

● 猪肉 12 ! 24

应在1岁后开始喂食。猪肉富含蛋白质、维生素B_1和无机盐，肉质鲜嫩，容易消化吸收。

制作时先选用里脊，后期再用腿部肉。

● 鸡肉 12

鸡肉有益于肌肉和大脑细胞的生长。可给1岁的宝宝喂食。

油脂较多的鸡翅尽量推迟几岁后吃。去皮、脂肪、筋后切碎，加水煮熟后喂食。

本月宝宝护理要点

Benyue Baobao Huli Yaodian

为不同年龄宝宝选购合适的积木

0～1岁：色彩鲜艳的布积木

1岁前最好给宝宝选择趣味性积木，如布积木，它柔软，有鲜艳的颜色，还有动物或水果等图案，主要训练宝宝小手的抓握能力，以及感知颜色，认识物体，发展触觉等，而且布积木不会碰伤宝宝。

1～2岁：轻巧的积木

1岁多的宝宝空间意识正在形成，开始会将积木一层层搭高。但是这个年龄段的宝宝，身体控制、手眼协调能力还不是很好，因此，要选择轻巧的积木，防止积木倒塌时砸伤宝宝。

积木块不要太大，便于宝宝的小手抓握。如果积木上有小狗、小猫或小娃娃的家等装饰图案，就更能引起宝宝的兴趣。

2～3岁：标准尺寸的积木或插片积木

两岁以后的宝宝，空间概念、语言、思维和想象力都已经发展起来，手的动作、手眼协调能力增强，可以做稍微复杂一些的事情了。这时，可以给他选择标准的积木，如两个半圆正好对成一个整圆，两块短积木加起来的长度正好等于一块长积木等，或是插片式积木，这种积木可以给宝宝更多的创造和表现空间。

培养宝宝良好的睡眠习惯

9～10个月的宝宝白天一般睡2～3小时，夜间睡10小时左右，共计14～15小时。充足的睡眠有利于宝宝的生长发育。

需要注意的是，宝宝的睡眠是生理的需要，当身体能量消耗到一定程度时自然会主动入睡，家长不应该为了强制让宝宝入睡而养成抱着或拍着来回走、吸奶头等不良习惯。

宝宝爱吮手指怎么办

宝宝吮手指是自身需要得到满足的一种表达方式，宝宝可由此感到安全和舒适。但宝宝吮手指又会直接影响其身心健康。宝宝常用手接触各种物品，会把细菌带入口中，从而诱发胃肠炎或寄生虫病。同时吮手指会影响牙齿正常的排列而致畸形，还可致口唇变形、手指溃疡或变形等。吮手指是一种不良习惯，应防止并及时纠正，其方法如下：

1	给宝宝玩一些用双手可抓握的玩具，使其双手摆弄玩具而不吮手指
2	和宝宝玩一些手的游戏，如手指歌、拍手歌、滚球歌等
3	适当地给宝宝拿一些可吃的食物，如饼干、烤馒头或削皮的水果片等

穿衣护理

不要穿得太多

给宝宝穿衣不要穿得太多，越多不见得越保暖，关键是看衣服的质地、舒展性等。

冬天一般在室内，衣服的穿法是：上身：内衣+薄毛衣+厚毛衣；下身：内裤+薄毛裤+厚毛裤，外出再加上外套和外裤。

穿衣大小要合适

不要给宝宝穿太大的衣服，尤其是袖子不宜过长；裤子、鞋子都不宜太长、太大，否则会影响宝宝活动。一般来说，衣服可在宝宝身长的基础上长5～6厘米，这样有些外套衣服可以穿两个季节。因此，平日衣服不要穿得太多，一般和大人穿得一样或多一件就足够了。

面料最好是纯棉

纯棉的织物比较柔软、透气，化纤原料常会引起过敏，毛料虽然是天然品，但是比较粗糙，容易对宝宝的肌肤产生刺激，因此，宝宝的衣物选择以纯棉的比较好，化纤原料可选做作防风、防雨的风衣，毛料做外套是比较理想。

本月宝宝健康呵护

Benyue Baobao Jiankang He hu

小心宝宝过敏

食物过敏

主要表现：呕吐、腹泻、腹痛、皮疹。

预防措施：

1.以牛乳制成的配方奶可以引起某些月龄不足6个月的宝宝消化道过敏症状，应该仔细观察，过敏后及时停止饮用；

2.正在哺乳的妈妈应忌食辛辣、刺激性食物及海鲜等不易消化的食物，以免间接引起宝宝不适。

3.许多食物都可引发过敏，包括鸡蛋清、豆类、坚果等异类蛋白质和某些香料，不应食用。

皮肤过敏

主要表现：湿疹、荨麻疹。

预防措施：

1.鱼、虾、蟹、牛羊肉、鸡蛋等均可能是致敏原或加重过敏症状，因此，宝宝饮食务求清淡、无刺激。

2.保持室内清洁卫生、通风，因为日光、紫外线、寒冷湿热等物理因素也是诱因之一。

3.洗澡水温不要太高，不要用碱性过强的浴液和香皂，衣服材质应避免人造纤维、丝织品。

学步期不可忽视的安全措施

在地面铺上软地毯

宝宝学步时，摔跤是常有的事。在地面铺上一层地毯或泡沫地垫，这样，即使宝宝摔跤也不容易摔伤或摔疼了。

注意家具的安全

宝宝刚开始学步时，很难控制自己的重心，一不小心就有可能被碰伤。需给家具的尖角套上专用的防护套，以防宝宝受伤；也可以将家具都靠边摆放，从而为宝宝营造一个比较安全和宽敞的空间。

给插座盖上安全防护盖

宝宝学步后，活动的范围一下增大了，再加上宝宝总是充满好奇心，看到新奇的事物总爱伸手触摸一下。

为防止宝宝伸手碰触插座，一定要给插座盖上专用的安全防护盖，以防宝宝触电。

收拾好危险物品

宝宝总是顽皮好动，一些由玻璃等易碎材料做成的小物件或是如打火机、火柴、刀片之类的危险物品，以及易被宝宝误食的小药丸、小弹珠和易被宝宝拉扯下来的桌布等东西都要收起来，以防宝宝发生危险。

家中常备常用急救药物

创可贴、红药水、绷带、消炎粉等外伤急救药品要家中常备，万一宝宝摔伤，可以立刻止血或给伤口做简单的处理。

为宝宝穿上防滑的鞋袜

父母可以为宝宝购买学步的专用鞋，这样既能够保护宝宝的双脚，保证足部的正常发育，又能很好地防止滑跤。

若是室内脱鞋的家庭，要为宝宝穿上防滑的袜子，以防宝宝在地板上滑到。

列出救援电话

紧急救援的电话号码要贴在明显处或电话机旁，一旦发生紧急情况，家人，尤其是家中独自带宝宝的老人，可以立刻寻求帮助。

10月龄的宝宝

本月宝宝特点

Benyue Baobao Tedian

宝宝发育特点

1.能独站10秒钟左右。

2.大人拉着宝宝双手，他可走上几步。

3.穿脱衣服能配合大人。

4.能用手指着自己想要的东西。

5.喜欢拍手。

6.可以打开盖子。

7.宝宝会用手指着他想要的东西说“拿”。

8.能注意周围人的表情，能听懂不同音调所表达的意义，并做出不同反应。得到表扬时会高兴，被批评时，表现出不愉快。

身体发育标准

体重	男孩约重9.66千克，女孩约重9.08千克
身长	男孩平均74.27厘米，女孩平均72.67厘米
头围	男孩平均46.09厘米，女孩平均44.89厘米
胸围	男孩平均45.99厘米，女孩平均44.89厘米
坐高	男孩平均47.14厘米，女孩平均46.06厘米

生长发育标准

长牙

此时的宝宝长出 4 ～ 6 颗牙齿。

睡眠

充足的睡眠对于身体健康来说尤为重要。睡眠不足，不但身体消耗得不到补充，而且由于激素合成不足，会造成体内环境失调，从而削弱宝宝的免疫功能和体质。

这个月的宝宝每天需睡眠12～16个小时。白天睡两次，夜间睡10～12个小时。**家长应该了解，睡眠是有个体差异的，有的宝宝需要的睡眠比较多，有的宝宝需要的睡眠就少一些。**所以，有的宝宝到了10个月，每天还要睡16小时，有的宝宝只需12小时就足够了。只要宝宝睡醒之后，表现非常愉快，精神很足，也不必勉强他多睡。宝宝在睡前半小时，最好能开窗换气，以保持室内空气新鲜。开窗睡时不要让风直接吹在宝宝身上，以免受凉。

能力增长与潜能开发

Nengli Zengzhang yu
Qianneng Kaifa

鼓励宝宝迈出第一步

学会行走是宝宝大运动能力发展的一个重要过程，宝宝从床上运动发展到地面运动——学会走路，这是他的生长发育过程中的一次飞跃。

宝宝学会了走路，就意味着他的活动范围、接触范围以及视力范围广泛多了，增加了对脑细胞的刺激，对宝宝智力发育有很好的促进作用。所以，当宝宝到了该走的时候，爸爸妈妈要大胆让宝宝锻炼独立走路的能力。

宝宝学走路的四个阶段

10～11个月的宝宝，是学习走路的最佳时期，这时爸爸妈妈若想让宝宝早一天迈开人生的步伐，就要合理地引导与训练。

直立行走是宝宝大运动能力发展的一个重要过程，从会爬、会坐、能扶站到双腿直立行走，宝宝经历了人生的一个重要阶段。

宝宝从8～9个月会爬、会坐、能扶站开始，就为站立行走作了准备。 到了10个月时，就可以拉住宝宝的双手或单手，让他向前迈步。若时机成熟时，就可以设置一个诱导宝宝独立迈步的环境。

一旦自信心确立起来，宝宝就会自主松开扶东西的手，完全自由地迈步。宝宝学步，是一个循序渐进的过程，在开始迈步以前，需要做不少的准备工作，更不要忽略学步必需的四阶段，为宝宝迈出第一步打下坚实的基础。这四个阶段还需要爸爸妈妈仔细观察与把握：

请家长们注意

当宝宝对竖直站立熟悉之后，他会试验性地迈出一小步，当然开始时还需要学会“借力”，这时宝宝会了解，如果双手抓住什么东西来保持平衡，走起来要容易得多。因此，让宝宝学走路，爸爸妈妈最需要做的就是培养宝宝的自信心。

● 单手扶物

当宝宝能单手扶物，或是能够离开支撑物独自站立时，就意味着宝宝已经具备了独自站稳的能力。

● 蹲下起来

当宝宝能够单手，最好是双手离开支撑物，蹲下捡起玩具很可以顺利地再站起来，并且能够保持身体平衡时，就说明已经到了宝宝学走路的最佳时期。

因为宝宝如果学走路，需要腿部肌肉具有足够的力量，蹲下站起正是锻炼走路的最好办法。

● 扶持迈步

爸爸妈妈离开宝宝一段距离，用玩具吸引宝宝迈步。这时，宝宝常会用手抓牢家具的边缘、扶着墙壁或推着小椅子，或是让其他人拉着一只手，一点一点地向前挪动脚步。

● 独自行动

慢慢地，爸爸妈妈会发现，当宝宝确定他没有危险时，就会大胆地把身体的重量都放在双脚上，开始摆脱一切束缚，迈出他在这个世界上完全属于自己的第一步。

让宝宝勇敢迈出第一步

宝宝开始蹒跚学步是可喜的事情。这时，爸爸妈妈不要怕宝宝摔倒，要鼓励他大胆地进行尝试。

行走是靠两条腿交替向前迈进，每走一步都需要变换重心才能步伐稳健。宝宝初学走路，往往就是在摸索如何掌握好重心来协调行走的步伐。宝宝一般在9个月后，经过扶栏的站立已能扶着床栏横着走了，到了10个月时，这个动作就基本掌握得很好了，可以开始实际的走路训练了。

学步应当顺应宝宝的发育水平和能力，循序渐进。爸爸妈妈不要急于求成；更不能怕宝宝摔跤、磕碰，而久久不敢放手，以至于影响宝宝正常的成长发育。

● 该出手时就出手

让宝宝学走路，爸爸妈妈应该大胆地放手，从以下方法培养宝宝迈步能力。在学站时，宝宝可能不放开爸爸或妈妈的手或者哭着让大人帮忙，因为他自己不敢坐下去。这时，先别急着抱他或扶他坐下，此时宝宝需要的是你来告诉他如何弯曲膝盖，这是学习站立继而学习走路的一个重要的环节。这时，爸爸或妈妈可以跪在宝宝的前面，伸出双手拉住他的手，鼓励他迈步，朝你走来。

也可以站在宝宝后面，用双手扶住他的腋窝处，跟着他一起走。开始时，宝宝或许需要你用力扶住，之后你只需用一点点力，宝宝就能自己往前走了。

学走路也意味着摔跤和受伤的机会增多了，爸爸妈妈要为宝宝准备一个相对安全的环境，减少他磕碰的机会，并且尽量让宝宝在你的视线范围内活动，而且随时做好“救援”准备。

● 蹒跚练习

妈妈可拉住宝宝的双手或一只手让他学迈步，也可在宝宝的后方扶住宝宝的腋下，让宝宝向前走。锻炼一个阶段后，宝宝慢慢就能开始独立的尝试，妈妈可以站在宝宝面前，鼓励宝宝向前走。

开始的时候，宝宝可能会步态蹒跚，向前倾着，跌跌撞撞扑向妈妈的怀中，收不住脚，这是很正常的表现，因为重心还没有掌握好。这时妈妈要继续帮助他练习，让宝宝大胆地走第二次、第三次。渐渐地熟能生巧，宝宝会越走越稳，越走越远，用不多长时间，就能独立行走了。

● 变换重心

教宝宝学走路，首先要教他学会变换身体重心。因为人的行走是用两条腿交替向前迈步的，每迈出一步都需要变换重心。

先让宝宝靠墙站立好，妈妈退后两步，伸开双手鼓励他："宝宝走过来，走到妈妈这儿来。"当宝宝第一次迈步时，需向前迎一下，避免在第一次尝试时就摔倒；以后再进行第二次、第三次了。如果宝宝成功地迈出了第一步，就可以逐渐加大距离，并对宝宝每次的成功都给予鼓励。

通过以上训练，宝宝很快就能掌握两腿交替向前迈步时的重心移动，用不了多长时间宝宝就会走路了。

● 言语鼓励

当宝宝可以独立行走，但只能迈出几步时，爸爸妈妈要随时调整作为扶持物的家具、栏杆间的距离，逐渐延长宝宝行走的距离。

当宝宝可以放开手脚迈步走时，给他准备小皮球或可以发出声响的拖拉玩具以鼓励宝宝多走，用增加难度、设置障碍物的方法提高宝宝的平衡和协调能力，让宝宝走得更好、更稳。

灵活施教，安全学步

让宝宝学走路，爸爸妈妈还要根据自己宝宝的具体情况灵活施教。对宝宝来说，最初的良好行走体验是非常重要的，所以爸爸妈妈在教宝宝走路时，一定要注意做好保护工作：

● 保护好宝宝

最初练习行走的时候，爸爸妈妈一定要注意保护宝宝。待他脚步灵活以后，才可以撒开手，与宝宝相隔约50厘米，以随时保护他。

● 激发走路的兴趣

当宝宝能走几步的时候，可让宝宝在地上玩球，当球向前滚动时宝宝自然有追的欲望，完全不会顾及摔倒，可能连续迈出几步，这样就会增长宝宝的信心。

● 保持正确姿势

爸爸妈妈应该从宝宝学走第一步起，就让他有个正确的姿势。

行走能促进宝宝血液循环，加快呼吸，锻炼下肢肌肉。宝宝开始走路的同时还能迅速成长起来。

● 平坦的路面

练走路时，一定要选择平坦的路面。若是在开始学走路时，宝宝由于路面不平而被绊倒，会挫伤宝宝学走路的积极性，使宝宝害怕走路，不愿放开大人的手。

● 室内空气新鲜

如果天气不允许宝宝在室外学习行走，那就一定要保持室内空气新鲜。走路加快了宝宝的呼吸，所以要在宝宝下地走路之前，就先把窗户打开。

● 培养坚强意志

在宝宝练习走路的过程中，不可能一跤不摔。

当宝宝摔倒时，爸爸妈妈要鼓励宝宝不哭，勇敢地站起来，这对培养宝宝的坚强意志非常重要。

● 光脚在沙滩学步

当宝宝学会行走之后，可让他光着脚在沙滩或草地上行走。这样能使脚掌得到锻炼，也有利于大脑的发育，但是，不要让宝宝长时间光脚走路。

● 学用脚尖走路

只要宝宝能走几步，就要让他每天练习，但是时间不能过长。

当宝宝能走稳，可以满屋子来回走时，爸爸妈妈可以教他用脚尖走路，这样可以强健宝宝的足弓。

九条建议帮助宝宝顺利学步	
蹬蹬腿脚	平时，爸爸或妈妈可以经常用双手托住宝宝的腋下，托起宝宝，让他做蹬腿弹跳动作，练习宝宝腿部的伸展能力
做做仰卧起坐	要练习宝宝的肌力，爸爸妈妈还可以与宝宝做仰卧起坐运动。宝宝仰卧，爸爸拉着宝宝的双手做以下动作：坐起——站立——坐下——躺下，如此反复几次。注意拉宝宝的双手不能太用力，以防用力不当造成宝宝脱臼
从爬行开始	爬行可以锻炼宝宝腿部肌肉的张力和力量，有利于学步。因此，爸爸妈妈可以经常让宝宝在地板或硬的垫子上爬行，可利用玩具进行诱导
抓拿玩具，攀攀爬爬	站立是走的前提，爸爸妈妈可以将宝宝喜欢的玩具放在与宝宝高度差不多的沙发或茶几上，鼓励他扶着站起来抓取玩具，还可以把玩具放在沙发上或拿在爸爸妈妈的手里，鼓励宝宝攀爬
营养储备	宝宝在学走路，骨骼发育要跟得上，更要有足够的体能，这个时期要多给宝宝吃含钙食物，保证宝宝骨骼的正常发育，为学步加分
练习放手站立	宝宝开始会因为害怕不愿意放手站立，爸爸妈妈可以递给宝宝单手拿不住的玩具，如皮球、布娃娃等，让宝宝不知不觉放开双手，独自站立。也可以把玩具放在另一边，逗引宝宝转动身体，独自站立
蹲在宝宝的前方	当宝宝扶着会走后，爸爸妈妈可以蹲在宝宝的前方，展开双臂或者用玩具，鼓励宝宝过来，先是一两步，再一点点增加距离。等宝宝敢走后，爸爸妈妈可以分别站在两头，让宝宝在中间来回走
扶走训练	培养宝宝的学步能力，爸爸妈妈可以让宝宝多在扶走的环境里活动，比如让宝宝扶着墙面、沙发、茶几、小床、栏杆、学步的推车、轻巧的凳子移步
多鼓励	宝宝学走路时，摔倒是不可避免的。这时，爸爸妈妈不宜过度紧张，过度紧张反而会加剧宝宝对学步的恐惧。因此，当宝宝学步跌倒时，爸爸妈妈应给予安抚和鼓励，让宝宝有安全感，并有继续迈步的信心

宝宝运动智能训练游戏

宝宝成长到10个月后，在运动发育上，大多数宝宝这时已能自己扶着东西站立，发育快的宝宝甚至能独自站一会儿或敢向前迈两步。

宝宝大运动智能训练游戏

加油前进

适合月龄：10～12个月的宝宝

游戏过程

爸爸妈妈相对蹲下，相隔一段距离，让宝宝在中间独立行走。反复练习独走多次以后，将宝宝背朝爸爸，面对妈妈。看见妈妈手中拿着玩具逗引他去拿。当宝宝独自向妈妈走来时，妈妈慢慢向后退，直到宝宝走不稳时将他抱起，将玩具递给他并称赞他。

游戏目的

宝宝学习行走的时期，此项游戏可训练两脚交替向前迈步。

牵棍走路游戏

适合月龄：10～12个月的宝宝

游戏过程

爸爸或妈妈用一只手抓住木棍的上端，另一只手抓木棍的下端，让宝宝双手抓住棍子的中间部位，然后一步步后退，让宝宝练习迈步向前走。

这时，爸爸或妈妈边退边用语言激励宝宝："宝宝走得好，宝宝真棒！"练习时不但可以直线走，也可以拐弯走。

游戏目的

训练宝宝的大动作能力，主要是练习独站、走路。

锻炼身体好幸福

适合月龄：10～12个月的宝宝

游戏过程

先引导宝宝双脚同上或者同下一级台阶。待宝宝可以熟练地做出这个动作之后，进一步引导宝宝单脚上一级台阶或下一级台阶。

游戏目的

对宝宝腿部肌肉进行高阶段的熟练训练，并且可锻炼宝宝集中注意力，提高判断能力以及身体和思维的协调能力。

宝宝精细动作训练游戏

这个时期，宝宝要成功地用拇指和示指捏取小东西并非易事，还要经过几个月的锻炼和发展才能有这个能力。因此，这时爸爸妈妈应加强对宝宝手部能力的训练。

学涂涂点点

适合月龄：10～12个月的宝宝

游戏过程

彩色蜡笔是一种锻炼手灵活性的好工具，用笔需要拇指、示指和其他手指的配合，需要手的力量。借用蜡笔，让宝宝在纸上任意点点涂涂，虽然这时候他还不能画出什么东西来，但他对学习用笔和点出的色彩会感兴趣的。

游戏目的

训练手部的运动，不仅能锻炼宝宝手的灵巧性，还对他的智力发育有相当大的好处。

宝宝平衡感训练游戏

平衡感对于宝宝来说是很重要的，它能帮助身体姿势保持平衡，形成空间方位感，平衡感与眼球的追视能力、专注力、阅读力、音感能力、触觉和语言能力都有关。在宝宝会站立的时候，可以玩平衡感游戏。

小小不倒翁

适合月龄：10～12个月的宝宝

游戏过程

玩游戏之前，可以先让宝宝看不倒翁，并让他玩一玩不倒翁。让宝宝学不倒翁站好不扶物，爸爸在宝宝身旁，用右手从后面推宝宝，用左手在前方保护，看宝宝是否站稳而未向前方倾倒。接着，爸爸可以站在宝宝身后，用一手推动宝宝，另一手作保护，看宝宝是否向一侧倾倒。如果在前、后、左、右位推宝宝，宝宝都没有歪倒，这时爸爸就要抱起宝宝举高表示鼓励。

游戏目的

锻炼宝宝的平衡感，对宝宝的协调性和感觉统合都有很大帮助。

宝宝牙牙学语与视听觉训练

这个月宝宝的语言能力可能会有突飞猛进的变化，能够有意识地发出单字的音，可以含含糊糊地讲话了，听上去像在交谈似的；并且能有意识地表示一个特定的意思或动作，如“要”表示要什么东西。

在视觉上，如果给宝宝一本动物画书，宝宝能够准确地找出对应的动物；在听觉发育上，宝宝能够在听了一段音乐之后，模仿其中的一些音。

培养宝宝的语言能力

对10个月的宝宝，爸爸妈妈要给他创造说话的条件，如果宝宝仍用表情、手势或动作提出要求，爸爸妈妈就不要理睬他，要拒绝他，使他不得不使用语言。

如果宝宝发音不准，要及时纠正，帮他讲清楚，不要笑话他，否则他会不愿或不敢再说话。根据这个阶段宝宝语言发育的特点，爸爸妈妈应该采用激发的方式来培养宝宝的语言能力。

● 培养语言美

这个时期宝宝的模仿能力很强，听见骂人的话也会模仿，由于这时宝宝的头脑中还没有是非观念，他并不知道这样做对不对。

当宝宝第一次骂人时，爸爸妈妈就必须严肃地制止和纠正，让宝宝知道骂人是错误的。千万不要认为说出骂人的话也挺好玩，就怂恿他，这样宝宝会养成坏习惯。

● 说出来再给

当宝宝指着他想要的东西向爸爸或妈妈伸手时，这时就要鼓励宝宝把指着的东西发出声音来，并教他把打手势与发音结合，到最后用词代替手势，这样再把宝宝想要的东西递给他。经过多次努力的训练，宝宝掌握的词汇就会越来越多，语言能力也就开始越来越强。

● 学回答

在培养宝宝的语言能力的时候，还要让宝宝学会回答。平时爸爸妈妈叫宝宝的名字时，宝宝会转头去看看是谁在叫自己，这时爸爸妈妈要帮助宝宝回答："哎"。有时宝宝看到大人之间互相呼唤时也会回答"哎"，所以宝宝也学会用"哎"作答。

若爸爸妈妈能经常叫宝宝的名字，让他多次作答，以后凡是有人叫他的名字，他都会出声做答。

宝宝语言能力开发游戏

小巧嘴，说名字

适合月龄：10～12个月的宝宝

游戏过程

爸爸或妈妈拿起宝宝喜欢的食物，让宝宝说出这些食物的名字。爸爸妈妈还可以启发宝宝，例如"宝贝，这个叫什么？""对，这是香蕉。宝宝想一想什么动物爱吃香蕉呢？"用这种方式不断地引导宝宝思考并学会准确地表达。

游戏目的

给宝宝语言表达的机会，让宝宝试着表达周围事物，锻炼宝宝的思维能力，让宝宝养成善于思考的好习惯。

宝宝的视觉能力训练

在宝宝的所有感官中，眼睛是一个最主动、最活跃、最重要的感觉器官，大部分信息都是通过眼睛向大脑传递的。因此，视力的发育正常与否非常重要。这个时期是宝宝视觉的色彩期，这时宝宝能准确分辨红、绿、黄、蓝四色。

这时宝宝除了睡眠外，都在积极地运用视觉器官观察周围环境，这时宝宝视觉器官运动不够协调、灵活，绝大多数宝宝的视力呈远视型。有时，当宝宝注意观察某一事物时，常会出现一只眼偏左，一只眼偏右或两眼对在一起的情况。

请家长们注意

很多爸爸妈妈会认为自己宝宝只要能看见物体便是正常的了，殊不知，“对眼”和“斜眼”等视觉障碍均由于家长后天不注意对宝宝视觉培养造成的。因此，为丰富宝宝视觉感受，悬挂在宝宝床前的玩具应常变换位置，玩具应是体积稍大些且最好是伴有声响的。

● 左、右眼协调，防止对视与斜视

防止对视与斜视，q就要让左右眼相互协调。对此，爸爸妈妈可以利用宝宝最喜欢的玩具与宝宝玩“捉迷藏”的游戏，通过不停地变换这一玩具出现的位置，训练宝宝迅速改变视觉方位，协调左、右眼的灵活运转。

为了丰富内容，吸引宝宝的注意力，爸爸妈妈还可以将玩具系在绳上，在宝宝眼前先做有规律的水平方向移动和垂直方向移动，然后再逐步过渡到水平与垂直方向交替进行。速度要先慢后快，以训练宝宝眼睛追逐左右、上下变化物体的能力。

● 指图特点部分

给宝宝一本动物图画书，让宝宝注意观察各种动物的特点，反复学习数次后，可以问“大象什么最长啊？”“大熊猫的眼睛呢？”让宝宝一一指出作答。在训练时，内容每次不宜过多，从一个开始练习，时间1～2分钟即可，时间不宜太长而且必须是宝宝感兴趣的东西，不能强迫指认通过观察、对比，提高宝宝视力、认知及分析和理解的能力。

宝宝的听觉能力训练

10个月的宝宝，不但视力有了变化，听力发育也越来越好。宝宝现在已经会听名称指物，当被问到宝宝熟悉的东西或图片时，会用小手去指了。

宝宝成长到10个月之后，在听力上能够听了一段音乐之后模仿其中的一些声音；并且在听了动物的叫声以后，也可以模仿动物的叫声。这个时期，爸爸妈妈应根据这个阶段宝宝听觉发育的特点，来开发宝宝的听觉发育。

●指认动物

布置一些宝宝所熟悉的动物玩具或图片，爸爸妈妈告诉宝宝动物的名称和叫声，然后问“小鸭子在哪里？”让宝宝用眼睛找，用手指出，并模仿“嘎、嘎”的叫声。然后，小鸡、小狗、小猫、小羊等类推就可以了。

●听音乐与儿歌

培养宝宝的听力，爸爸妈妈可以播放一些儿童乐曲，提供一个优美、温柔和宁静的音乐环境，提高宝宝对音乐歌曲的理解。

宝宝认知与社交能力训练

进入10个月的宝宝，爸爸妈妈会突然间感觉到自己的“小淘气”长“大”了。这时宝宝的动作更加熟练，控制事物的能力增强；还是活跃的运动家，每天进行持续不断地探索、尝试；更喜欢与人交流，继续学习自我服务的技巧。

宝宝认知能力发展与培养

宝宝成长到10个月时，就已经懂得选择玩具，逐步建立了时间、空间、因果关系，如看见爸爸妈妈倒水入盆就等待洗澡，并且喜欢反复扔东西等。

这时期的宝宝能听名称指认3种物品或图片，并且准确无误；如果将玩具放到宝宝可望而不可即的地方，再在宝宝身边放一根棍子，宝宝就知道能用棍子取玩具，但不一定得到玩具。

宝宝这时乐于模仿大人面部表情和熟悉的说话声，自言自语地说些别人听不懂的话；当被问到宝宝熟悉的东西或画片时，会用小手去指；当给予鼓励时，宝宝还会试着学小狗或小猫的叫声。

宝宝模仿你面部的表情，能很清楚地表达自己的情感。有时，他独立的像个“小大人”，而有时又表现得很孩子气。这时，爸爸妈妈对宝宝的认知能力还要进行良好的引导与训练。

●看图识字

这时宝宝已经认识五官和一些物品名称了。爸爸妈妈可以在此基础上培养宝宝看图识字。首先，爸爸可以用一张大纸写上“鼻”字，在字的下面再用曲别针别上画好的鼻子。这时爸爸先指图说“鼻子”再指自己的鼻子，又指字再说“鼻子。”让宝宝看见。多次重复之后，宝宝懂得图和字都是鼻子，当爸爸再指图或字时，宝宝就会指自己的鼻子。然后去取图，爸爸再指字时，看看宝宝能否指自己的鼻子。用同样方法宝宝也可以学“眼”字。

宝宝认得第一个字后，爸爸妈妈会十分兴奋，这种惊讶的表情将会激励宝宝愿意认字。而且家中其他人也会认为宝宝“真聪明或真棒”这些表扬都会激发宝宝进一步分辨字符的积极性，对宝宝视觉分辨和认物都有推动作用。通过训练，培养宝宝对文字的敏感，激发宝宝识字的兴趣，并训练宝宝认知能力。

宝宝社交能力发展与训练

这时宝宝会有目的地掷玩具，大人在桌子上摆着玩具，宝宝在玩玩具时，往往会故意把玩具掷在地上，宝宝希望大人能帮他拾起玩具，然后他还会将玩具掷在地上，在这过程中体会自己行为与表现，并会感到快乐。

这时宝宝的执拗行为发生较多，常使爸爸妈妈感觉宝宝越来越不“听话”。但是宝宝并不理解爸妈讲的“不”这个词。宝宝会与大人玩推球的游戏，这是与人交往的能力发展的表现。这时期，爸爸妈妈更要对宝宝的交往能力加以训练。

●平行游戏

这时爸爸妈妈可以让宝宝与小伙伴或大人一起玩，并找出相同玩具同小朋友一块玩，培养宝宝愉快的交往情绪。此外，一些学步的宝宝如果能在一起各拉各的玩具学走，还能互相模仿，更能促进交往能力的发展。

●随声舞动

爸爸妈妈可以经常给宝宝听节奏明快的音乐或给他念押韵的儿歌，让宝宝随声点头、拍手。此外，爸爸妈妈也可用手扶着宝宝的两只胳膊，左右摇身，多次重复后，宝宝能随音乐的节奏做简单的动作。

情绪个性与生活习惯培养

这时宝宝的心理发育有了很大的变化，其情绪与个性与以往不同。这时，宝宝能意识到他的行为能使你高兴或不安；能很清楚地表达自己的情感，并且这个时候的宝宝已经有了初步的自我意识，因为他已经因妈妈抱其他小朋友而“不高兴”了。

在生活习惯与行为准则上，也渐渐向良好的方面发展，并形成了一个初步的模式。

宝宝为何喜欢扔或敲打东西

● 扔东西

宝宝把放到他手中的东西一次又一次地扔到地上，并从中得到极大的满足和快感。同时，他也将这种扔东西行为当做一项“科学实验”，看看东西被自己扔出去后，会有什么反应。

如果这时爸爸妈妈或其他人，在旁不停地帮他拾起来给他，宝宝会扔得更欢，扔得更高兴，他认为这是一种可以两个人玩的游戏，而且乐此不疲。如果爸爸妈妈想结束这种现象，那最好的办法是将宝宝放到干净的地板上玩，让他自己扔，自己拾。另外，爸爸妈妈还可以教育宝宝什么可扔着玩，什么不可以扔。将宝宝的扔物兴趣正确地引导到游戏和日常生活中去。比如，将玩具扔进玩具箱或和大人一起玩扔皮球、扔废纸进纸篓等游戏。

一般而言，过了这一阶段，宝宝就能逐渐学会了正确玩玩具、翻看图书，宝宝的兴趣和注意力会逐渐转移到其他许多更有趣的活动中，扔东西、撕纸片的行为就会自然消失了。

● 敲打东西

一般，这个时期的宝宝要了解各种各样的物体，了解物体与物体之间的相互关系，了解他的动作所能产生的结果，通过敲打不同的物体，使他知道这样做就能产生不同的声响，而且会发现自己用力强弱如果不同，产生音响的效果也不同。

比如，宝宝用木块敲打桌子，会发出“啪啪”的声音；而他敲打铁锅则发出“当当”声；一手拿一块对着敲，声音似乎更为奇妙。于是，宝宝很快就学会选择敲打物品，学会控制敲打的力量，发展了动作的协调性。这时，如果爸爸妈妈能理解宝宝为什么爱敲打东西的原因，就会积极地帮助宝宝发展这一探索性活动。

其实，对这个年龄的宝宝来说，爸爸妈妈没有必要去购买高档的新玩具，只需找一些玩具锤子、玩具小铁锅、纸盒之类的东西就足够了，这就能够使宝宝的个性与成长发育得到很好的开发。

宝宝的生活规律训练

培养宝宝有规律的生活，就要从吃、睡与玩开始。这时宝宝学会了扶东西站着或迈步行走，所以白天的活动范围会扩大很多，这时，爸爸妈妈要调整好生活规律，饮食、洗澡、睡觉的时间要固定。

●睡觉

对于宝宝的休息，晚上的睡眠时间长短渐渐固定下来，午睡每天1～2次为宜。另外，晚上宝宝闹觉的现象会增多。

在宝宝难以入睡的时候，要注意给他调整白天的睡觉时间。一天的合计睡眠时间应该保持在11～13小时就可以了。

●外出散步

多带宝宝外出散步是很有好处的。随着身体成长和大脑的发育，宝宝在心理方面也会发生很大的变化。

因为身体会变得更加结实，所以可以享受一些时间更长的外出散步了。但是，爸爸妈妈最好还是要把时间控制在2小时以内，还可以带宝宝到小朋友很多的地方感受一下团体生活。

●洗澡

一般来说，这个时候的宝宝会在洗澡的时候玩得很开心。

洗澡时间应尽量控制在20分钟以内。

训练宝宝自己学吃饭

当宝宝可以坐稳，并且小手的钳取物品能力已发育良好的时候，就可以训练宝宝自己吃饭了，当然最好的时候就是当宝宝吵着要自己吃饭，不要妈妈喂，在饭桌上和妈妈抢着抓勺子时，就是训练宝宝自己吃饭的最佳时机。

●让宝宝自己学进餐

宝宝开始自己吃食时，由于动作不准确，技巧不熟练，难免会漏撒食物，弄脏环境和手脸。但这时妈妈绝不能因此而制止宝宝自食的要求，而要鼓励宝宝，给不易打碎的餐具或戴上围嘴等。

宝宝在自己吃饭时往往会兴趣十足，饭量也会大一些，也不太会有挑食的表现。当然，在宝宝刚学习自己吃饭的时候，在进食的过程中辅以喂食还是必要的。

● 培养良好的饮食习惯

培养方法	
正确使用餐具	培养宝宝逐步适应使用餐具，为以后独立进餐做好准备。训练正确的握匙姿势和用匙吃饭
进餐要有规律	让宝宝进餐的次数和进餐的时间要有规律。到该进餐的时间就喂宝宝，但不必强迫宝宝吃，宝宝吃得好时要表扬，长此下去便会形成习惯
清洁卫生	要培养宝宝在饭前洗手、洗脸、围上围嘴的习惯，固定喂饭地点，不要边吃边玩
不挑食与偏食	要尽量避免宝宝挑食和偏食，要培养宝宝饭、菜、鱼、肉、水果都能吃，还要干稀搭配，多咀嚼，饭前不吃零食、不喝水

启蒙教育与智能开发小游戏

这时期的宝宝，智能已有很大的发展。在模仿大人后，能将摆在桌面上的小汽车推着走；妈妈打开一本书对宝宝说“看看”，宝宝便会饶有兴趣地注视片刻。在这个时期，

爸爸妈妈应根据宝宝的能力特征，与宝宝做些可以开发智能的小游戏。

宝宝智能开发小游戏

箱子探奇声音篇

适合月龄：10～12个月的宝宝

游戏过程

爸爸妈妈把玩具放到小箱子中，把箱子密封好。然后把箱子拿到宝宝耳朵旁边摇晃，让宝宝听箱子里各种玩具互相摩擦碰撞的声音。最后打开箱子，让宝宝看到玩具。

游戏目的

通过先听声音，然后打开箱子让宝宝看到玩具，从而引导宝宝，让他知道玩具也是可以发出声音的。

宝宝启蒙教育小游戏

10个月的宝宝学习能力特别强，并且智能已经有了很好的发展。这时应该给宝宝进行一些启蒙性的教育，使智能与学习能力都得到很好的发展。

会讲故事的报纸

适合月龄：10～12个月的宝宝

游戏过程

妈妈和宝宝一起想一想，报纸除了可以阅读获取信息之外，还可以做些什么呢？妈妈可以给宝宝讲一个故事，根据故事情景，边讲边折出有趣的东西。例如："秋天到了，我们一起去秋游，太阳有点晒，我们可以戴一顶帽子……"这个时候妈妈可以利用报纸，和宝宝一起折一顶帽子，戴在宝宝头上。

游戏目的

让宝宝充分发挥创造性，还能锻炼宝宝语言及动手能力。

红灯笼

适合月龄：10～12个月的宝宝

游戏过程

妈妈先指着红灯笼实物或图片对宝宝说："宝宝，这是咱们家的红灯笼，灯笼是红红的、圆圆的。现在妈妈就把这个红灯笼画下来……好了，妈妈画下来了，宝宝让它变成红色的，好吗？"接下来，将准备好的画笔拿出来，让宝宝从中挑选出红色的，然后在妈妈的帮助下，手拿画笔涂色。此外，爸爸妈妈也可以画其他物体，让宝宝涂其他颜色。

游戏目的

可以培养宝宝握笔涂鸦的能力，加强宝宝对红色的认识。

{本月宝宝喂养}

Benyue Baobao Weiyang

这个时期宝宝主要需要的营养

10～11个月的宝宝，已经完全适应以一日三餐为主、早晚配方奶为辅的饮食模式。宝宝以三餐为主之后，家长就一定要注意保证宝宝饮食的质量。宝宝出生后是以乳类为主食，经过一年时间终于完全过渡到以谷类为主食。米粥、面条等主食是宝宝补充热量的主要来源，肉泥、菜泥、蛋黄、肝泥、豆腐等含有丰富的无机盐和纤维素，促进新陈代谢，有助于消化。

宝宝的主食有：米粥、软饭、面片、龙须面、馄饨、豆包、小饺子、馒头、面包、糖三角等。每天三餐应变换花样，增进宝宝食欲。

怎样喂养本月的宝宝

这一时期宝宝已经能够适应主要的一日三餐加辅食，营养重心也从配方奶转换为普通食物，但家长需要注意的是，增加食物的种类和数量。经常变换主食，要使粥、面条、面包点心等食物交替出现在宝宝的餐桌上。做法也要更接近幼儿食品，要软、细，做到易于吸收。

建议每日营养饮食量

每天两次配方奶约400毫升，逐渐练习不用奶瓶喝配方奶。**正餐做到和大人饮食时间统一的一日三餐。水果和奶量是一定要保证的。**在两餐中可以给宝宝吃一些点心，但要注意糖和巧克力不要吃，一方面容易导致蛀牙，另一方面容易堵住宝宝的喉咙，引起窒息。

注意钙和磷的补充

本阶段的宝宝正处在长牙的高峰时期，而钙和磷可促进人体的骨骼和牙齿的生长发育，因而本阶段妈妈要注意在饮食上多喂宝宝吃一些钙和磷含量较高的食物，以保证宝宝摄入身体所需的钙与磷。

一般情况下，宝宝每天大约需要的钙和磷为600毫克和400毫克。比较适宜宝宝的生长发育的钙与磷摄入的比例为1.5：1。如果钙和磷摄入过高或是过低，对宝宝的成长都会产生不利。所以，妈妈在给宝宝添加辅食时应多选用含有大量钙与磷的食物，如奶制品、虾皮、绿叶蔬菜、豆制品、蛋类等。

合理给宝宝吃点心

点心的品种有很多，蛋糕、布丁、甜饼干、咸饼干等都是点心，都可以给这个月的宝宝吃，但是不能给宝宝吃得太多，这样容易造成宝宝不爱吃其他食物。点心一般都很甜，所以，要注意清洁宝宝的牙齿，可以给宝宝温水喝，教宝宝漱口，教宝宝刷牙，总之要保护好宝宝的牙齿。

点心不能宝宝想吃的时候就给，最好定时，下午3时左右，宝宝喝牛奶的时候给宝宝吃点心是可以的。但是肥胖的宝宝最好不要吃这些点心，可以给宝宝吃一些水果。

养成良好的进餐习惯

按时进餐

宝宝的进餐次数、进餐时间要有规律，到该吃饭的时间，就应喂他吃，吃得好时就应赞扬他，若宝宝不想吃，也不要强迫他吃，长时间坚持下去，就能养成定时进餐的习惯。

避免挑食和偏食

每餐主食、鱼、肉、水果搭配好，鼓励宝宝多吃些种类，并且要细咀嚼。

饭前不给吃零食，不喝水，以免影响食欲和消化能力。

训练宝宝使用餐具

训练宝宝自己握奶瓶喝水、喝奶，自己用手拿饼干吃，训练正确的握匙姿势和用匙盛饭，为以后独立进餐做准备。

培养饮食卫生

餐前都要引导宝宝洗手、洗脸，围上围嘴，培养宝宝爱清洁、讲卫生的习惯。

吃饭时不要玩，大人不要和宝宝逗笑，不要分散宝宝的注意力，更不能让宝宝边吃边玩。

{本月宝宝护理要点}

Benyue Baobao Huli Yaodian

做好宝宝的情绪护理

不要过分溺爱

有时候父母的精心呵护反而会“伤”了宝宝。比如，有些父母总怕宝宝走路会摔倒，会累着，于是喜欢用车推着宝宝或是抱着宝宝。这样一来，宝宝活动量小，协调能力、大肌肉的锻炼都不够，活动能力就特别差。宝宝吃饭、穿衣、收拾玩具，家人总是包办代替，会造成宝宝的动手能力和自理能力差；宝宝和小朋友发生争执，父母挺身而出，为宝宝讨公道，这种看似对宝宝的爱，会使宝宝今后生活能力差，社交能力差，不敢面对外面的社会。正确做法是放开手，让宝宝自己收拾玩具，自己吃饭，摔倒后自己爬起来，这样能使宝宝更快乐，更有成就感。

不要过分专制

有的父母认为管教宝宝就要从小做起，让宝宝绝对服从父母的意志。宝宝想要红色的玩具，妈妈却认为绿色的好看，于是买下绿色的。时间长了，宝宝就会变得畏畏缩缩，从而局限了宝宝的智力发展。

正确做法是：如果宝宝提出的要求合理，尽量尊重宝宝的选择，而不要把大人的思维强加给宝宝。

外出

如果天气良好，一定要每天安排宝宝在户外两小时以上的活动时间。另外，如果碰上了新年或其他假日，带宝宝外出，则一定要注意安全，下面我们就从衣、食、行三方面给父母提一些建议。

带宝宝乘车

带宝宝乘车最好抱着宝宝，现在的社会风气比较好，一般带宝宝上车，都会有人让座位，记得要谢谢让座的人，也可以引导宝宝说谢谢，通过此机会培养宝宝的礼貌行为和与人交往的能力。如果车很挤，则建议不要坐，等待下一辆车，避免拥挤发生危险。

现在很多家庭都有汽车，父母最好购买婴幼儿专用的安全座椅，妈妈与宝宝应该坐在后座并且将宝宝用的安全座椅固定牢固，避免急刹车等意外状况对造成宝宝的碰撞。

宝宝外出衣着

宝宝该穿多少衣服，应该以宝宝个人状况来定，保持手心温热的同时又不流汗才是较适合的穿着。

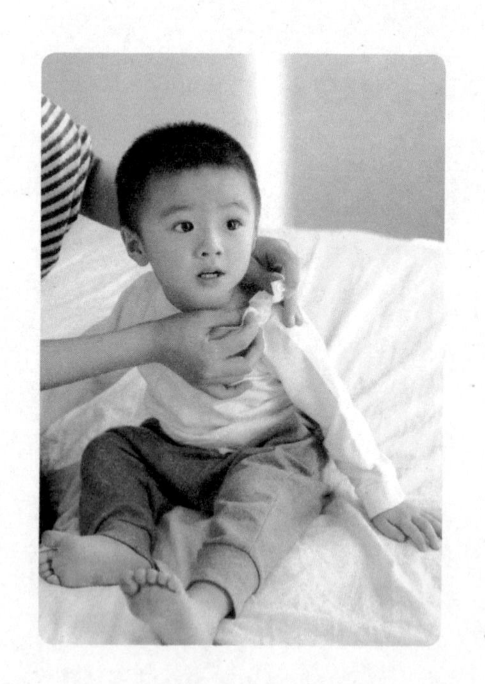

带上宝宝的食物

此期大部分宝宝已断奶，或是正在断奶，外出时可以带上宝宝平常爱吃的辅食、塑料匙、无糖面包干、围嘴、带吸管的口杯等。

如果担心宝宝在外哭闹严重，记得携带安抚奶嘴；如果宝宝正在长牙齿，准备宝宝专用饼干给宝宝吃，可以让宝宝的身心都获得满足感。

本月宝宝健康呵护

Benyue Baobao Jiankang Hehu

小心宝宝睡觉的另类声音

磨牙

● 对健康的影响

磨牙会使宝宝的面部过度疲劳，吃饭、说话时会引起下颌关节和局部肌肉酸痛，张口时下颌关节还会发出响声，这会使宝宝感到不舒服，影响他的情绪。磨牙时，咀嚼肌会不停地收缩，久而久之，咀嚼肌增粗，下端变大，宝宝的脸型发生变化，影响了外观。

● 原因及解决方法

有的宝宝患有蛔虫病，由于蛔虫扰动使肠壁不断受到刺激，也会引起咀嚼肌的反射性收缩而出现磨牙。这时应及时为宝宝驱虫。也有的宝宝因为白天受到父母或幼儿园老师的训斥，或是睡前过于激动，而使大脑管理咀嚼肌的部分处于兴奋状态，于是睡着后会不断地做咀嚼动作。这时父母尽量不要给宝宝压力，给宝宝营造一个舒适的家庭环境。

宝宝换牙期间，如果因为营养不良，先天性个别牙齿缺失，或是患了佝偻病等，牙齿发育不良，上下牙接触时会发生咬合面不平，这些也是产生磨牙的原因。请口腔科的医生检查一下宝宝是否有牙齿咬合不良的情况，如果有，需磨去牙齿的高点，并配制牙垫，晚上戴后可以减少磨牙。

说梦话

● 对健康的影响

经常说梦话的宝宝往往有情绪紧张、焦虑、不安等问题，有时还会影响宝宝的睡眠质量。

● 原因及解决方法

说梦话与脑的成熟、心理机能的发展有较密切的关系，主要是由于宝宝大脑神经的发育还不健全，有时因为疲劳，或晚上吃得太饱，或听到、看到一些恐怖的语言、电影等引起的。如果宝宝经常说梦话，在宝宝入睡前不要让宝宝做剧烈运动，不让宝宝看打斗和恐怖电视。

如果宝宝白天玩得太兴奋，可以让宝宝在睡觉前做放松练习，使宝宝平静下来，或者给宝宝喝一杯热牛奶，有镇静安神的功效。

误服药物后的应急处理

药物种类	举例	应急处理
不良反应或毒性较小的药物	维生素、止咳糖浆	多喝开水，使药物稀释并及时排出体外
有剂量限制的药物	安眠药、某些解痉药、退热镇痛药、抗生素及避孕药	迅速催吐，然后再喝大量茶水反复呕吐洗胃；催吐和洗胃后，让宝宝喝几杯牛奶和3～5枚生鸡蛋清，以养胃解毒
腐蚀性很强的药物	来苏儿或苯酚	让宝宝喝3～5枚生鸡蛋清、牛奶、稠米汤或植物油，从而减轻消毒药水对人体的伤害
碱性药物	复方氢氧化铝、小苏打、健胃片	服用食醋、柠檬汁、橘汁进行中和
酸性药物	葡萄糖酸钙、阿司匹林	服用生蛋清、冷牛奶进行中和
外用药	碘酒	饮用米汤、面汤等含淀粉的液体，以生成碘化淀粉减小毒性，然后反复催吐，直到呕吐物不显蓝色

11月龄的宝宝

本月宝宝特点

Benyue Baobao Tedian

宝宝发育特点

1.体型逐渐转向幼儿模样。

2.牵着宝宝的手，他就可以走几步。

3.可以自己把握平衡站立一会儿。

4.可以自己拿着画笔。

5.能用全手掌握笔在白纸上画出道道。

6.向宝宝要东西他可以松手。

7.能随着音乐节奏做动作。

8.感觉越来越敏锐，并对探索周围事物有极大兴趣。

身体发育标准

体重	男孩平均9.80千克，女孩平均9.30千克
身长	男孩平均75.52厘米，女孩平均74.03厘米
头围	男孩平均46.32厘米，女孩平均45.31厘米
胸围	男孩平均46.33厘米，女孩平均45.32厘米
坐高	男孩平均47.84厘米，女孩平均46.73厘米

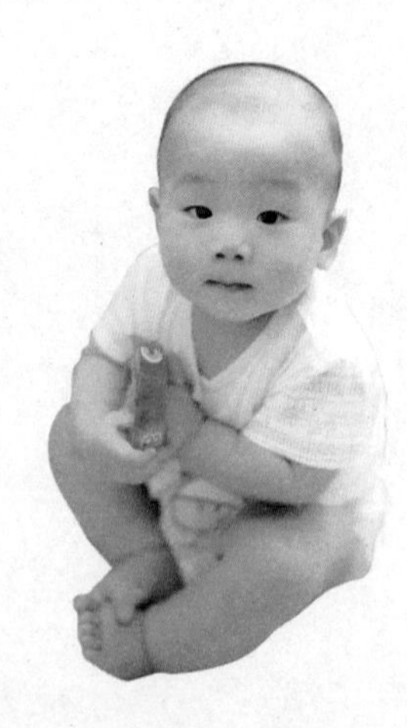

生长发育标准

长牙

长出6～8颗牙齿。（长牙数量的多少会有个体差异）

睡眠

这个月的宝宝每天需睡眠12～16小时，白天要睡两次，每次1.5～2小时。有规律地安排宝宝睡和醒的时间，这是保证良好睡眠的基本方法。所以，必须让宝宝按时睡觉，按时起床。

睡前不要让宝宝吃得过饱，不要玩得太过兴奋，睡觉时不要蒙头睡，也不要抱着摇晃着入睡，要给宝宝养成良好的自然入睡的习惯。

本月宝宝能力

Benyue Baobao Nengli

宝宝阅读识字教育训练

书籍是宝宝的快乐伙伴，使宝宝们从书中感知世界，认识和了解生活。从零岁开始，书籍就应该走入宝宝的生活，另外，识字对宝宝来说也很重要。汉字是瑰宝，婴幼儿是探宝的“天才”，只要给予识字环境，使用恰当的教育方法，他们就能像学会口语一样，掌握汉字，进入阅读。

爸爸妈妈应该及时开发宝宝阅读与识字的能力。

宝宝早期阅读能力开发

早期阅读从婴儿4个月就可以逐步开始，对于宝宝阅读的引导，要根据幼儿身心发展的特点而进行，爸爸妈妈不能操之过急。

通常，9个月到2岁的宝宝活泼好动，往往会把书作为玩具，喜欢撕书、咬书、玩书，这时爸爸妈妈不必干涉。因为，这一阶段正是宝宝的潜阅读时期和语言的萌芽期，爸爸妈妈的任务就是让宝宝对书感兴趣，让宝宝从小就喜欢书，不要以大人的要求去约束宝宝。

色彩鲜艳、图文并茂，并且其中的故事内容通俗易懂、富有幽默感，语言要浅显生动，朗朗上口，易学易记的图书，都很适于宝宝去阅读。

有的爸爸妈妈，往往很伤脑筋地买了很多看起来很适合宝宝的书，结果宝宝却不爱看，因为为宝宝买书最重要的是选择宝宝喜欢读的，书内容要浅显、有趣，能吸引宝宝入胜。

教本月龄宝宝学看书

11～12个月的宝宝就已经具备了看书的能力，在爸爸妈妈的指导和协助之下，他们可以从书中认识图画、颜色，并指出图中所要找的动物和人物。

可以说，看书识图能培养宝宝较强的注意力、观察力和辨别力，促进宝宝的智力发育。因此，爸爸妈妈一定要及时培养宝宝的阅读能力，最好和宝宝一起看书。

●教宝宝学看书

在宝宝情绪愉快时，爸爸或妈妈要让宝宝坐在自己的怀里，打开一本适合宝宝读的图书，妈妈先打开书中宝宝认识的一种小动物图画，引起宝宝的兴趣，再当着他的面把书合上，说“大熊猫藏起来了，我们把它找出来吧！”妈妈要示范一页一页翻书，一旦翻到，要立刻显出兴奋的样子：“哇，我们找到了！”然后，再合上书，让宝宝模仿你的动作，打开书也找到大熊猫。

起初，宝宝只能打开、合上，但渐渐地就会一次翻好几页。这种训练能培养宝宝对图书的兴趣。

●给宝宝买适宜的书

对于11～12个月的宝宝，可购买书中画有动物、水果、日用品等方面的图画书，最好每页最好不要超过4幅画，以方便宝宝认图；也可以买一本硬纸壳做的书，或找一本刊物，教宝宝学习自己翻页或找喜欢的画。

●让宝宝自己翻书

拿给专供宝宝看的大开本图画书，边讲边帮助宝宝自己翻着看，最后让宝宝自己独立翻书。

爸爸妈妈要观察宝宝是否是从头开始，按顺序地翻看。开始时，宝宝往往不能按顺序翻，每次不只翻一页，但经过练习会逐渐得到提高，这一点要通过从认识简单图形逐渐加以纠正，随着空间知觉的发展，宝宝自然会调整过来。

适合宝宝阅读的几种书

宝宝在3岁之前，所谓的阅读、识字就是让宝宝常常看字、听句和接触书本与画册。要让宝宝喜欢上阅读，还要给宝宝选对书，只有那些适合的、并能引起宝宝喜欢的画册与图书才能引起宝宝阅读的兴趣。

并非要选正经八百、四四方方的书。其实那些设计巧妙的玩具书，不仅让大人觉得有趣，对宝宝来说更是有着无穷的吸引力。

● 适合宝宝的三种书

活泼优美的图画书是儿童图书中最重要的组成部分，也是最适宜宝宝进行早期阅读的图书。常见的儿童图画书有三种：

概念书：第一种是概念书，类似于识字卡片，向宝宝们讲解某个概念，比如大小的概念及数字的概念。

知识书：第二种是知识书，这是儿童的百科全书，只要宝宝想知道的在这类图书里面全部都有。

故事书：第三种是故事书，这种书都是儿童题材的小说，故事情节生动曲折，宝宝往往很喜欢。

这三种图书犹如宝宝成长过程中的必须营养品，爸爸妈妈选择时都应涉及，做到宝宝的精神营养要均衡，千万不要有偏差。

让宝宝看书时，爸爸妈妈可以把宝宝抱在身上读几页给他听，这样不仅可以增进亲子感情，而且会让宝宝慢慢地被这些图书所吸引，不久宝宝就会喜欢起书来。

● 自制手工书

在这个年龄，爸爸妈妈也可以尝试着和宝宝一起做本属于宝宝自己的手工书。书的内容可以是生活的照片，加上大大的文字，或是简单的涂鸦，来吸引宝宝的兴趣。

宝宝运动智能开发训练

这时，宝宝不但能站起、坐下，绕着家具走的行动也更加敏捷；站着时，能弯下腰去捡东西，也会试着爬到一些矮的家具上去。现在，宝宝还喜欢将东西摆好后再推倒，喜欢将抽屉或垃圾箱倒空。总之，整天都忙忙碌碌的，闲不住。

这个时期，爸爸妈妈一定要加强宝宝走路与其他动作智能的训练工作。此外，宝宝在第一年生长速度很快，所以要有足够钙的摄入来形成骨骼和牙齿，以保证宝宝的健康成长。

督促“懒”宝宝开步走

这个时期，宝宝的能力特点是将他放在没有任何可以依靠的地方使之站立，他能独自站立片刻而不摔倒；如果大人拉着一只手，宝宝即能协调地移动双腿向前走，而不是转圈，这说明宝宝已经有了独立行走的能力。

让宝宝学走路，爸爸妈妈也不能心急。其实，宝宝从卧位到立位，已有一些转变重心的尝试，让宝宝真的会走路还需要进一步的训练。

● 引诱宝宝站立、坐下

宝宝在最初扶物站立时，可能还不会坐下，这时爸爸妈妈应教他如何学会低头弯腰再坐下。

妈妈可以把玩具安放在近一些的地面上引诱，让宝宝低头弯腰去抓，即使是一手抓住家具后蹲下，另一手伸出去抓玩具，也是一种进步，这时也要鼓励一下。因为，当宝宝懂得低头弯腰去抓玩具后，接下去他将懂得不必依靠家具扶持，再接下去宝宝就能靠自己的力量站立和坐下了。

● 让宝宝自己拾画片

让宝宝走路，可以先训练宝宝蹲下、站起来的动作。爸爸或妈妈可以把画片放在地上，然后说：“小杰，把画片拾到妈妈这里来”。当宝宝捡起画片时，妈妈应当一边说“谢谢”，一边教宝宝点头，表示谢意。

鼓励宝宝大胆向前走

如果宝宝因为胆怯或怕羞，不肯自己向前走。这时候，爸爸妈妈可以用看图片或唱儿歌的方法，如儿歌：“小袋鼠，不怕羞，每天妈妈抱着走，小宝宝，真是乖，自己走路好勇敢。”对不愿自己走路的宝宝不要迁就，要多给予鼓励，使宝宝鼓起向前走的勇气。

● 创造时机

宝宝拉着大人的手走，同自己独立走完全不同，即使拉着他的手走得很好，可是一让他自己走就不行了，拉手走只能用于练习迈步。

因此，在时机成熟时，爸爸妈妈要设法创造一个引导宝宝独立迈步的环境，如让宝宝靠墙站好，爸爸或妈妈退后两步，伸开双手鼓励宝宝："好宝宝，走过来找爸爸妈妈。"

这时，当宝宝迈步时，爸爸妈妈需要向前迎一下，避免宝宝第一次尝试时摔倒。这样反复练习，用不了多长时间宝宝就学会走路了。

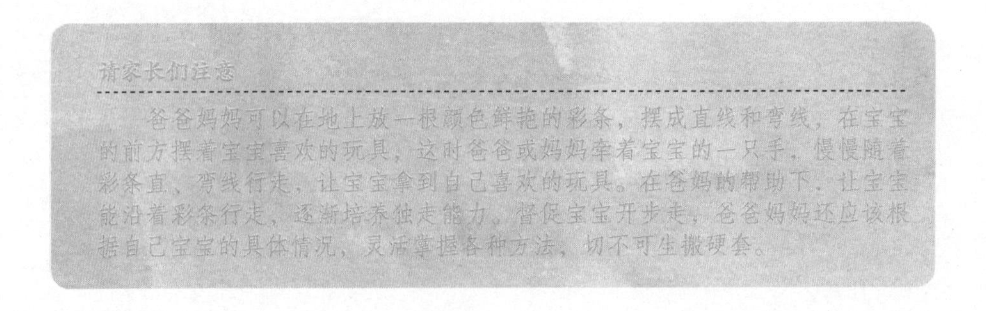

请家长们注意

爸爸妈妈可以在地上放一根颜色鲜艳的彩条，摆成直线和弯线，在宝宝的前方摆着宝宝喜欢的玩具，这时爸爸或妈妈牵着宝宝的一只手，慢慢随着彩条直、弯线行走，让宝宝拿到自己喜欢的玩具。在爸妈的帮助下，让宝宝能沿着彩条行走，逐渐培养独走能力，督促宝宝开步走，爸爸妈妈还应该根据自己宝宝的具体情况，灵活掌握各种方法，切不可生搬硬套。

学步期就是宝宝探险期

学步期的宝宝就是一个小小的探险家，用他那从蹒跚到稳当的步子，用他那小小的双手，永不疲倦地向他的周围探索，也包括他自己的身体。这时，爸爸妈妈一定要给予宝宝这个一生最重要的探险机会。

● 宝宝能力培养方案

这时，如果宝宝能够在有启发性的环境中自由自在地成长与玩耍，自由自在地探索，那么，宝宝就能够建立起对自己的信心。所以，爸爸妈妈一定要做宝宝勇于探险的坚强后盾，千万不要拖延或庇护宝宝的发展。

● 宝宝摔倒怎么办

在日常生活中，有很多的爸爸妈妈因过分担心宝宝的安全，一看宝宝摔倒了，赶紧跑过去，大惊小怪，又抱又亲，不知道怎么安慰才好。这样一来，本来宝宝没什么事，一经这种过分的安慰，反而产生了恐惧心理，往往会非常委屈地哭起来。

最好的做法就是在没有危险的情况下，爸爸妈妈不要惊慌，更不要着急地去扶宝宝，从宝宝第一次摔倒后，就让他自己爬起来。爸爸妈妈应显出不在乎的样子，并用温和肯定的态度告诉宝宝没关系，鼓励他自己爬起来，“摔倒了要自己爬起来”“勇敢的宝宝是不哭的”。

宝宝受到鼓励后，为了做一个勇敢的宝宝，就会自己爬起来，含在眼睛里的泪水也就不会掉出来了。如果爸爸妈妈能够坚持这么做的话，宝宝就知道摔倒了应该自己爬起来，其独立性会因此而增强，并成为一个勇敢的宝宝。反之，则会形成宝宝依赖和胆小的性格，做什么事都畏手缩脚、不敢向前。

宝宝精细动作训练

11～12个月的宝宝，手部的动作已发展得相当娴熟了。这时宝宝已经能用全掌握笔在白纸上画出道道来，并且，也能和大人一样用拇指和示指的指端捏小东西，手部拿捏能力的程度已经发展得很好了。爸爸妈妈可以根据宝宝在这个时期的能力特点，通过以下方法开发宝宝的精细动作智能。

● 训练手的控制能力

在宝宝能够有意识地将物品放下后，训练宝宝将手中的物品投入到一些小的容器中。

通过训练，使宝宝的小手有一定的控制能力。

● 提高手部灵活性

爸爸妈妈可以在桌前给宝宝摆上多种玩具，如小瓶、盖子、小丸、积木、小勺、小碗、水瓶等。

当宝宝看到这些东西时，慢慢就会知道用积木玩搭高，知道将盖子扣在瓶子上，知道用水瓶喝水，知道用拇指示指捏起小丸，知道将小勺放在小碗里“准备吃饭”等等。

经过多种训练，锻炼宝宝手的灵活性，提高手的技能。

给气球系上线

适合月龄：11个月～2岁的宝宝

游戏过程

妈妈要先画一个红色气球，然后对宝宝说："哎，这个气球怎么没线呀，宝宝来画条线，好不好？"在妈妈的帮助下，宝宝为纸上的气球添画竖线。

游戏目的

通过作"画"，训练手的灵活性，激发宝宝的兴趣。

宝宝语言及视听能力开发

11～12个月的宝宝大约能听懂并掌握近20个词。虽然这时宝宝说话较少，但能用单词表达自己的愿望和要求，并开始用语言与成人交流。

在视觉上，宝宝开始对小物体开始感兴趣，能区别简单的几何图形；在听觉上，能较准确的判断声源的方向，并用两眼看声源，开始学发音，能听懂几个字，包括对家庭成员的称呼。在这个时期，爸爸妈妈对宝宝的视听尤其是语言智能，要大力的开发与培养。

如何督导宝宝开口说话

宝宝会开口说话，是每一个爸爸妈妈热切期盼的。爸爸妈妈是否热情地与宝宝交谈，对宝宝学说话起着关键作用。

良好的亲子互动是宝宝学说话的最优氛围，爸爸妈妈和宝宝互动的质量和频率决定宝宝日后沟通能力的好坏。

● 帮助宝宝进行明确表达

宝宝在咿呀学语时，想表达自己的意思，但想说又不会说，父母可以抓住这个时机，帮助宝宝把他想说的话说出来，以让宝宝听到他想说的话是怎么表达的。

扩展其实是很好的提升宝宝认知的方法。**在扩展时可以用描述、比较等方法。通过描述事物的颜色、形状、大小等来提升宝宝的认识能力。**比如可以说："苹果，红色的苹果。"通过这些语言都可以让宝宝了解事物的性质，提升宝宝对事物的认知，增加词汇量以及提升语言表达能力。

● 明白所指，互动交流

在宝宝还没有学会说话以前，他的回应可能是“咿咿呀呀”或身体姿势和表情。这时爸爸妈妈要学会“察言观色”，对宝宝的行为、情绪保持敏感，就能和宝宝互动，抓住和保持宝宝的注意力，学习语言。

● 认真听

认真听宝宝“说的话”并替他说出所想。除了可以发展宝宝的语言能力外，其实这也是一种很积极的回应，能给予宝宝很大的鼓励，让他更想学习。

● 多教常用词语

为了逐渐宝宝语言发育，可结合具体事物训练宝宝发音。

在正确的教育下，宝宝很快就可以说出“爸爸、妈妈、阿姨、帽帽、拿、抱”等5～10个简单的词。

● 重点强化

让宝宝学说话，爸爸妈妈可以重复或者大声强调想要宝宝学习的词语，比如：“这是皮球。”一个词要重复很多遍后，宝宝才能理解并且记忆，最后自己说出这个词。

对宝宝重复相同的话、唱同样的歌、念相同的歌谣，这一切都能在照顾宝宝的过程中自然发生，而且能起到强化的作用。

鼓励宝宝主动发音

培养宝宝的语言能力，爸爸妈妈可以在生活中抓住时机对宝宝进行语言能力的训练。与大人进行简单的语言对话，叫宝宝能答应。说出来给予表扬，切不可在宝宝将要用语言表达时，大人抢先阻碍了他开口的机会，如在宝宝要发出“拿”的声音前，就将他想要的东西给他，阻断了宝宝讲话的机会，这样就会造成宝宝语言发展滞后。因此，要鼓励宝宝尽量开口说话。

● 唱儿歌

爸爸妈妈可以把宝宝抱坐在膝盖上或让宝宝躺在小床上，经常给宝宝念押韵的儿歌，让他随声点头、拍手，也可用手扶着他的两只胳膊，左右摇晃身体，多次重复，他能做简单的动作。

● 和宝宝一起看画册

平时，爸爸妈妈可以和宝宝一起看一些大幅画册，一边告诉宝宝这些动物的名称和叫声，并和宝宝一起模仿。以后可以经常指问宝宝“这是什么？”“它怎样叫？”让宝宝认识并模仿叫声。这种游戏用画册或图片均可，但要选择颜色鲜艳，形象逼真，主题突出的画面。

以上这些方法都可以很好的激发宝宝的语言智能，开发宝宝的语言智能，培养良好的情绪和亲子关系，对宝宝的心智发展有益。

宝宝视觉能力训练

11～12个月的宝宝视觉发育已经相当精确，这时宝宝开始对一些细小的物体产生兴趣，并且能区别简单的几何图形。为有利于宝宝视觉的发育，爸爸妈妈可以针对这时期宝宝的视觉特点进行充分训练。

对宝宝进行视觉训练，除了在日常生活，不断引导宝宝观察事物，扩大宝宝的视野外，爸爸妈妈还可以培养宝宝对图片、文字的注意、兴趣，培养宝宝对书籍的爱好。教宝宝认识一些较简单的实物、图片，并把几种东西或几张图片放在一起让宝宝挑选、指认，同时也教宝宝模仿说出名称来。

此外，在外出时也可经常提醒宝宝注意所遇到的字，比如商场里一些广告招牌、街道名称等。还应尽早让宝宝接触书本，培养宝宝对文字的注意力。

通过识字来训练宝宝的视觉是个很好的方法，但是爸爸妈妈还应注意，要让宝宝在快乐的游戏气氛中自然而然地进行，而不应该给宝宝施加压力，以免造成宝宝抵触心理。

宝宝听觉能力训练

这时的宝宝已经能较准确的判断声源的方向，并能用两眼看声源，开始学发音，能听懂几个字，包括对家庭成员的称呼，而且逐渐可以根据大人说话的声调来调节、控制自己的行动。

● 良好的听觉环境

培养宝宝的听觉能力，爸爸妈妈要积极地为宝宝创造听觉环境，让宝宝更多地听到语言，可以用语言逗引宝宝活动和玩玩具、观看周围的人物交谈、唱儿歌、唱歌曲给宝宝听，和宝宝咿呀对话等，以加强宝宝听力的刺激与发展。

● 听音乐、儿歌与小故事

平时，爸爸妈妈可以根据实际条件，给宝宝放一些儿童乐曲，提高宝宝对音乐歌曲语言的听觉与理解，给宝宝念一些儿歌，激发他的兴趣和对语言的理解能力。

在这个基础上，还可试着讲个别适合宝宝生活的故事，爸爸妈妈最好是结合宝宝的环境，自编一些短小动听的故事。但音乐、儿歌和小故事的内容要随着宝宝的年龄变化而不断更换新的内容。

通过形式多样的方法，训练宝宝听觉，培养注意力和愉快情绪，提高对语言的理解能力。

宝宝认知与社交能力培养

11～12个月的宝宝，认知智能也更上一层楼，如果你问他“几岁了”，有的宝宝会竖起示指表示自己“1岁”了。

当你向宝宝要他手中的玩具或食物时，宝宝能理解你的语言，并会给出你要的东西；在妈妈给穿衣服的时候，宝宝知道做伸手伸腿等动作来配合。

在这个时期，爸爸妈妈应根据宝宝的实际情况来培养。

宝宝社交能力培养

爸爸妈妈要从小培养宝宝学会与人交往的意识，使宝宝长大后拥有良好的人际来往能力，对宝宝的生活和学习都有十分重要的作用。

爸爸妈妈是宝宝心中的榜样，爸爸妈妈的一言一行都会给宝宝留下深刻的印象。如果爸爸妈妈在家能够注意创造和谐的家庭气氛，和宝宝平等相处，遇事能多为别人着想，宝宝不但会尊重爸爸妈妈，也会懂得克制和谦让，遇事与人商量，养成良好的交往基础。

● 引导宝宝主动发话

在日常生活中引导宝宝主动与人说话和模仿发音，积极为宝宝创造良好的交际环境。要让宝宝主动谢人问好："您好""谢谢"等。还要让宝宝学习用"叔叔""阿姨"等称呼周围熟悉的人，见到了就要叫一声。

要鼓励宝宝模仿大人的表情和声音，当模仿成功时，爸爸妈妈要亲亲宝宝，并做出高兴的表情去鼓励一下。

● 培养开朗乐观

宝宝在这个时期已经有一定的活动能力，有与人交往的社会需求和强烈的好奇心。因此，这时爸爸妈妈应每天抽出一定时间和宝宝一起做游戏，进行情感交流。

爸爸妈妈还应经常带宝宝做外出活动，让宝宝多接触丰富多彩的世界，接触社会，从中观察学习与人的交往经验。

宝宝认知能力训练小游戏

宝宝的认知发展过程就是通过各种感官刺激大脑的发育过程，不同年龄的宝宝认知的锻炼有不同的内容，在这个时期爸爸妈妈应根据宝宝的认知发展特点来培养。

学认颜色

适合月龄：11个月～2岁的宝宝

游戏过程

培养宝宝的认知能力，也可以通地颜色来训练。可以先让宝宝认红色，如红色的瓶盖，告诉宝宝这是红色的，下次再问"红色"，宝宝会毫不犹豫地指住瓶盖。再告诉他球也是红的，宝宝往往会睁大眼睛表示怀疑，这时可再取2～3个红色玩具放在一起，肯定地说这些也是"红色"的。由于颜色是一种较抽象的概念，要给时间让宝宝慢慢理解，学会第一种颜色常需3～4个月。颜色要慢慢认，千万别着急，千万不要同时介绍两种颜色，否则更易混淆。

游戏目的

这个游戏可以培养宝宝对色彩的敏感度和对同类物体的认知能力。

11～12个月的宝宝自我意识增强，开始要自己吃饭，自己拿着杯子喝水。现在的宝宝一般很听话，讨人喜欢，愿意听大人指令帮你拿东西，以求得赞许，对亲人特别是对爸爸妈妈的依恋也增强了。

这个时期，当宝宝做了某件事引起爸爸妈妈或其他人大笑或夸奖时，他会很得意地一遍遍重复这个动作，以引起别人的高兴。

关注宝宝心理健康的发展

11～12个月的宝宝感情更加丰富，这时宝宝已经初步建立害怕、生气、喜爱、妒忌等感情，并且已经能够意识到什么是好，什么是坏。

爸爸妈妈是宝宝身心发展的最初园丁，可以说也是宝宝生理健康和心理健康的“双重护士”。

因此，为了宝宝的健康成长，爸爸妈妈切不可只注重宝宝的身体生长，而忽视了宝宝心理的健康发展。爸爸妈妈应当注意以下几点：

● 培养良好的情感和情绪

爸爸妈妈的抚爱、家庭的温暖，能培养宝宝良好的情感和情绪。但是这种抚爱不能是溺爱，不是无限制地满足一切需要。比如，对1岁的宝宝来说，不能一哭就喂奶，一哭就抱着，以免养成宝宝用哭来取得需要满足的不良习惯。

不能对宝宝进行不合理的逗引与戏弄，以免宝宝过度兴奋而导致神经发育不良。爸爸妈妈还要注意对宝宝的态度，若是有冷淡、歧视等态度，则会导致宝宝的情绪处于压抑状态。

● 要多鼓励、多表扬

宝宝分辨是非的能力是在后天学得的，而爸爸妈妈的是非观念和处理态度对宝宝心理发展影响极大。因此，爸爸妈妈对宝宝的良好行为和点滴进步，要充分肯定和鼓励；对不好的行为则应予以及时制止。

当宝宝把自己的玩具让给别的宝宝玩，爸爸妈妈就应当加以称赞；而当宝宝抢夺别人玩具时，就要制止他。是非要分明，态度要慈爱，使宝宝养成以友好的态度对待小朋友的习惯，并让宝宝知道对与错。

如何教育任性的宝宝

11～12个月的宝宝已经有很强的任性行为，一有不满意之处就会发脾气，哭闹个没完，有的宝宝发起火来，还会动小手打人。遇到宝宝任性情况，大人首先要耐心劝阻。如果宝宝不肯罢休，爸爸妈妈可以采取冷处理，让宝宝自己去哭一阵，待发泄完毕后，再和他讲清道理。爸爸妈妈可以用以下几个小办法：

●转移注意力

在宝宝任性发脾气时，爸爸妈妈也可以说：“你听，那边是什么声音，快去看看。”把宝宝的注意力转移到别的地方去，以摆脱眼前的困境。

●暂时回避

有时让宝宝先哭闹一会也好，就当做呼吸操和运动体操，均能促进宝宝的生长和发育，它既可以增加肺活量，又可增加血液循环，还能增加消化液的分泌。其实，大哭大闹往往是1岁左右宝宝逼迫大人“就范”的主要手段。如果宝宝一哭，就无条件地满足他的任何要求，就会使宝宝认为只要自己一发脾气，一切都会如愿以偿。

爸爸妈妈切不能因为宝宝一哭闹就轻易迁就，要耐心等待宝宝冷静下来，然后再予以教育，但也要切忌用“武力”来解决。

●正确引导

在宝宝任性时，父母要引导宝宝的个性向着良好健康的方向发展，对于宝宝不好的行为父母要明确表示禁止。

对于宝宝好的行为，父母要加以鼓励，加强与宝宝的交流，保持愉快的家庭气氛，使宝宝保持良好的情绪状态。

训练宝宝养成良好的排便习惯

宝宝的排便习惯应从小培养。其实，宝宝能有意识地控制大小便需到1岁之后，这时宝宝的自我意识有了萌芽，爸爸妈妈可以有规定地进行训练。但也有的宝宝这时可能还不行，遇上这种情况，爸爸妈妈不能打骂宝宝，应该耐心坚持下去。

请家长们注意

本月龄宝宝的大脑神经系统基本发育成熟，对充盈的膀胱、直肠开始有感觉了，能够主动控制大小便了。爸爸妈妈应细心体察宝宝通常在什么时候大便、小便；便前都有哪些表情，如凝视、不动、脸发红等，发现这种情况就应立刻让宝宝坐便盆，用“嘘嘘”或“嗯嗯”的声音，促使宝宝大便或小便。

爸爸妈妈上卫生间时可以有意识带宝宝同行，诱导宝宝主动在卫生间“方便”。最初要帮助宝宝穿脱裤子，以后逐渐引导宝宝自己料理。要从现在开始，培养宝宝养成便后洗手的好习惯。

训练宝宝轻松如厕可以采取几种妙招：

准备一个可爱的便器

让宝宝喜欢上如厕，要先准备一个可爱的宝宝专用便器。爸爸妈妈可以带着宝宝一同挑选他喜欢的便盆，还可以让他为他的便盆做些修饰，只有对便盆产生兴趣，宝宝才可能会有坐在便盆上大小便的欲望。这是如厕训练过程中非常重要的一步。

培养快乐的如厕情绪

培养快乐的如厕情绪也很重要，爸爸妈妈应对宝宝能够自己顺利完成排便过程或有进步时都应给予恰当的表扬，这些称赞的话语，既对宝宝的语言和心理发育有促进作用，又能让宝宝体会如厕的舒心的情绪。

选择合适的裤子

宝宝的裤子讲究宽松，便于宝宝自己脱穿。一般来说，棉质、吸水性强、易于清洗的裤子，能让宝宝强烈地感觉到弄脏后的不舒适感，又比较容易清理，有利于督促宝宝学会自己如厕。

宝宝的生活习惯能力培养

11～12个月的宝宝，应该有自己的习惯与一定的生活能力了，以为日后的独立成长打下基础，对此爸爸妈妈还要加强培养。

●饮食

随着宝宝年龄增长，喂养次数每日可逐渐减到4～5次。对于宝宝的饮食，要定时进餐，使宝宝的消化系统能有节律地工作。

在宝宝进餐时要有固定的座位，并且要训练进食的自理能力，如让宝宝自己用手拿饼干吃，独自抱奶瓶吃奶，用杯喝水，试着拿汤匙吃东西等。

● 睡眠

这时宝宝白天睡眠次数可逐渐减至每日2次，每次睡眠时间2小时。爸爸妈妈每天应定时让宝宝上床睡觉，睡眠前不要引导宝宝过分地兴奋。宝宝这时已经能理解成人部分语言，爸爸妈妈可预先告诉宝宝您的安排，如妈妈与孩子游戏，说：“我们把玩具收起来，要睡觉了。”然后收拾玩具，抱宝宝上床睡觉。

● 穿衣服

平时，爸爸妈妈应教宝宝配合穿衣、戴帽、穿袜、穿鞋等，这不仅能培养宝宝生活自理能力，而且能强化左右的方位意识。

宝宝的益智玩具

11～12个月的宝宝，在智能方面已发育得比较好，如果将1张白纸和1支笔放在宝宝面前，当爸爸或妈妈用另一支笔在纸上点点时，宝宝也会模仿着点点；如果妈妈用杯子盖住积木，宝宝能明确地拿开杯子，找到积木，还能自发地将两块积木放于杯子中，并且这是有意识的活动，而不是偶然掉进杯里。这说明宝宝的智力发育已经上了一个新台阶，在这个基础上爸爸妈妈还应加强宝宝智力的开发与训练。

玩具——宝宝智能教科书

11～12个月的宝宝，如果妈妈把球放在他能看到但摸不到的地方，给他一根棒，就能训练宝宝用棒够球的思维能力，培养宝宝长大后的动手能力及观察事物、认识世界的能力。玩具在宝宝的生活中扮演十分重要的角色，它像教科书一样，时刻启迪宝宝的心智发展。依照玩具能产生的教育效果，可将玩具分成5类：

● 动作类玩具

可以说，动作类玩具是几代人都离不开的玩具，像不倒翁、拖拉车、小木椅、自行车等，这些玩具不但能锻炼宝宝的肌肉，还能增强宝宝的感觉运动协调能力。

● **语言类玩具**

一些语言类玩具，如成套的立体图像、儿歌、木偶童谣、画书，可以培养宝宝视、听、说、写等能力。

● **教育性或益智类玩具**

教育性玩具或益智类玩具，是多数家长愿意选购的玩具，如拼图玩具、拼插玩具、镶嵌玩具，可以培养图像思维和进一步的创造构思部分与整体概念。套叠用的套碗、套塔、套环，可以由小到大，帮助宝宝学习顺序的概念。

● **模仿游戏类玩具**

模仿是宝宝的天性，几乎每个学龄前儿童都喜欢模仿日常生活所接触的不同人物，模仿不同的角色做游戏。

● **建筑类玩具**

一些建筑性玩具，可以锻炼宝宝的动手能力和想象力。如积木，既可以建房子，也可以摆成一串长长的火车，还可以搭成动物医院。这样的玩具可以让宝宝随心所欲地使游戏变化，充分发挥想象力。

为宝宝选择合适的玩具	
动作智能玩具	教宝宝拿一块积木摞在另一块积木上，也可拿一个小筐让宝宝把积木放进去又拿出来
交往智能玩具	除引导宝宝认识家里和周围的大人以外，还可利用玩具巩固认识。如爷爷、奶奶、叔叔、阿姨、哥哥、姐姐等可以利用这些玩具教宝宝学讲话、招手、挥手等礼貌动作
益于站立和行走的玩具	爸爸或妈妈扶着宝宝的一只手，宝宝另一只手拿着拖拉玩具，边走边拖，增加宝宝学步的兴趣
语言和认识玩具	不要小看小狗、小猫、小鸡、小鸭等动物玩具，这些玩具既可发展宝宝的认识能力，同时又可引导宝宝学小动物的叫声，发展宝宝的语言能力

本月宝宝喂养

Benyue Baobao Weiyang

这个时期宝宝主要需要的营养

11～12个月的宝宝，已经完全适应以一日三餐为主、早晚配方奶为辅的饮食模式。米粥、面条等主食是宝宝补充热量的主要来源，肉泥、菜泥、蛋黄等还有丰富的维生素、无机盐，促进新陈代谢，有助于消化。

怎样喂养本月的宝宝

这个月的宝宝最省事的喂养方式是每日三餐都和大人一起吃，加两次配方奶，有条件的话，加两次点心、水果，如果没有这样的时间，就把水果放在三餐主食以后。有母乳的，可在早起后、午睡前、晚睡前、夜间醒来时喂奶，尽量不在三餐前后喂，以免影响进餐。

多给宝宝吃一些天然食物

相对而言，未经过人工处理的食物营养成分保持得最好。而处在婴幼儿期的宝宝正处在身体发育的旺盛阶段，所需要的营养很多，而且品质相对也要高很多。但那些经过人工处理过的食物，通常都会流失掉近一半的营养，这对宝宝的成长显然是不利的。更为关键的是，那些已经经过人工处理的食物，往往会人为地添加很多未被确定的物质，而且这些物质大多对人体健康不利。

值得妈妈注意的是，**此阶段宝宝的代谢能力还比较弱，如果吃了此类食物，由于无法快速代谢出体外，就会对宝宝的身体健康产生影响，甚至会导致宝宝患上疾病。**因而，给宝宝吃的食物最好是未经人工处理的食物，给宝宝做食物时尽量采用新鲜食材和用煮、蒸的做法，尽量避免煎、炸食物给宝宝吃。

宝宝饮食禁忌

少让宝宝吃盐和糖

1岁之前的宝宝辅食中不应该有盐和糖，1岁以后宝宝的辅食可以放少量盐和糖。盐是由钠元素和氯元素构成的，如果摄入过多，而宝宝肾脏又没有发育成熟，没有能力排出多余的钠，就会加重肾脏的负担，对宝宝的身体有着极大的伤害，宝宝将来就可能患上复发性高血压病。并且摄入盐分过多，体内的钾就会随着尿液流失，宝宝体内缺钾能引起心脏衰竭，而吃糖会损害宝宝的牙齿。所以，家长要注意，最好给宝宝少添加这两种调料。

不要拿鸡蛋代替主食

11～12个月的宝宝，鸡蛋仍然不能代替主食。有些家长认为鸡蛋营养丰富，能给宝宝带来强壮的身体，所以，每顿都给宝宝吃鸡蛋。

这时候宝宝的消化系统还很稚嫩，各种消化酶分泌还很少，如果每顿都吃鸡蛋，会增加宝宝胃肠的负担，严重时还会引起宝宝消化不良、腹泻。

本月宝宝健康呵护

Benyue Baobao Jiankang Hehu

留心宝宝的睡态信号

宝宝睡眠中的疾病征兆	
1	如果宝宝入睡后撩衣蹬被，并伴有两颧骨部位及口唇发红、口渴、喜欢喝冷饮或者大量喝水，有的宝宝还有手足心发热等症状。这提示宝宝多半患上了呼吸系统的疾病，如感冒、肺炎、肺结核等。家长应尽早带宝宝去医院诊治
2	宝宝入睡后翻来覆去，反复折腾，常伴有口臭气促、腹部胀满、舌苔黄厚、大便干燥等症状。应该谨防宝宝患上胃炎、胃溃疡等胃肠道疾病，应该及早去看医生
3	宝宝睡眠时哭闹不停，时常摇头、用手抓耳，有时还伴有发热现象。可能是宝宝患上外耳道炎、湿疹，或是中耳炎，应及时带宝宝去看耳科
4	宝宝入睡后用手搔抓屁股。这可能是蛲虫病的表现，应带宝宝到医院就诊，进行医治

7招应对宝宝厌食

适当降温

夏天宝宝常一顿奶喝完就满头大汗，热得没有食欲。为改善这种情况，妈妈可以在喂奶时，在宝宝的脖子下垫一块毛巾，隔热吸汗，或选择在25℃～27℃的舒适空调房里给宝宝喂奶。

腹部按摩

宝宝肠胃消化功能弱，容易发生肠胀气。适当的腹部按摩可以促进宝宝肠蠕动，有助于消化。

具体步骤为：宝宝进食1小时以后，让宝宝仰卧躺下；手指蘸少量宝宝油抹在宝宝肚子上作润滑；右手并拢，以肚脐为中心，用4个手指的指腹按在宝宝的腹部，并按顺时针方向，来回划圈100次左右。

补充益生菌

这个阶段的宝宝，在高温的影响下容易发生肠道菌群的紊乱。

适量给宝宝补充益生菌，有助于肠道对食物的消化吸收，以维持正常的运动，从而增进食欲。

少吃多餐

对食欲不佳的宝宝也不要勉强。每次喝奶的量变少了，那就适当增加一两顿午间餐，尽量保证每天的总奶量达标就可以。

准备清火营养粥

宝宝开始长牙时，咀嚼能力尚弱。熬一些消暑、健脾的粥给宝宝吃，可以营养、训练两不误，如绿豆百合粥、红豆薏米粥等。

餐前两小时不吃零食

适度的饥饿感可以让宝宝食欲增强，餐前2小时内不要给宝宝吃零食、喝果汁，哪怕是两块小饼干，也会大大影响宝宝的食欲。要知道，“饥饿”是最好的下饭菜。

食物补锌

宝宝在夏天容易出汗，易导致锌元素的流失，缺锌会引起厌食。可为宝宝补充一些含锌量高的食物，如把杏仁、莲子一类的干果磨成粉，做成辅食给宝宝食用。

缺锌情况严重的宝宝，也可适当服用一些补锌的保健品。

破伤风的防治护理

病症

破伤风是一种严重影响到中枢神经的传染病，发病的原因是细菌孢子经伤口进入身体后造成感染，在发达国家，本病由于免疫接种而很少发生。破伤风在3～21天的潜伏期后，患儿出现的症状有：牙关紧闭，不能张嘴，出现吞咽困难，面部肌肉收缩，患儿呈苦笑面容。一般在10～14天内，颈、背、腹、肢的肌肉痉挛性收缩，同时可引起呼吸困难。

处理方法

如果宝宝出现破伤风的症状，应立即入院接受治疗。破伤风程度较轻可吃少量的食物，使用镇静药物。如果很严重必须做气管切开术，以利于患儿呼吸。使用肌肉松弛剂和镇定药物以解除肌肉的痉挛，使用人工通气设备保障呼吸。

预防破伤风的发生，早期给宝宝做常规破伤风免疫接种（宝宝在3、4、5、18月龄应接种四次疫苗，在宝宝入小学前再加强1次），一旦宝宝有深度创伤，不要等到出现症状，应马上带宝宝到附近医院的急诊部。为了预防此病的发生，医生可能会给伤口做手术，取出异物和坏死组织，可能还会给宝宝注射抗破伤风血清。

本月宝宝护理要点

Benyue Baobao Huli Yaodian

宝宝学走时间表

月龄	测试题
8个月：努力扶物站立	宝宝会抓着身边的一切可以利用的东西站起来。一旦第一次站立成功了，他就不再满足于规规矩矩地坐着了。随后，他开始练习爬行，练习扶物行走，这样一来，宝宝就可以去够到自己感兴趣的东西了
9~10个月：学会蹲	宝宝开始学习如何弯曲膝盖蹲下去，如果站累了怎么样坐下
11个月：自由伸展	此时，宝宝很可能已经能够独自站立、弯腰和下蹲了
13个月：蹒跚学步	大约有3/4的宝宝可以在这个阶段摇摇晃晃地自己走了，但也有些宝宝直到16个月才能自己走
14个月：熟练地走路	宝宝能够独自站立，蹲下再起来，甚至有的宝宝能够倒退一两步拿东西
15个月：自由地游走	大部分的宝宝能够走得比较熟练，喜欢边走边推着或拉着玩具

不同阶段的牙刷

指套牙刷

宝宝嘴里残留的奶水、辅食等，都是细菌的营养液。细菌滋生，轻者引起口臭，重者的可能引起口腔疾病，因此，最好每次宝宝吃东西后都能清洁一下口腔。

宝宝没长牙或刚开始长牙，全硅胶制成的指套牙刷是最合适的工具。

纱布牙刷（适合4～12颗牙）

宝宝有4颗牙齿后，指套型牙刷就不合适了。为宝宝清洗的时候会没有勇气把手指伸进宝宝的小嘴里，换有柄的乳牙刷就不用担心被咬痛。

比较好的选择是用纱布牙刷，非常地耐啃咬，而且价格上比软毛牙刷要便宜，经常更换也花不了多少钱。

硅胶牙刷（适合8～20颗牙）

硅胶幼儿牙刷非常好用，刷毛细，清洁效果更优，而且整把牙刷都是硅胶制成的，所以，不怕宝宝咬。

给宝宝喂药不再犯难

宝宝生病时，可能比平时容易激动、烦闷，宝宝需要家人的关怀。现在大部分给宝宝服用的药物都已经添加了糖果的成分，宝宝比较容易接受。但是，如果宝宝还是不喜欢服药，下面的一些方法可能有帮助。

给宝宝喂药小技巧	
1	准备好宝宝喜欢的食物，让他服完药后食用，以去除药物的味道。在给宝宝服药时要多多鼓励宝宝，服药后要给宝宝适当的奖赏和赞扬
2	尽量在喂药时，将药物喂入宝宝的舌后端。因为味蕾都在舌前部，所以，将药喂入舌后部，宝宝就不会感觉到药味太强
3	不可以欺骗让宝宝服药，应该告诉宝宝吃药的原因：吃药病就会好起来，身体上的不适就会减轻。让宝宝学会接受服药
4	服药时，可以捏起宝宝的鼻子，让他闻不出药味，减少他对药味的厌恶感和排斥
5	如果在喂药时，宝宝一直乱动，可以请家人帮忙抓住宝宝或抱住他，以防他乱动

后期辅食食谱

Houqi Fushi Shipu

酱汁面条

材料　细面条50克，清水适量，葱末、植物油、酱油各少许。

做法　1.锅置火上，将植物油放入锅里烧热，放入葱末炒香，马上加几滴酱油后加水煮开。

2.水开后放入细面条煮软即可。

迷你饺子

材料　猪肉末1匙，冬菇1个，盐、葱末各少许，小饺子皮10个。

做法　1.将冬菇切碎。

2.将冬菇、肉馅儿、盐和葱末一同调成饺子馅儿。

3.用饺子皮将肉馅包起来。

4.锅里煮开水后下饺子，煮熟即可。

猪肝萝卜泥

材料 猪肝50克，豆腐1/2块，胡萝卜1/4根，清水适量。

做法 1.锅置火上，加清水烧热，加入猪肝煮熟，捞出之后用匙刮碎。

2.胡萝卜蒸熟后压成泥。

3.将胡萝卜和猪肝合在一起，放在锅里再蒸一会儿即可。

肉末茄泥

材料 茄子1/3个，瘦肉末1匙，水淀粉少许，蒜1/4瓣，盐少许。

做法 1.将蒜瓣剁碎，加入瘦肉末中，用水淀粉和盐搅拌均匀，腌20分钟。

2.茄子横切1/3，取带皮部分较多的那半，茄肉部分朝上放碗内。

3.将腌好的瘦肉末放在茄肉上，上锅蒸烂即可。

煮挂面

材料 挂面10克，鸡胸脯肉5克，胡萝卜1/5克，菠菜1根，高汤1杯，淀粉适量。

做法 1.将鸡肉剁碎用芡粉抓好，放入用高汤煮软的胡萝卜和菠菜做的汤中煮熟。

2.加入已煮熟的切成小段的挂面，煮两分钟即可。

1岁~1岁半的幼儿

本阶段宝宝特点

Benjieduan Baobao Tedian

身体发育标准

体重	男孩平均10.8千克，女孩平均10.4千克
身长	男孩平均82.1厘米，女孩平均81.2厘米
头围	男孩平均47.4厘米，女孩平均46.2厘米
胸围	男孩平均47.6厘米，女孩平均46.5厘米
牙数	12～15个月长出第一颗切牙，18个月时，宝宝正常的出牙数约为12颗

生长发育标准

睡眠

● 要让宝宝睡足觉

宝宝的睡眠时间为新生儿一天要睡18～20个小时，出生后3个月要睡18个小时，6个月至1岁要睡14～16个小时，2～3岁要睡12～13个小时。因此，此阶段的宝宝应该每天睡12～13个小时。

●让宝宝早睡

宝宝睡觉最迟不能超过晚上9时，一般以晚8时前睡觉最为适宜。宝宝入睡前0.5～1小时，不要让宝宝看刺激性的电视节目，不讲紧张可怕的故事，也不要玩玩具。晚上入睡前应洗脸、洗脚、洗屁股。养成按时主动上床、起床的好习惯。

●自然入睡

宝宝上床后，晚上要关上灯，宝宝入睡后，成人不必蹑手蹑脚，也不要突然发出大的声响，如“砰”的关门声或金属器皿掉在地上的声音。

要培养宝宝上床后不说话、不拍不摇、不搂不抱、躺下很快入睡、醒来后不哭闹的习惯。并且不要安抚性地给宝宝含乳头、咬被角、吮手指，让他靠自己的能力调节自己入睡状态。

●留心宝宝的睡态信号

宝宝睡眠时，正常情况下，应该是安静、舒坦、头部微汗、呼吸均匀无声。但是，当宝宝患病时，睡眠就会出现异常改变，所以留心宝宝的睡态表现，可以及早地发现一些疾病，并及时诊治，对宝宝的身体安全健康很有必要。

排泄

1岁以后宝宝一天小便约10次。从1岁后培养宝宝表示要小便的卫生习惯。妈妈首先应掌握宝宝排尿的规律、表情及相关的动作，如身体晃动、两脚交叉等，发现后让其坐盆，逐渐训练宝宝排尿前会表示，在宝宝每次主动表示以后给予积极的鼓励和表扬。

1岁以后，宝宝的大便次数一般为一天1～2次，有的宝宝两天1次，如果很规律，大便形状也正常，父母每天应坚持训练宝宝定时坐盆大便，慢慢养成宝宝定时排大便的习惯。

智能发育与潜能开发

Zhineng Fayu yu
Qianneng Kaifa

宝宝语言阅读培养及教育训练

1周岁之后，是宝宝正式开始学语的阶段。这时爸爸妈妈要根据宝宝语言发育特点，结合具体事物、情景、动作，反复地耐心训练，并且要有意识训练宝宝说完整的一名句话。

宝宝开口说话要鼓励

通常，这个时候的宝宝可理解简短的语句，能理解和执行成人的简单命令；能够跟着大人的话语进行重复，谈话时会使用一些别人听不懂的话；经常说出的单词有20个左右，能理解的词语数量比能说出的要多得多；喜欢翻看图画书，并在上面指指点点；会对他看到的物体进行命名，如用“圆圆”称呼橘子等形状类似的东西。

爸爸妈妈在对宝宝进行语言教育时，除了要结合宝宝语言发育的规律，正确地教育引导宝宝语言向较高水平发展外，还要鼓励宝宝开口说话。

● 巧用心计，激发兴趣

对于一些比较腼腆和内向的宝宝，爸爸妈妈应巧用心计，耐心引导，激发宝宝的兴趣，鼓励他开口说话。和宝宝一起做游戏时，爸爸妈妈可以在一旁不停地说“兔子跑、小马跑、宝宝跑不跑？”当宝宝反反复复听到“跑”字以后，慢慢地就会开口说“跑”字了。

●“延迟满足”训练法

有的爸爸妈妈没等宝宝说话，就会将宝宝想要的东西送过来，使宝宝没有了说话的机会，久而久之，宝宝从用不着说到懒得说，最后到不用开口讲话了。也就是说过分的照顾使宝宝错过了用言语表达需求的时机。

为了鼓励宝宝开口讲话，自己主动地表达需求，一定要和蔼的、耐心地给他时间去反应，不要急于去完成任务。当宝宝要喝水时，必须先鼓励他说出“水”字来，然后你再把水瓶或水碗给他才行。如果宝宝性子急，不肯开口说话，就应该适当地等待，爸爸妈妈“延迟满足”的训练是可以促使宝宝开口说话的。

●多接触、多听

语言学家认为，大多数宝宝是从他当时见过、听过和接触过的东西中学习语言的，因此，爸爸妈妈要把握时机，对1半的宝宝，要通过画片、实物等，耐心反复地教育宝宝认识事物，增加词汇。多给宝宝讲故事，故事能给宝宝欢乐，激发他学习的兴趣。

●多鼓励，勤表扬

这个时期宝宝的特点是喜欢做，不肯闲着，喜欢听表扬。爸爸妈妈要根据这些特点，每天给宝宝一些展示自己才能的机会，吩咐他做些小事情。如“给妈妈打开门”“给娃娃洗洗脸”等等。每当按吩咐做完一件事后宝宝都会感到很高兴，爸爸妈妈一定要用“真能干”等词语鼓励宝宝。

宝宝语言能力开发小游戏

让宝宝说话要选择在愉快、恬静的时候和他交谈。安定的环境，会使宝宝的情绪稳定，注意力集中；愉快的心境，可以使得宝宝的记忆力和理解力更快的提高。

听妈妈的话

适合月龄：1～1.5岁的宝宝

游戏过程

妈妈试着对宝宝说出一些动作名称，例如“宝贝，摸摸头！”“宝贝，拍拍手吧！”妈妈让宝宝根据自己的指令做出相应的动作。如果刚开始宝宝做的准确度不够，妈妈要和宝宝一起做，起一下模范作用。

游戏目的

提高宝宝对语言的理解能力。

数学思维及想象力开发训练

关于数学思维发展，对1岁多的宝宝来说，爸爸妈妈应注意从他们的大脑结构发育及游戏中心锻炼宝宝的数学思维。因为，如果能在发育的关键期得到科学系统的训练，宝宝的数学能力会得到理想的发展，一旦错过这个关键期，将给以后的发展造成障碍。

宝宝数学思维开发

宝宝思维能力的发展，应该抓住关键期，这样才能更好地发展宝宝的智力，对以后的学习和生活很有帮助。

婴儿期是人类数学能力开始发展的重要时期。其中，**1岁左右是宝宝掌握初级数概念的关键期，2岁半左右是宝宝计数能力发展的关键期，5岁左右是幼儿掌握数学概念、进行抽象运算以及综合数学能力开始形成的关键期。**在学习数学时，宝宝可以学的东西很多很多，如排列、比较等。

学数学开发宝宝右脑

人的左脑主管抽象的逻辑思维、象征性关系、对细节进行逻辑分析、语言理解、连续性计算及复习关系的处理能力。儿童通过语言、文字学的知识都要动用左脑。人的右脑主管形象思维、知觉空间判断、音乐、美术、文学美的欣赏。直觉的整体判断和情感的印象等都要动用右脑。所以婴儿期学习数学是最好的，也是为以后入学学习奠定基础。

让宝宝喜欢上数学的小游戏

如何让宝宝在生活中快乐轻松地学数学呢？那就是和宝宝玩各种数学游戏，让他们在游戏中学习，在游戏中数学能力得到培养。

教宝宝认识1和2

适合月龄：1～1.5岁的宝宝

游戏过程

教宝宝开始学数学时，可以让宝宝开始学习用两个手指表示2，竖起拇指和示指表示要两块饼干或两块糖果。会摆两块积木表示2。可趁势让宝宝认数1和2。

游戏目的

让宝宝简单会说1、2，强化数的概念。

几何图形在我家

适合月龄：1～1.5岁的宝宝

游戏过程

妈妈给宝宝展示一个几何图形，告诉宝宝图形名字，让宝宝指认家里哪些东西和这个图形形状一样。如果宝宝刚开始反应不够快，也不要着急，可以提示她一下，比如“黄黄的橘子是不是圆的呀？”

游戏目的

让宝宝认识笼统的几何图形。

宝宝想象力的发展与训练

儿童智力发育专家认为，想象游戏会让生活更加丰富。富有想象力的头脑很少会感到无聊。

动用想象力的宝宝更容易在面对不同的选择时作出抉择，想象力能为他们提供更多想象活动的机会。

● 宝宝想象力的发展

宝宝想象力的发展与他的年龄有着密切的关系。

假定给宝宝一个空盒子，1岁左右的宝宝首先想到用嘴咬，试图通过这种方式来探究空盒子的奥秘，他也可能将空盒子扔到地上，看盒子从空中直接冲向地面，然后在地面上滚动的情景，欣赏盒子掉落地面时发出的声音。并且，宝宝会一直尝试，一再地确认他所观察到的因果关系。

到了1岁半时，宝宝明白了盒子的用途，他可能会把一些小东西塞进盒子，当成他藏匿各种宝贝的仓库。

到了2岁时，宝宝已经具备足够的想象力，他会挖掘出盒子的一些新功能，比如把盒子当成帽子戴在头上。

到了3岁以后，宝宝想象力会获得突飞猛进的发展，这时他可能将一个简简单单的盒子想象成快艇、小动物的家、魔术盒，或者其他大人根本想都不会去想的东西。

请家长们注意

1～2岁是想象力的萌芽时期，这时宝宝会将椅子当汽车开，将木棒当马骑等。3～4岁想象的内容是自己不熟悉的或没经历过的，但是现实中有过的，如：办家家，角色扮演（老师、学生）等，这种年龄的小孩想象力还处于初级阶段，他不可能想象出现实中从未有过的事物形象，心理学将这种想象称之为再造想象。

● **想象力发展的标志**

宝宝的想象力主要体现在他的假装游戏中，他的假装游戏越复杂，说明宝宝的想象力越丰富，相反，假装游戏越简单，宝宝的想象力就越贫乏。

通过这些假装游戏，宝宝发展了丰富的想象力，而宝宝通过假装游戏发展的想象能力也有助于他更好地把握周围的环境与世界。

通过假装游戏，宝宝想象中的世界变得更加丰富多彩。随着想象力的提高，宝宝会学会通过他喜欢的游戏把这些丰富多彩的内涵带给为他惊喜的爸爸妈妈以及周围其他人。

宝宝想象力开发小游戏

小熊的窝

适合月龄：1～1.5岁的宝宝

游戏过程

让宝宝给小熊做一个窝，告诉他这个玩具房子需要装饰，带着他画画，然后把碎布给她，让他把窝整理得更舒服，然后让小熊住进去，或许宝宝有更多自己的创意。

游戏目的

在装修房子的游戏过程中，宝宝会学着模仿，重要的是宝宝开始运用自己的想象力进行创造了。

快乐手电筒

适合月龄：1～1.5岁的宝宝

游戏过程

妈妈用手电筒照射镂空小道具，天花板出现“星星”，宝宝自然被吸引，妈妈再把原理告诉宝宝，并逐步引导宝宝学着做。

游戏目的

让宝宝了解常识，锻炼宝宝的手眼协调能力，发挥宝宝的想象力、好奇心、求知欲。

宝宝动作智能开发与健身训练

1岁多的宝宝的动作能力已经有所提高。以前只是爬来爬去，现在能直立行走。并且，喜欢到处走走，到处乱摸乱动，一会儿走进来，一会儿又走出去。

这时，宝宝动作不稳定，非常好动，宝宝在亲子活动中，在手的抓、摸、拿的淘气中，小手指的功能和技巧都得到了极好的锻炼，手的动作越来越复杂，智能发展也非常迅速。这时爸爸妈妈对宝宝的动作智能培养与训练仍然不可忽视。

宝宝大运动培养训练

宝宝在1岁之后，已经会蹒跚地走路。这个阶段，首先要教宝宝走稳，会起步、停步、转弯、蹲下、站起来、向前走、向后退，以及跑步、上下台阶、走平衡木、原地跳、钻圈、爬攀登架、自己坐在小凳子上、扔球、踢球、随音乐跳舞等，身体平衡力和灵活性进一步发展起来。

1岁之后的宝宝，在动作能力上能用脚尖行走数步，脚跟可不着地；并且可以手扶楼梯栏杆熟练地上3阶以上。通常，1岁后的宝宝都能迈出第一步，在良好的训练下可走得很好。

请家长们注意

这个时期，爸爸妈妈应积极鼓励和帮助宝宝行走，但要注意适当的休息，不使宝宝过于疲劳。同时应注意安全，防止幼儿走时摔倒、碰伤。

● 训练宝宝独立走路

宝宝独立走路可不是一件轻而易举的事，走得好就更难了。在初练行走，宝宝常不免有些胆怯，想迈步，又迈不开。爸爸妈妈应伸出双手做迎接的样子，宝宝才会大胆地踉踉跄跄走几步，然后赶快扑进爸爸妈妈怀里，非常高兴。

如果爸爸妈妈站得很远，宝宝因没有安全感而不敢向前迈步，这时爸爸妈妈就要靠近些给予协助。有时，宝宝迈开步子以后，仍不能走稳，好像醉汉左右摇晃，有时步履很慌忙、很僵硬，头向前，腿在后，步子不协调，常常跌倒，这时仍需爸爸妈妈细心照料。

总之，在这个阶段，应鼓励宝宝走路，创造条件，使宝宝安全地走来走去。尤其对那些胖小子和“小懒蛋”更该多加帮助，使他早些学会走路。

●跑步训练

训练宝宝跑步的能力，要多与宝宝玩捉迷藏的游戏。在追逐玩耍中有意识地让宝宝练习跑和停，渐渐地宝宝会在停之前放慢速度，使自己站稳。最后宝宝能放心地向前跑，不至于因速度快，头重脚轻而向前摔倒。

●学跳、学倒退走训练

让宝宝练双足跳，拖着玩具倒退走，或做“你来我退”的游戏，练习能较稳定且持续地倒退走。

●上台阶训练

如果宝宝行走比较自如，爸爸妈妈可有意识地让宝宝练习自己上台阶或楼梯，从较矮的台阶开始，让宝宝不扶人只扶物自己上，逐渐再训练自己下楼梯。

●掷球训练

爸爸妈妈可以与宝宝一同掷球，并说：“扔到我这边。”爸爸妈妈各站一边，宝宝站中间，让宝宝学向两个方向扔球。

宝宝户外运动小游戏

宝宝很喜欢活动，但他的手脚、躯干动作的协调还需要训练。这时，爸爸妈妈要常带宝宝到户外玩，除了让他自由活动外，还可以做一些游戏。下面这些游戏可由爸爸妈妈带宝宝一起做，或比赛做。

小猫捡球

适合月龄：1～1.5岁的宝宝

游戏过程

场地上放1条2米长的垫子，垫子一端放着4个皮球，让宝宝扮成小猫坐在垫子的另一端，妈妈扮猫妈妈。游戏开始后，妈妈说：“小猫快爬到前面把球捡起来吧。”接着让宝宝在垫子上朝前爬，宝宝捡起球便随手放在篮子里，而后再爬回来。

游戏目的

通过游戏，练习宝宝膝着地爬的动作并按指定方向走。

宝宝精细运动小游戏

爸爸妈妈在生活及游戏中，要随时训练宝宝手的精细动作，如拾积木、穿珠子、穿扣眼儿、拼扳、串塑料管、捏泥塑等等。爸爸妈妈要尽早训练宝宝左右手握、捏等精细动作。

和豆豆做游戏

适合月龄：1～1.5岁的宝宝

游戏过程

把小碗装满五颜六色的豆子，妈妈教宝宝抓起满满的一把豆子，然后把手松开，让豆子从宝宝的指缝间溜走，然后反复这样进行。妈妈可以一边进行游戏，一边说“红豆绿豆，吃了长肉。”让宝宝一边游戏，一边学着说歌谣。

游戏目的

锻炼宝宝手指抓握和释放能力，使宝宝的手指更加有力，帮助宝宝自如地控制手掌力量。

宝宝社会交往与认知能力培养

当宝宝出生时，宝宝就踏上了与人沟通、与人交流、健康成长的人生旅途。因此，培养宝宝的人际交往能力是非常重要的。

宝宝人际交往能力培养

在宝宝社交能力发育和培育的过程中，往往会出现一种情况：宝宝在熟悉的环境里非常活跃，但在生疏环境中则会显得拘谨甚至胆怯。这是由于宝宝对外部环境缺乏足够的认知和心理准备，也就是说宝宝缺乏对环境的适应能力和早期的社交能力。

爸爸妈妈一定要注意这一点，尽量多给宝宝创造机会启发宝宝的人际交往能力。

●有礼貌

爸爸妈妈将宝宝送到托儿所时，要让宝宝对老师说："老师早！"走的时候爸爸妈妈要与宝宝一起对老师挥挥手说："再见"。

这个训练是对宝宝进行人际交往中的礼貌教育。

●独自玩

为宝宝准备他喜欢的玩具，如小汽车、积木、布娃娃、图片等。然后，在可以观察到的范围内，鼓励宝宝坐在地板或地毯上自己玩。这样会培养宝宝的独立性。

在玩的过程中，如果宝宝提出问题，要实事求是地认真回答，不能搪塞或敷衍了事。

教宝宝向别人表示友好

培养宝宝的交往能力，爸爸妈妈要教育宝宝用礼貌的方式和别人打招呼、表达自己希望交往的意愿，告诉宝宝小朋友是他的小伙伴，两个人要成为好朋友，要相互握握手，说声"你好"。

●分享食物与玩具

还可以指导宝宝用行动来表示友好，比如，告诉宝宝要把自己最喜欢的巧克力糖拿出来招待客人，或者让别人玩他心爱的玩具。有时，即使是让别人碰一碰自己喜欢的东西，都体现了宝宝的友好态度，爸爸妈妈应表示肯定和鼓励。

● 不说粗话

告诉宝宝对人一定要有礼貌，不可说粗话。有些说粗话宝宝根本不懂得其本身的意思，听到别人说话，觉得好玩就学说了出来。

爸爸妈妈听到之后应及时制止，明确表示出不喜欢宝宝的这种举动，告诉他哪一句是对人不礼貌的话，会让人觉得你对人家很不友好，好宝宝不要去学这样的话。

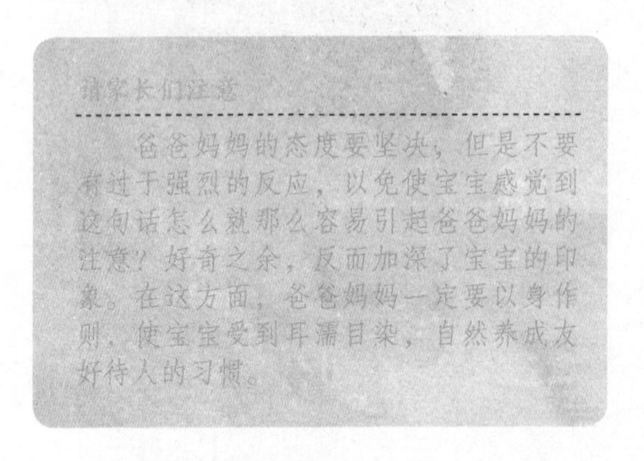
请家长们注意

爸爸妈妈的态度要坚决，但是不要有过于强烈的反应，以免使宝宝感觉到这句话怎么就那么容易引起爸爸妈妈的注意？好奇之余，反而加深了宝宝的印象。在这方面，爸爸妈妈一定要以身作则，使宝宝受到耳濡目染，自然养成友好待人的习惯。

宝宝认知能力训练

这时宝宝能够根据物品的用途来给物品配对，比如茶壶和茶壶盖子是放在一起的。这些都是宝宝认知能力发展的表现，说明宝宝开始为周围世界中的不同物品分类并根据它们的用途来理解其相互关系。

爸爸妈妈可以根据宝宝认知能力的发育特点，进行合理的培养训练。

● 认识自己的东西

宝宝的用品要放在固定的位置，让宝宝认识自己的毛巾、水杯、帽子等，也可进一步让宝宝指认妈妈的一两种物品。

● 配对

爸爸妈妈可先将两个相同的玩具放在一起，再将完全相同的小图卡放在一起，让宝宝学习配对。

在熟练的基础上，将两个相同的汉字卡混入图卡中，让宝宝学习认字和配对；也可写阿拉伯数字1和0，然后混放在图卡中，让宝宝通过配对认识1和0；配对的卡片中可画上圆形、方形和三角形，让宝宝按图形配对，以复习已学过的图形；用相同颜色配对以复习颜色。

● 认识自然现象

爸爸妈妈要注意培养宝宝的观察力和记忆力，并启发宝宝提出问题及回答问题。比如，观察晚上天很黑，有星星和月亮；早上天很亮，有太阳出来。通过讲述，使宝宝认识大自然的各种现象。

● 模仿操作

每天爸爸妈妈都要花一定的时间与宝宝一起动手玩玩具，如搭积木、插板等，给宝宝做些示范，让宝宝模仿。此外，还可以给不同大小、形状的瓶子配瓶盖以及将每套玩具放回相应的盒子内。

宝宝生活自理训练与个性培养

1岁之后，宝宝的自理能力要进一步完善。要使吃、睡、排便规律化，这几方面是中枢神经系统发育成熟的表现，能促使宝宝体格和大脑正常发育。

爸爸妈妈要在这个时期训练宝宝学会用语言表达吃、睡、排便的要求，会用杯子喝水，会用勺子，会自己用手拿东西吃，会自己去排小便，并能控制排大便。此外，还应注重个性的培养。

宝宝生活自理能力大训练

在宝宝1岁之后，爸爸妈妈应抓住日常生活中每一件小事训练宝宝的生活能力，比如，教宝宝自己脱衣裤，每次外出时让宝宝自己把帽子戴上。可以先让宝宝自己试着做，必要时爸爸妈妈再帮助，主要是给宝宝锻炼的机会。一般每日练1～2次，直到学会为止。

●认路回家

爸爸妈妈每次带宝宝上街都要让宝宝学认街上的商店、邮筒、大的广告画和建筑物等标志。回家时让宝宝在前面带路。起初宝宝只能认识自己家门口，以后从胡同口就能认路，再后来就能从就近的东西认得胡同口而找到自己的家。

●自己吃饭

培养宝宝用匙子自己吃饭，能将碗中食物完全吃掉，不必妈妈喂。渐渐地从减少喂到完全自己吃，在这期间要不断称赞宝宝吃得干净。

●脱去上衣和裤子

训练宝宝的穿脱衣能力。开始，爸爸妈妈要将扣子松开，让宝宝自己脱下上衣。在学习脱去裤子时，先替他将裤子拉到膝部，由宝宝脱下。

以后提醒宝宝自己先将裤子拉到膝盖处，再进一步脱下。每天睡前和洗澡之前都让宝宝自己脱衣服，并养成习惯。

宝宝独立能力培养

1岁左右的宝宝就可以进行独立自主能力的培养了。首先，要正确地认识和理解宝宝。爸爸妈妈要了解宝宝在各个年龄阶段所普遍具备的各种能力。知道在什么年龄，宝宝应该会做什么事情了，那么就可以放手让宝宝自己的事情自己做，而不依赖于别人。此外，爸爸妈妈还要了解宝宝的“特别性”，知道宝宝有哪些地方与其他宝宝不同，对这些特别之处，要相应的采取特别的教育。

如果有的能力是宝宝的强项，爸爸妈妈可以用更高的标准来要求他，若是宝宝生性敏感、胆小，就应该多鼓励宝宝大胆尝试。此外，在进行宝宝独立性培养的时候，爸爸妈妈要做到以下3点：

给予充分的活动自由

宝宝的独立自主性是在独立活动中产生和发展的，因此，要培养独立自主的宝宝，爸爸妈妈就要为宝宝提供独立思考和独立解决问题的机会。

建立亲密的亲子关系

作为爸爸妈妈，要让宝宝充分感受到你们的爱，与他建立良好的亲子关系，从而使宝宝对你和周围事物都具有信任感。宝宝独立自主性的培养，需要以宝宝的信任感和安全感为基础，因为只有当宝宝相信，在他遇到困难时一定会得到帮助，宝宝才可能放心大胆地去探索外界和尝试活动。因此，在宝宝活动时，爸爸妈妈应该陪伴在他身边，给他鼓励。

循序渐进，不随便批评

独立自主性的培养是一个长期的过程，需要循序渐进地进行，**爸爸妈妈切不可急于求成，对宝宝的发展作出过高的、不合理的要求，也不能因为宝宝一时没有达到你的要求，就横加斥责，**应先冷静地分析一下宝宝没有达到要求的原因，以科学的准则来衡量，然后再做出相应的调整策略。

宝宝音乐与艺术智能培养

1岁多的宝宝，开始学习说话、走路，参与音乐活动的机会也更多一些。在听音乐的过程中，一些节奏鲜明、短小活泼的乐曲，会帮助宝宝随音乐合拍地做拍手、招手、摆手、点头等动作，然后逐步增加踏脚、走步等动作。这时，如果你给宝宝一盒蜡笔，宝宝不再抓到就送到嘴里，而是开始尝试把手里的物品拿来敲、扔、拍、舞动等等，如果这时候给宝宝提供画具，宝宝会拿起笔在纸上涂鸦，以上这些说明，宝宝已崭露出艺术潜能了。

宝宝音乐智能培养开发

0～3岁宝宝的音乐活动，是人生最早的音乐活动，不仅是发展宝宝的音乐素质和能力的需要，也是发展宝宝的智力才能、陶冶性情和品格的需要。

宝宝能否从音乐活动中得到应有的发展，关键在爸爸妈妈，为了宝宝身心健康地成长发展，要重视宝宝各方面的教育和发展，为宝宝的成长发展奠定良好的基础。

● 选择合适的歌曲

适合宝宝歌唱的歌曲，主要指适合宝宝理解、感受、演唱和表达的歌曲。如能感受到情绪情感、能反映宝宝生活和宝宝能理解的事物的歌曲。歌曲的选择直接关系到宝宝歌唱能力和兴趣的发展，对于好歌，宝宝会曲不离口。

歌曲的篇幅要短小，节奏要简单、定调要适合宝宝的歌唱能力，并且歌词要简练、上口、易懂、有趣味，旋律优美、能表达宝宝的情绪情感。

● 拍拍踏踏

要求宝宝按歌词内容合拍地做拍手、拍腿、踏脚的动作，并要动作合拍、协调、灵活自如。这种歌舞，可以培养宝宝手脚协调、合拍地做动作。

宝宝学涂鸦

涂鸦对宝宝来说是一种很常见的表达方式，也是一种对宝宝身心发展非常有意义的活动。

宝宝1周岁以后便会拿起笔来乱涂乱画。这种情况会一直延续到2岁左右，这一阶段称为涂鸦期。在这一时期，宝宝没有意图，画出的线条只是手运动的痕迹。宝宝笨拙的小手抓住笔在自认为可以画的地方乱画，只要画出痕迹来就会心满意足。

● 宝宝涂鸦的准备

为了防止宝宝把家里的任何地方都当成画板，妈妈要为宝宝涂鸦做好充分的准备：在桌子上放上一些笔和纸，让宝宝用笔在纸上自由地涂鸦，开始的时候纸张可以大些，以后可以逐渐变小；也可以准备一个画架，告诉宝宝想画画的时候就去画架上画；此外也可以准备一面专门用来涂鸦的墙壁，总之应尽量满足宝宝涂鸦的兴趣。

● 教宝宝学涂鸦

小宝宝刚开始握笔时，会在一张白纸上乱戳，其“作品”往往乱七八糟、杂乱无章，这时爸爸妈妈不要着急，因为这对宝宝来说已经是一个质的飞跃了。

爸爸妈妈对于宝宝涂鸦应抱一种赞叹、惊喜、鼓励的态度，这种积极的态度会鼓舞宝宝用积极的心态去探索这个色彩斑斓的纸笔世界。如果这时爸爸妈妈有一丝着急、失望，对于宝宝都会是一种打击，敏感的宝宝也许会因此拒绝涂画游戏，甚至拒绝纸和笔，对学习行为产生反感。妈妈可以用游戏的形式教宝宝画点、线和圆圈。在宝宝掌握了点、线、圆圈的画法的基础上，妈妈应启发宝宝去观察简单的物体，逐渐训练宝宝能画出象征性的图形。

请家长们注意

由于宝宝比较容易掌握画圆形，因此在教宝宝画简单的物体时，应该从圆形开始，如画苹果、糖葫芦等，再逐步过渡到方形、长方形的物体，例如画手帕、窗户等。此外，妈妈要有意识地在日常生活中引起宝宝对物体色彩的注意，培养宝宝对颜色的兴趣，逐步认识3～6种颜色：红、绿、蓝、黄、黑和褐色，并喜欢使用不同颜色的蜡笔绘画。

涂鸦是宝宝进行想象的一种手段，是发展想象力的途径。涂鸦和语言一样，传递着宝宝的情绪与感觉。通过涂鸦，宝宝站在原创的高度，不受任何限制地根据他的直觉挥洒他的创意，从中获得创作的乐趣与成就感。

保护宝宝涂鸦的兴趣，就是保护宝宝的想象力，赏识宝宝的涂鸦，就是鼓励宝宝大胆地想象。

宝宝艺术智能培养小游戏

小小的演奏家

适合月龄：1～1.5岁的宝宝

游戏过程

妈妈先敲几下“小鼓”，然后让宝宝模仿，或者反过来，宝宝敲几下“小鼓”，妈妈再模仿。培养宝宝敲“小鼓”的兴趣。然后就进入妈妈敲几下，宝宝也必须敲几下的阶段，反过来，宝宝敲几下，妈妈也必须敲几下，谁模仿错了就刮谁的鼻子。

游戏目的

培养宝宝音乐节奏感，还可以提高宝宝的模仿能力和记忆能力。

宝宝作家

适合月龄：1～1.5岁的宝宝

游戏过程

请为宝宝的书取个名字吧，或许你可以征求宝宝自己的意见，他也许会有让你意想不到的主意。用美术纸装订的本子就是宝宝即将出炉的巨著啦，然后就要为这本书填充内容。你可以带着宝宝选出自己喜欢的图片，和她一起把图片粘贴在书页里，让这本书真正地成为宝宝自己创作的天堂。

游戏目的

和宝宝共同回忆他的生活，发现宝宝的爱好，培养宝宝的绘画兴趣。

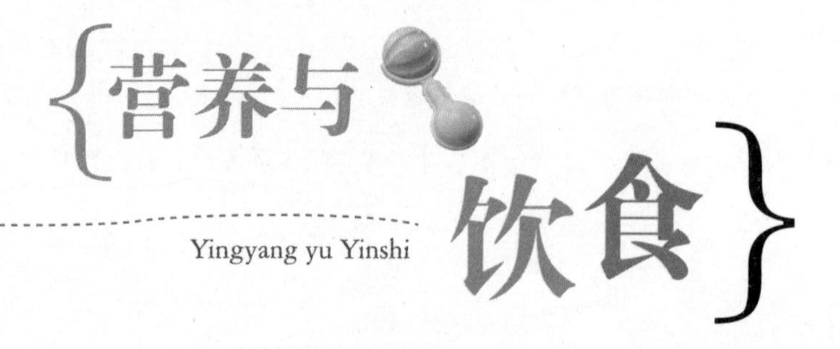

营养需求

宝宝过了周岁，与大人一起正常吃每日三餐的机会就逐渐增多了。但此阶段的宝宝，乳牙还没有长齐，所以咀嚼的能力还是比较差的，并且消化吸收的功能也没发育完全，虽然可以咀嚼成形的固体食物，但依旧还要吃些细、软、烂的食物。

根据每个宝宝的实际情况，为宝宝安排每日的饮食，让宝宝从规律的一日三餐中获取均衡的营养。并根据宝宝的活动规律合理搭配，兼顾蛋白质、脂肪、热量、微量元素等的均衡摄取，使食物多样化，从而培养宝宝的进食兴趣，全面摄取营养。

科学合理的饮食

营养是保证宝宝正常生长发育、身心健康的重要因素。宝宝能否生育好，长得是否健康，关键在于能否保证足够的营养供给，只有营养供应充足，宝宝的身体才会长得结实、强壮。并且营养关系到大脑功能，营养不良会对宝宝大脑的发育产生不好的的影响，造成智力发育和体格发育不良，即使到了成年也无法弥补，有的人还会把智力缺陷传给后代。因此，为了宝宝能有健康的体魄，就必须重视营养。

宝宝一天的食物中，仍应包括谷薯类，肉、禽、蛋、豆类，蔬菜、水果类和奶类，营养搭配要适当，每天应保证奶类400～500毫升。在宝宝8个月起，消化蛋白质的胃液已经充分发挥作用了，为此可多吃一些含蛋白质高的食物。宝宝吃的肉末，必须是新鲜瘦肉，可剁碎后加作料蒸烂吃。增加一些土豆、白薯类含糖较多的根茎类食物，还应增加一些粗纤维的食物，但最好把粗的或老的部分去掉。当宝宝已经长牙、有咀嚼能力时，可以让他啃硬一点的食品。

尽量使宝宝从一日三餐的辅助食物中摄取所需营养的2/3，其他用新鲜牛奶或配方奶补充。另外，烹调要讲科学，蔬菜要新鲜，做到先洗后切，急火快炒，以避免维生素C的流失。

适时给宝宝添加粗粮

为了宝宝有一个健康的未来，从小就应培养多吃粗粮果蔬的好习惯。

常吃粗粮果蔬好处多

各种粗粮以及新鲜蔬菜和瓜果，不仅含有丰富的营养素，还含有大量的膳食纤维，包括纤维素、半纤维素、木质素、果胶质、树胶质和一些非纤维素糖。

植物纤维具有不可替代的平衡膳食、改善消化吸收和排泄等重要生理功能，起着“体内清洁剂”的特殊作用。

防范糖尿病

从饮食上着手，做到少精多粗。由于膳食纤维的吸水膨胀作用，延缓了食物在胃内停留的时间，减慢了肠道吸收糖的速度，避免餐后出现高血糖现象，提高人体耐糖的程度，利于血糖稳定，因此，可以常让宝宝吃些富含膳食纤维的全谷粗粮和蔬菜，可起到预防儿童糖尿病的作用。

有益于皮肤的食物

宝宝如吃肉类及甜食过多，在胃肠道消化分解的过程中会产生不少毒素，侵蚀皮肤，肤色会变得灰暗枯黄，容易发生痤疮、疖肿等皮肤病。若让宝宝常吃些粗粮蔬菜，则既能促使毒素排出，又使体液保持弱碱性，有益于皮肤的健美。

粗粮细做

把粗粮磨成面粉、压成泥、熬成粥或与其他食物混合加工成花样翻新的美味食品，使粗粮变得可口，增进食欲，能提高人体对粗粮营养的吸收率，满足宝宝的需求。粗粮中的植物蛋白质含的赖氨酸低于动物蛋白质，弥补的办法就是提倡食物混吃，以取长补短。如玉米中含的赖氨酸和色氨酸较低，可与黄豆或黑豆共同食用，两者可产生互补，使赖氨酸在比例更接近人体需要。如八宝稀饭、腊八粥、玉米红薯粥、小米山药粥等由黄豆、黑豆、青豆、花生米、豌豆磨成的豆浆等，都是很好的混合食品，有利于人体消化吸收利用。饮食讲究的是全面均衡多样化，任何营养素都是和多种营养素一起能发挥综合作用。

在日常饮食方面，应限制脂肪、糖、盐的摄入量，适当增加粗粮、蔬菜和水果的比例，并保证优质蛋白质、碳水化合物、多种维生素及矿物质的摄入，才能保证营养的均衡合理，有益于宝宝健康发育。

制作辅食的注意事项

在做米饭前，洗米的时候不要用力搓，时间不宜太长，洗2次就好，并且不要浸泡太久，不要在流水下冲洗，不能用热水冲洗，否则会造成蛋白质的流失。

制作方法：应该选择蒸饭或者焖饭的做法，这样能最大限度地保存营养，要尽量避免炒饭。做粥的时候，最好不要放碱，以免维生素受到破坏。

宝宝的食物结构多样化

注意宝宝的饮食结构与搭配

在此阶段，仍要关注宝宝的饮食营养，饮食多样化，合理烹饪，多提供五谷杂粮类和蔬菜水果类的食物，保证宝宝的营养全面。另外，在此期间要预防宝宝肥胖。肥胖的宝宝可以减少点心的摄入，在食谱中减少高热能食物的饮食，多吃一些新鲜的水果和蔬菜，多安排一些粥、汤面等占据体积的食物，要尽量减少含油脂和糖过高食物的摄入。

引导宝宝合理摄入水分。冬季每天所需水量约1000毫升，夏季约1500毫升。宝宝在上午和午饭时摄入全天水量的一半或大部分。晚饭不要太咸，6点以后尽量少喝水和吃西瓜等含水分大的水果，以免晚上尿床。夏天宝宝活动量太大，出汗过多，下午也可以喝水。

认识不足导致宝宝营养失衡

营养失衡包括营养缺乏和营养过量两类。具体而言，营养缺乏有全面的营养素缺乏和个别的营养素缺乏。全面的营养素缺乏是因为总的食物摄入过少而造成的各种营养素的素缺乏；而个别的营养缺乏，是因为食物摄入营养素不平衡，而引起的某种或多种微量元素或维生素缺乏。而营养过量，大多数情况下指的是能量物质摄入过多，比如脂肪、糖类。洋快餐、含糖饮料直接导致肥胖。

研究表明：不正确的饮食行为是造成肥胖的直接原因。比如吃得过快，喜欢吃油炸食品、洋快餐和含糖饮料等。

水果的吃法

这个月龄的宝宝吃水果的时候，只要把皮削了就可以了，而且宝宝也很喜欢咀嚼果肉的感觉，不喜欢妈妈弄碎的水果。而且最好给宝宝喂应季的水果，既便宜又新鲜美味。

有的父母认为苹果含有丰富的营养，所以就给宝宝苹果吃，但是对于宝宝来说，苹果太硬了，宝宝的咀嚼能力还没发达到可以独立吃苹果的阶段，所以妈妈要把苹果切成薄片再喂给宝宝。宝宝在这个时候可以吃草莓、西红柿、梨、桃。

在宝宝健康的时候，吃了西红柿、胡萝卜、西瓜等，大便中就会有些原样似的东西排出，这并不是消化不良，所以家长不要担心。

宝宝不吃饭不一定是厌食

有的父母是按照自己的想法，而不是按照宝宝的需求进行喂养。宝宝想吃的时候不给，或是给零食。宝宝吃零食已经饱了，却要他再吃辅食，宝宝的胃只有那么大，吃了别的就再装不下应该吃的东西了，结果父母就认为宝宝厌食，其实这是认识上的错误。

父母应该学着了解宝宝饥饿的信号，饱的时候不强迫宝宝进食，否则会让宝宝从小就出现逆反心理，使吃饭成了最大的负担。

另外，宝宝对新的食物不是一次就能接受的，尤其是从母乳这样的液态食物，向其他固体类食物的过渡期间，要给宝宝一个适应的阶段。宝宝开始只会用舌头舔，喂给他固体食物他一舔就把食物顶出来，这不是不想吃或不喜欢的信号，而是宝宝还没学会咀嚼和咬的动作，需要练习，可能需要十几次，宝宝才能接受。父母要有耐心，让宝宝有适应的阶段，而不是自己下结论，他不爱吃这个，以后不给他了。

父母说话更要注意，**有的父母自己不喜欢吃什么，在饭桌上就表现出来，把不喜欢吃的东西挑在一边，或是根本不做，这样等于把自己的口味强加给宝宝，会造成宝宝偏食。**宝宝偏食，会使其机体内正常菌群难以生长，导致宝宝成年后对此类食物不能接受，影响一生。

合理选择宝宝的零食

选择好给宝宝吃零食的时间。在宝宝吃中晚餐之间喂给宝宝一些点心和水果，但是不要喂太多，约占总热量的15%就好。无论宝宝多爱吃零食，都要坚持正餐为主，零食为辅的原则。要注意在餐前1小时就不让宝宝吃零食，以免影响正餐或出现蛀牙。

宝宝的零食最好选择水果、全麦饼干、面包等食品，并且经常更换口味，这样宝宝才爱吃，不要选择糕点、糖果、罐头、巧克力等零食，这些食品不光糖量高，而且油脂多，不仅不容易消化，还会导致宝宝肥胖。可以根据宝宝的生长发育添加一些强化食品，如果宝宝缺钙，可以给宝宝吃钙质饼干，缺铁可以添加补铁剂。要注意的是选择强化食品要慎重，最好根据医生的建议选择。

控制好宝宝盐的摄入量

宝宝到了这个年龄，虽然在食品中可以添加盐了，但是一定要注意盐的摄入量。摄入盐过量会让宝宝在年轻的时候就得高血压，所以要把食物做成淡淡的味道，保证宝宝的健康。

本阶段宝宝的日常照顾

Benjieduan Baobao de
Richang Zhaogu

穿衣护理

衣着样式

宝宝的衣服要便于穿脱，因为此阶段宝宝可以逐渐培养自己穿、脱衣服，不要有许多带子、钮袢和扣子。一般一件衣服上有2～3颗大按扣即可，容易穿脱。另外，上衣要稍长，但不宜过于肥大、过长，使宝宝活动不便，当然也不能太瘦小，影响动作伸展。衣领不宜太高、太紧，最好穿背带裤，女孩不宜穿过长连衣裙，最好穿儿童短裤，以免活动时摔跤引起事故。

打扮

宝宝不宜烫发和化妆，因为烫发和化妆会对宝宝的头发和皮肤造成一定伤害；不宜男扮女装或女扮男装，因为这样容易导致性别颠倒；不宜穿紧腿裤，或过于贵重、精致的服装，这样的服装对宝宝的身心发育都不利。

鞋子

最好给宝宝选购稍大且平底的方口或高腰鞋，这样的鞋子适合于此期的宝宝穿着，因为宝宝正处于发育旺盛的时期，一旦鞋子小了就应马上换新鞋。到了两岁左右，不穿高腰鞋也行，可穿合适的普通的球鞋。

穿衣能力和习惯的培养

在教宝宝穿衣时，要给宝宝仔细讲解每一个动作，如脱衣，要先把着宝宝的一只手放在背后，使宝宝的另一只手拉住此只手的袖子向下拉即可。

1岁以后的宝宝会抓起帽子戴在头上，但还要两个月后才能戴正。宝宝在学穿鞋时开始可能分不清左右，家长要反复示范，一定要仔细、耐心、循序渐进地教，这样才能达到预期的效果，使宝宝逐渐学会自己穿脱衣物。

宝宝养成讲究口腔卫生的习惯

父母都不希望宝宝患龋齿，但怎样做才能避免宝宝患龋齿呢？其实龋齿的发生与口腔卫生有着十分密切的关系，父母应了解刷牙的重要性和正确的刷牙方法，早期对宝宝进行口腔卫生的启蒙教育及刷牙习惯的培养。宝宝自出生6个月左右开始长出乳牙，到两岁6个月左右乳牙全部长齐，共计20颗牙齿。由于这一时期宝宝对口腔卫生的意义不理解，所以，必须依靠父母做好宝宝的口腔卫生保健。

两岁左右的宝宝应该由父母戴着指刷为其刷牙，稍大一点儿的宝宝可考虑用幼儿牙刷刷牙，每日最少刷两次，且饭后或食用甜食后应及时漱口。在进行口腔清洁时，父母应密切观察宝宝易患龋齿的部位，如后牙的咬合面及邻接面，上下前牙的牙缝处，如果邻面刷不到，可用牙线清洁。只有宝宝持之以恒，才能养成良好的口腔卫生习惯，这对宝宝一生的口腔健康将起到非常重要的作用。

保证宝宝的睡眠质量

当走进宝宝的房间时，如果闻到一种怪味，这是由于室内长时间不通风导致二氧化碳增多、氧气减少所引起的。在这种污浊的空气中生活和睡眠，对宝宝的生长发育大为不利。开窗不仅可以交换室内外的空气，提高室内氧气的含量，调节温度，还可增强宝宝对外界环境的适应能力和抗病能力。

宝宝的新陈代谢和各种活动都需要充足的氧气，年龄越小新陈代谢越旺盛，对氧气的需要量也越大。因为宝宝户外活动少，呼吸新鲜空气的机会也少，所以应经常开窗，增加氧气的吸入量，来弥补氧气的不足。宝宝在氧气充足的环境中睡眠，入睡快、睡得沉，也有利于脑神经得到充分休息。

开窗睡觉时，不要让风直吹到宝宝，若床正对窗户，应用窗帘挡一下以改变风向。总之，不要使室内的温度过低，室内温度以18℃～22℃为宜。

怎样确保宝宝在日光下的安全

虽然阳光和新鲜空气对宝宝的健康有帮助，但却不能让宝宝在日光下暴晒，以免晒伤。晒伤后不仅会引起疼痛，更会增加宝宝日后患皮肤癌的概率。因此，家长切记在阳光最强烈的时候（通常在上午11点到下午3点），不要让宝宝到太阳底下。而平时可用专为儿童配制的防晒油保护宝宝的皮肤，这样可以有效地阻隔太阳的紫外线。对于长时间在户外活动的宝宝来说，要反复涂抹，尤其是游泳后。

家长可以劝告宝宝到阴凉的地方去玩，但要注意一些情况，如沙地、水面、水泥地面和玻璃表面，同样能反射太阳光。多云或阴天时，宝宝也有可能被晒伤，所以，在夏季，即使是阴天也要给宝宝用防晒油。

睡眠护理

此阶段宝宝的睡眠护理应注意以下几方面的内容：

让宝宝早睡

宝宝睡觉最迟不能超过晚上9点，宝宝入睡前0.5～1小时，不要让宝宝看刺激性的电视节目，不讲紧张可怕的故事，也不要玩玩具。

晚上入睡前要洗脸、洗脚、洗屁股。要按时上床、起床，形成按时主动上床、起床的习惯。

自然入睡

宝宝上床后，要关上灯，宝宝入睡后，大人不必蹑手蹑脚，但也不要突然发出大的声响，如“砰”的关门声或金属器皿掉在地上的声音。

要培养宝宝上床后不说话、不拍不摇、不搂、不推动躺下、很快入睡、醒来后不哭闹的习惯。并且不要安抚性地给宝宝含奶头、咬被角、吮手指，让宝宝靠自己的力量调节自己入睡状态。更不要用粗暴强制、吓唬的办法让宝宝入睡。

大小便训练

1岁以后宝宝一天小便10次左右。可以从1岁后培养宝宝会主动表示要小便的习惯。妈妈首先应掌握宝宝排尿的规律、表情及相关的动作，如身体晃动、两脚交替等，发现后让宝宝坐盆，逐渐训练宝宝排尿前会表示，父母在宝宝每次主动表示以后都要给予积极的鼓励和表扬。

1岁以后，宝宝的大便次数一般为一天1～2次，有的宝宝两天一次，如果很规律，大便形状也正常，父母不必过虑，均属正常现象。每天应坚持训练宝宝定时坐盆排便，慢慢养成宝宝定时排便的习惯。

另外，此期应该对宝宝进行“上厕所教育”。这种教育旨在帮助宝宝逐渐摆脱用尿布解决大小便的问题。

教此期的宝宝如何上厕所，要使用宝宝能听得懂的简单语言；用语言和动作教宝宝如何利用腹部肌肉的力量帮助排尿和排便；教宝宝用简单的语言表达上厕所的需求。每天可有2个小时不给宝宝穿尿布，让宝宝自己走到便盆处排便。另外，要训练宝宝自己脱内裤排便等习惯。

请家长们注意

教会宝宝自己上厕所并非一日之功，有的宝宝2个月后就能学会，而有的宝宝则需要半年才能适应，因此，家长需要做好耐心辅导的心理准备。在教宝宝自己上厕所的同时，还应逐渐帮助宝宝克服尿床的习惯，但解决这个问题则需要半年至一年的时间。

把握宝宝如厕训练的时机

要等到宝宝真正准备好再开始训练，这样，整个训练过程对父母和宝宝来说，才不会太痛苦。在决定训练如厕之前，最好对照一下基本清单，看看宝宝是不是已经准备好了。

两岁时，宝宝身心发育基本成熟，此时开始训练，往往只需2～3个月就可以让宝宝学会自己大小便。成熟早的宝宝，可以从1岁半开始训练。总之，就像引入辅食一样，要观察宝宝的状态，而不是去数日历上的日期。

宝宝真的准备好了吗	
1	排便有规律，大便柔软
2	能把裤子拉上拉下
3	模仿别人上厕所的习惯（喜欢看妈妈上厕所，想穿内裤）
4	排便的时候有反应，如会哼哼唧唧，蹲下或告诉妈妈
5	会说表示小便或大便的话如尿尿、臭臭等
6	能够执行简单的指令，如“把玩具给我”
7	尿布湿了或脏了之后，会把尿布拉开，或跑过来告诉妈妈尿布脏了
8	爬到儿童马桶或成人马桶上
9	尿湿尿布的时间间隔变长，至少3小时
10	会研究自己的身体器官

防范问题玩具威胁儿童安全

防范原因

问题玩具存在着安全隐患，可能会在宝宝玩的过程中，刺伤宝宝的皮肤，造成窒息、夹伤手指和引起卫生隐患等问题。这些危险玩具，有可能成为导致宝宝意外伤害、威胁宝宝健康的“杀手”。

安全防范措施

应参考一些书籍，找到各个年龄段应该准备的玩具，并且要严格按照玩具的标注年龄给宝宝合理购买，尤其是对于3岁以下宝宝使用的玩具，《国家玩具安全技术规范》中也规定了具体的指标，如果在购买时得以恰当地选择，相信宝宝一定会玩得非常开心。

另外，不要给宝宝买一些可能引起危险的玩具，如大型的毛绒玩具，小型的玩具，如玻璃珠子、小积木等，弹射玩具、有尖锐棱角的玩具等。总之，父母要有一双慧眼，在购买玩具时，识别问题玩具，一定要认真考虑每种玩具有可能给宝宝造成的危害，确定无害后，再购买。

小心妈妈的吻

防范原因

妈妈的吻对于宝宝的生理和心理健康发展很重要。可是亲吻宝宝是妈妈将口唇同宝宝脸蛋儿或口唇的亲密接触。如果妈妈患病，亲吻宝宝时，则可能将正患的传染病传染给宝宝，所以，妈妈的吻也有忌讳。

安全防范措施

当妈妈感冒，无论是哪种类型的感冒，都可通过亲吻将细菌或病毒传染给宝宝。当妈妈患流行性腮腺炎、扁桃体炎、病毒性肝炎或乙型肝炎表面抗原阳性、流行性眼结膜炎、牙龈炎、牙髓炎、龋齿等疾病时，都会因为妈妈和宝宝的亲吻而通过唾液、汗液、泪液等传染给宝宝。

嗜烟又酗酒的妈妈，“口气”中存在大量的一氧化碳、二氧化碳、氰氢酸、烟焦油、尼古丁等有害物质，烟酒“气息”可损害宝宝的心肺及神经系统。

本阶段宝宝的健康呵护

Benjieduan Baobao de Jiankang Hehu

视觉保护

视觉保护的意义

婴幼儿时期是视觉发育的关键时期和可塑阶段，也是预防和治疗视觉异常的最佳时期。因此，积极做好预防与保护工作非常重要。

视觉保护的方法

宝宝居住、玩耍的房间，最好选择窗户较大、光线较强的房间，家具和墙壁最好是鲜艳明亮的淡色，如粉色、奶油色等，使房间获得最佳采光。

如果自然光不足，可加用人工照明。人工照明最好选用日光灯，灯泡和日光灯管均应经常擦干净尘土，以免降低照明度。

其次是看电视卫生。宝宝此期可能会非常喜爱观看电视节目，但要注意，2周岁以内的宝宝不能看电视。如果一定要看，每周不能超过两次，每次不能超过10分钟，最好在座位的后面安装一个8瓦的小灯泡，可以减轻看电视时的视力疲劳。

另外还有看图书、画画的卫生。宝宝看图书、画画的坐姿要端正，书与眼的距离宜为33厘米，不能太近或太远，不能让宝宝躺着或坐车时看书，以免视力紧张、疲劳。

为了保护宝宝的视力，还要供给宝宝富含维生素A的食物，如肝、蛋黄、深色蔬菜和水果等，经常让宝宝进行户外游戏和体育锻炼，有利于恢复视觉疲劳，促进视觉发育。

掌握带宝宝看医生的最佳时机

咨询医生

父母对于宝宝总有一种直觉，能够明确地说清楚宝宝是否健康。有时疾病发生在宝宝身上，只是行为有些不正常，例如不像正常一样吃饭，或是异常的安静，或是异常狂躁。只有经常与宝宝待在一起的人才能发现这些迹象，这是发病的非特异征兆。

如果妈妈坚持认为宝宝生病了，就一定要去咨询医生，尤其是在出现一些可疑征兆时，更应该向医生咨询。

具体方法

如果宝宝的体温超过38℃，能看出宝宝明显发病，应该去看医生；如果体温超过39.4℃，即使看不出宝宝有什么发病的迹象，也要去看医生；如果宝宝发热时，体温忽高忽低，或伴有幼儿惊厥，或体温连续3天达到38℃以上，或宝宝出现发冷、嗜睡、异常安静、四肢无力等症状，都应该抓紧时间看医生。

宝宝出现意外或烧伤；当宝宝失去了知觉时，不论其时间多么短；宝宝外伤伤口较深，引起严重失血时；宝宝被动物、人或是蛇咬伤时；眼睛受到物体挫伤时，都一定要抓紧时间看医生。

如果宝宝出现恶心、昏迷或者头痛时，应及时看医生。

如果宝宝出现呼吸困难，每次呼吸均可见肋骨明显内陷，要及时看医生。

如果宝宝呕吐严重，持续过久或是呕吐量很大，一定要及时看医生。

可能宝宝还会出现其他一些特殊的情况，这里不再一一进行叙述，只要妈妈怀疑宝宝有不舒服的表现，就一定要去看医生。

1岁半～2岁的幼儿

本阶段宝宝特点

Benjieduan Baobao Tedian

身体发育标准

体重	男孩平均12.2千克，女孩平均11.7千克
身长	男孩平均87.9厘米，女孩平均86.6厘米
头围	男孩平均48.4厘米，女孩平均47.2厘米
胸围	男孩平均49.4厘米，女孩平均48.2厘米
坐高	大多数宝宝长出20颗左右的牙

生长发育标准

排便

发育正常的宝宝到2岁时，就养成了良好的排便习惯。训练宝宝排便时，最好在固定的时间，一般早饭后，肠蠕动增加，安排在这个时间训练宝宝排便是较为合适的。

睡眠

此阶段的宝宝睡眠应该是白天睡3小时，晚上能连续睡11～12个小时。有些宝宝却不能安睡，这常常让大人们很痛苦。

智能发育状况

动作

此期的宝宝会走了，全家人的目光都在注视着这个会走的小人身上，那一份喜悦与惊奇，几乎是这个时期天下所有父母的共同感受。

多训练宝宝走、跑、跳等，可以帮助宝宝更好地走好“人生第一步”，通过运动可锻炼身体，通过运动可发展智力。

语言

电话沟通是现代生活交往中的一个重要内容。可向宝宝介绍电话机的用途，教他怎样拨号、听声、问话、答话以及对拨号音、忙音等提示音的识别。

平常亲戚朋友打电话来时，让宝宝接听并鼓励他与对方“交谈”。也可以在电话机上，让宝宝听听拨号声，拨一个家人或朋友的电话，鼓励宝宝与对方“交谈”。

听觉

生活中，我们可以采用多种方法来引导宝宝进行听力训练，比如带宝宝到户外，让宝宝听听小鸟的唧唧喳喳叫，风的呼呼声或者蟋蟀的鸣叫声等等。让宝宝听这些声音，并引导他们模仿这些声音，不久，宝宝将会留意认识这些声音，也许还会跟着模仿。

心理

平常注意传授给宝宝一些与人交往的技巧，如要对人有礼貌，要对别人有爱心，要懂得与人分享和合作等，当宝宝掌握了这些基本的交往技巧后，就可以减少在与其他小朋友交往时的矛盾冲突。要是冲突发了，也让宝宝自己解决冲突。

很多家长一看到几个宝宝起了冲突，就会立即冲上去斥责自己的宝宝，或指责别人的宝宝，这样，不利于提高宝宝的人际交往能力，甚至还会误导宝宝，让他们以后也粗暴地对待冲突。建议家长看到宝宝冲突时，先不要参与，静静地站在一旁观看宝宝是怎样以自己的方式解决的，如果解决得好，家长可以对宝宝进行鼓励和表扬，如果解决得不好，家长再去帮忙也不迟。

宝宝之间发生冲突毕竟是不好的，但“吃一堑，长一智”，如果大人能引导宝宝从冲突中学到更多、更好的社交技巧，那也是一种很不错的教育方式。家长要善于把握时机，对宝宝进行合理的引导和教育，让他们学会一些避免发生冲突的方法，从而减少冲突的发生。

智能发育与潜能开发

Zhineng Fayu yu Qianneng Kaifa

宝宝个性情绪及生活自理训练

宝宝长到2岁左右，常常出现“我的、我要”或“宝宝走、宝宝吃”等词语，来表达自己的愿望与要求，当爸爸妈妈让他干什么时，他会说出“不、不要……”这时宝宝已经敢于向爸爸妈妈说不，并要跟大人对着干，或按他自己的意愿去干。

本阶段的宝宝一不顺心就哭，还发展到打人，心理学家把这一时期称为儿童的“第一反抗期”，也被称为不安分的年龄。对此家长不严加斥指责，要因势利导，必要时转移宝宝的注意力。通常，有反抗精神的宝宝长大后办事果断、有个性，同时也说明了宝宝支配自己的能力提高了，所以爸爸妈妈不必干扰宝宝的正常心理发育，而要进行正确合理的培养与引导。

“淘气包”的个性管理与培养

1.5～2岁的宝宝，喜欢冒险，喜欢高速摇摆的秋千和滑梯所带来的加速度快感，整天似乎都有用不完的精力。

● “脏兮兮”的探险家

这时的宝宝在公共场所，总是爱乱摸东西，小手、小脸以及衣服总是脏兮兮的。真是见什么摸什么，可以说在宝宝的世界里是没有“脏”的概念的。

其实，这是宝宝对自己未知的世界充满了好奇，通过自己动手去探索、认识和了解世界、自娱自乐的一种方式。所以，爸爸妈妈不能因为怕“脏”而阻止宝宝的探索行为，脏了洗干净就可以了，重要的是要让宝宝自己在玩中学会思考和观察，比如沙子是一粒一粒的；水是可以流动的；石头是硬的；泥巴是软的等等，如果不通过亲身体验，宝宝又怎么能知道呢？

● 小小搬运工

这时宝宝不但爱到处乱走，而且还喜欢当“搬运工”，力气大小不说，见什么搬什么，对这项工作真可谓“兢兢业业，乐此不疲”。

宝宝这时不但对橱柜里的锅、碗、瓢、盘、桶感兴趣，而且家里的重物也是他感兴趣的对象，像饮水机上的水桶、纸箱等物品，这时家里的很多东西会经常在不应该出现的地方出现。

虽然家里被弄得乱七八糟，但爸爸妈妈对于宝宝的搬运行为还是应该采取支持的态度。因为每一次搬运对宝宝来说都是一次锻炼，看着东西从A点到B点的改变，宝宝会有成就感，这可以培养他的自信心。当然，爸爸妈妈应该注意把危险的东西收起来，在宝宝拿得到的地方放些容易搬运的东西来避免他因此受伤。

● 爱“抢夺”的小霸王

这时的宝宝还有一些让大人更头痛的“坏”习惯，比如电话响了他要抢着接；看电视的时候抢遥控器；把电视打开再关掉；用电脑的时候抢鼠标等等，俨然成了一个有“抢夺”欲望的小霸王，这些真认人十分头痛。

宝宝的有些行为不能用成人的眼光来衡量

像宝宝抢电话、抢遥控器、抢电脑鼠标的目的除了好奇，更多的是他想模仿大人的行为。这就好比宝宝模仿大人的发音才能叫出“爸爸、妈妈”一样，也是宝宝成长的过程。因此，每当电话响了，爸爸妈妈最好让宝宝先听听里面的声音；在看电视的时候，如果要换台就让宝宝来拿遥控器……这样做不仅满足了宝宝的好奇心，也为他提供了充分模仿学习的机会，“抢”东西的“坏”习惯也就自然消除了。

作为爸爸妈妈，只要试着把所谓的“正确”放在一边，仔细观察、思考、探究一下宝宝这些行为背后的原因，所有烦恼就迎刃而解了。

宝宝情绪培养与训练

如果宝宝自我控制的能力很差，常常表现为容易分心、情绪表现有很多自发性、不容易满足、易冲动、有时还具有攻击性，爸爸妈妈可以经常和宝宝玩“藏猫猫”游戏或其他训练，可以很好地提高宝宝的自我控制能力，培养宝宝的耐心程度。

分辨宝宝的表情

妈妈在宝宝面前经常做出高兴或生气的表情，让宝宝知道什么是喜，什么是怒。如果宝宝拿糖给妈妈吃，妈妈就要表现出高兴的样子，使他知道做了让妈妈高兴的事；如果宝宝做了不该做的事时，要一边制止，一边表现出气愤的样子，并说“妈妈生气了”，让宝宝看到妈妈表情后终止自己不该做的行为。

宝宝生活能力培养训练

在这个时期要注重对宝宝生活能力的培养，妈妈应继续鼓励宝宝做力所能及的事，培养良好的睡眠、饮食、卫生等习惯和爱劳动、关心别人的品德。

教宝宝自己解开扣子，脱掉衣服，大小便后自己提裤子，洗手后用毛巾擦干手并将毛巾放回原处，自己用勺吃饭，游戏结束后将玩具收拾好放回原处等，这些都属于生活能力的范围。

●一日三餐

可安排宝宝每日早、中、晚三餐主食，在早中餐及中晚餐之间各安排一次点心。

●睡眠要规律

白天睡眠的次数逐渐减为1～2次，可根据作息时间，将宝宝白天的睡眠安排在午饭后，睡眠时间为1.5～2小时。

宝宝改用新的作息时间需要有一个过程，家长可根据自己宝宝的身心特点，逐渐使宝宝的作息时间向新的时间过渡。

● **教育宝宝睡觉前刷牙**

妈妈可以先教宝宝刷牙的方法：前面上下刷，里面左右刷，打开门儿横着刷、竖着刷。

可以训练宝宝认识牙刷并知道牙刷的用途，还可以通过学习儿歌，教育宝宝从小养成讲卫生的好习惯。

● **饭前便后要洗手**

对于宝宝来说，学会任何一种新的本领都是一件复杂的事。爸爸妈妈要有耐心，使宝宝能顺利地掌握构成技能的每一个动作。

培养宝宝生活自理的小游戏

小手洗干净

适合月龄：1～2岁的宝宝

游戏过程

爸爸妈妈要准备一些讲卫生的图片，如教育宝宝饭前便后洗手可以使用字卡“洗手”“干净”。

游戏目的

教育宝宝饭前便后要洗手，培养宝宝良好的卫生习惯。

学会生活

适合月龄：1～2岁的宝宝

游戏过程

选择一个宝宝情绪愉快的时刻，让妈妈和宝宝相对而坐。妈妈拿梳子假装梳头，同时说“梳头啦”然后把梳子递给宝宝让她也做梳头的动作，妈妈在一旁继续说“梳头啦”。此外，还可以做刷牙、洗脸等动作，让宝宝去模仿。

游戏目的

让宝宝模仿成人的生活，学习与人交往，发展良好的社会情感和生活情感。

宝宝动作智能开发与健身训练

快2周岁的宝宝，随着自己能够独立走路，他不再愿意爸爸妈妈进行干预。他喜欢尝试着自己拉着玩具走来走去，听着那可拖拉的手推车、小鸭子、小马拉车等玩具发出的不同声音，想象着玩具的动作，玩得不亦乐乎。

大运动智能培养训练

这时的宝宝运动能力强，尤其喜欢追着别人玩，也喜欢被别人追着玩。爸爸妈妈可以利用宝宝的这种特点，和他一起玩互相追逐的游戏，帮助他练习走和跑。

这时的宝宝有起步就跑的特点，爸爸妈妈注意不要让宝宝跑得太远、太累，要注意安全。

此阶段宝宝大运动智能发展	
攀登	在爸爸妈妈的保护下，能在小攀登架上、下2层
迈过障碍	能迈过8～10厘米高的杆
钻圈	能先低头、弯腰、再迈腿
投掷	能将50克重的沙包投出约爸爸妈妈的一臂远

● 爬上高处

让宝宝搬个板凳放在床前或沙发前，先上板凳，上身趴在上面，然后把一条腿抬起放在床上，帮助他爬上去。宝宝渐渐就能学会在爬上椅子，再到桌子上够取玩具。

注意宝宝独自够取高处之物时，会有一定危险，爸爸妈妈应将热水瓶及可能伤害宝宝的物品移开，桌子上不要铺桌布，不放易烫伤宝宝的物品，以免发生意外事故。

● 扶栏上、下楼梯

平时，妈妈可以训练宝宝学习上、下楼梯，开始时选择的楼梯不要太多层，以便于宝宝能够较顺利地上完楼梯，体验成功的快乐。

● 练习跑步

在风和日丽的时候，妈妈可以带宝宝到户外进行活动，可以通过与宝宝一起玩捉迷藏、找妈妈的游戏，引导宝宝练习跑步。

在追逐玩耍中提示宝宝“你快点跑哇！我在这里等着你呐！”有意识地让宝宝练习跑，渐渐地还要告诉宝宝在停之前放慢速度，使自己站稳。

● 训练走直线

在宝宝行走自如的基础上，可以玩一些走直线的游戏。妈妈可以将五块地板砖比作桥，让宝宝练习从桥上走，也可以带宝宝到室外，画一条直线，叫宝宝踩着线走，通过训练，提高宝宝的平衡能力。

大运动智能开发小游戏

捉蝴蝶

适合月龄：1~2岁的宝宝

游戏过程

妈妈用纱巾做蝴蝶的翅膀，披在双肩上，做蝴蝶飞的动作。边跑边对宝宝说：“蝴蝶飞来了，宝宝快来捉。”宝宝跑着追蝴蝶。跑了数圈后，妈妈渐渐放慢脚步，故意让宝宝追到。游戏进行数次后，让宝宝扮演蝴蝶，妈妈在后面追，直至捉到蝴蝶为止。

游戏目的

此项游戏可训练宝宝平稳地学跑，活动四肢，增强手眼协调能力。

小小斗牛士

适合月龄：1.5~2岁的宝宝

游戏过程

游戏开始时，让宝宝俯卧在毯子上，两手向前举起伸直，爸爸妈妈拉着宝宝的两手说："小树苗，快长高！"同时拉着宝宝的双手向上提，宝宝就从俯卧位改变为跪位。妈妈接着再说："小树，小树，快长高！"拉着宝宝的手再往上提，使其从跪位改变成蹲位，最后让宝宝站立起来。

游戏目的

训练宝宝俯卧、跪立、下蹲、站立等动作。

宝宝精细动作训练

这个时期，父母可以通过游戏、手工制作，鼓励宝宝做力所能及的事，促进手部动作的稳定性、协调性和灵活性，以促进宝宝精细动作能力的发展。这时宝宝的精细动作可达水平：

折纸：会折2~3折，但不成形状。

搭积木：能搭高5~6 块。

穿扣眼：用玻璃丝能穿过扣眼，有时还能将玻璃丝拉过去。

握笔：在父母的带领下，初步会握笔，在纸上画出道道。

穿衣裤：会配合大人穿衣裤，会脱鞋袜。

这时父母应根据宝宝的能力特点，进行合理的培养。

精细动作智能开发小游戏

宝宝传笔

适合月龄：1.5~2岁的宝宝

游戏过程

爸爸或妈妈用示指与中指将笔夹住，然后将笔传给宝宝，轮流地传来传去，如果不小心把笔掉在地上，可以重新开始。先是传比较轻的彩笔，再传比较重一点的钢笔。待宝宝熟悉整个游戏过程后，可以先让宝宝开始传，让宝宝自主选择他自己喜欢的笔开始传。

游戏目的

这个游戏让宝宝学会手眼协调，精细化的手部训练也会让宝宝的思维变得更敏捷。

宝宝，斗斗飞喽

适合月龄：1.5～2岁的宝宝

游戏过程

爸爸或妈妈轻轻拿起宝宝的小手，拿起宝宝的示指将它们指尖对拢又分开。爸爸妈妈在和宝宝游戏时，同时要说“宝宝，斗斗飞喽！斗斗飞喽！”当说到“斗斗”时，爸爸或妈妈将宝宝的示指指尖合拢在一起；当说到“飞”时，将宝宝示指指尖迅速分开。

游戏目的

这个游戏可以很好地培养宝宝的语言理解能力、动手能力以及手部细微动作的协调能力。

巧手剥棒棒糖

适合月龄：1.5～2岁的宝宝

游戏过程

爸爸妈妈把盒子拿给宝宝，示意宝宝自己打开。当宝宝成功打开后，再鼓励其认真观察棒棒糖纸上的图案并剥开。宝宝成功做到后，妈妈可以和宝宝一起分享美味的棒棒糖。

游戏目的

培养宝宝的观察能力、耐心和精细动作能力。

宝宝语言能力培养及教育训练

宝宝在这个时期，语言能力发展进入了一个新阶段——学习阶段，在这一阶段，宝宝一步步地把语言和具体事物结合起来，开始说出许多有意义的词，语言发展较快的宝宝已经能说短句了，例如“爸爸再见”“妈妈给我笔”“爷爷奶奶好”等等。

这时宝宝喜欢看图画，听爸爸妈妈讲故事，常常一个简单的故事也喜欢重复听许多次。因此，爸爸妈妈可以借此时机培养宝宝对书的阅读能力及听故事的兴趣，并通过故事的形式对宝宝进行文化教育。

宝宝的语言能力培养

宝宝从1.5～2岁的语言能力发展，是从“被动”转向“主动”的活动时期，这时宝宝非常爱说话，整天叽叽喳喳说个不停，表现得极其主动。

在这个时期，宝宝学说话积极性很高，对周围事物的好奇心也很强烈，因此，这时爸爸妈妈要因势利导，除了在日常生活中巩固已学会的词句以外，还要让宝宝多接触自然和社会环境，在认识事物的过程中启发宝宝表达自己的情感，鼓励宝宝说话。

爸爸妈妈应该为宝宝提供良好语言环境，增加宝宝与人交往的机会，并且要注意自己的语言，尽量做到发音正确，口齿清楚，语句完整，语法合理，使宝宝易懂、易模仿。

●让宝宝同娃娃讲话

宝宝在玩布娃娃时，口里会不断地发出古怪的声音，讲一些让人听不太懂的话。随着宝宝一天天长大，宝宝语言能力不断提高，这时爸爸妈妈可以培养宝宝慢慢地模仿爸爸妈妈的口气说“噢，乖乖，不哭”“饿啦，妈妈喂”等，让宝宝自言自语和娃娃一起玩。

●说出一件物体的用途

在宝宝掌握了一些常用物品的名称之后，爸爸妈妈要告诉宝宝这些物品厂是做什么用的。可以先从宝宝最熟悉的物品开始让他了解其用途，例如勺子是吃饭用的、奶瓶是喝水的、饭碗是盛饭的等等。

然后，还可以进一步告诉宝宝钥匙是开门用的、雨伞是挡雨用的……让宝宝渐渐说出一些物品的用途。

●说出自己的名字

在宝宝能够使用小朋友的名字称呼伙伴的基础上，教宝宝准确地说出自己的大名、性别和年龄。

可以教宝宝记住爸爸和妈妈的名字，但是一般情况下，要让宝宝称呼为“爸爸”和“妈妈”，不可以直呼爸爸妈妈的名字。

宝宝的语言能力培养小游戏

学叫声

适合月龄：1.5～2岁的宝宝

游戏过程

妈妈拿出猫咪造型的玩具让宝宝认识并教他说“猫”，然后教他学猫的叫声“喵喵喵”，然后再依次出示狗、鸡、鸭的图片，让他认识并学会它们的叫声。等宝宝学会后，再进一步要求宝宝将玩具与图片配对做“找朋友”的游戏，若是找对了，就请他说出动物的名字，学叫声，并加以称赞。

游戏目的

让宝宝模仿动物叫声，发展语言能力，促进智力开发。

我的相册

适合月龄：1.5～2岁的宝宝

游戏过程

妈妈在宝宝每次活动的时候可以多拍一些相关的照片，里面可以有宝宝玩时的相片、有宝宝洗澡时的照片……把照片顺序排好，并和宝宝一起为照片添一些说明。例如：“这是我的枕头”“这是妈妈的手套”“我在洗澡”等等。

游戏目的

帮助宝宝学说简单的句子，初步了解照片的特点，让宝宝对周围事物和活动更感兴趣，更有好奇心！

数学思维及想象力开发训练

对宝宝进行数学启蒙教育要特别强调培养兴趣，爸爸妈妈要采用游戏的方法，在日常生活中渗透数学教育。此外，这个时期还要开发宝宝的想象力与创造力。

每个宝宝都有丰富的想象力，但宝宝的这种想象力往往未被爸爸妈妈注意到，并且更多的是被忽视了、甚至被斥责了，对此，爸爸妈妈一定要注意，不要让宝宝的想象力在有意无意中被扼杀。

数学启蒙训练

宝这个时期的宝宝空间意识加强，他们具备上下、里外、前后方位意识，并且知道空间是一个具体概念。同时，他们的逻辑思维能力也在加强，对于图形、色彩、分类等与数学相关的概念都能掌握。

爸爸妈妈应该在生活和游戏中多教宝宝一些相对概念，如大与小、高与矮等，并让宝宝进行比较，同时还要和宝宝多玩一些归类、配对游戏，促进他们逻辑推理能力的发展。

● 配配对

爸爸先取红色、黄色、白色等不同颜色的小球若干，然后，任意取出一种颜色的小球，再让宝宝取颜色相同的小球，进行配对。

当家中有两个或两个以上的宝宝时，爸爸妈妈还可以进行“看谁拿得又对又快”的游戏。

● 分分类

爸爸准备一副扑克牌，让宝宝按花色形状分成几堆，如按方块或红心。随后，可以让宝宝按红色和黑色分类，最后可按数字分类。这是一种学习颜色、形状和数字概念的极佳的游戏。

数学启蒙小游戏

玩具叠叠乐

适合月龄：1.5～2岁的宝宝

游戏过程

爸爸或妈妈准备好宝宝平时玩的各种玩具，然后跟宝宝一起把玩具摞起来；宝宝熟悉了摆放的方法以后，鼓励宝宝把同样的玩具摞在一起。爸爸妈妈还可以提出一些新的有意思的分类标准，比如把用布做成的玩具放在一起等等。

游戏目的

让宝宝学会顺序与分类。

欢乐宝宝跳飞机

适合月龄：1.5～2岁的宝宝

游戏过程

妈妈协助宝宝把大数字板铺在地上，然后妈妈发出指令让宝宝跳到相应的数字上，比如妈妈说“1”，宝宝就跳到写有数字“1”的数字板上。然后加大难度，比如让宝宝把左手放在有数字“6”的数字板上等等。

游戏目的

让宝宝学会跳跃、抓取和认识数字。

想象力的发展与培养

宝宝想象力的发展，在各年龄阶段都有不同的变化，爸爸妈妈应根据宝宝发展情况来培养。宝宝在1岁半以后，就开始玩假装游戏，但这时宝宝的假装游戏还比较简单，基本没有什么创新的成分，大多是他生活的简单重复，与周围人群的生活没有什么联系。

这时宝宝往往会学着爸爸妈妈的样子，拿起一个玩具电话，对着话筒说：“喂！你是谁？你在哪里呀？”然后进行一番听起来十分有趣，但是不见得合乎逻辑的“对话”，最后他也会煞有介事地跟对方说“拜拜”，并挂断电话，结束他的通话游戏。总之，这时的宝宝会利用自己的综合生活经验，让一些新的生活经验变得更有意义。培养宝宝的想象力，爸爸妈妈可以在宝宝1岁半以后，在与宝宝的游戏中增加一些较为复杂的内容，以促进宝宝的思维发展。

想象力开发小游戏

小小建筑师

适合月龄：1.5～2岁的宝宝

游戏过程

妈妈把积木摆在宝宝面前，然后在他面前示范怎么搭积木，引起宝宝的兴趣以后，让宝宝自己动手搭积木。

游戏目的

训练宝宝的模仿能力、动手能力以及早期的创造能力。

快乐拼图

适合月龄：1.5～2岁的宝宝

游戏过程

爸爸或妈妈将其中一页上某个人物例如小兔子、猪八戒、小乌龟等等剪成三四片比较大的部分，然后把这几部分纸片放到硬纸板上，让宝宝把它们拼到一起，再恢复原来的完整图案。

游戏目的

提高宝宝记忆力、想象力以及对图形的识别能力。

宝宝认知与社会交往能力培养

这个时期，宝宝不但在语言能力上有了突飞猛进的发展，而且记忆力也日渐增强，因此，这一时期要训练宝宝多交谈、多模仿、多参加一些有助于认知能力和理解能力发展的游戏，因为这时的宝宝开始喜欢探索，想找到事物之间更深一层的关系，所以，爸爸妈妈应多让宝宝在游戏中体会自己获得的成就。

认知能力培养与开发

在这个年龄，宝宝能够区别出少与多，能够明白1就是指一个物体，2、3等数词就表示多个物体，不过真正计数还要到宝宝更大一些才会。这一时期，宝宝记忆力与观察力大大增长，爸爸妈妈要注重宝宝这两方面能力的培养。

●记忆力的培养

实物记忆：让宝宝回忆起不在眼前的实物，妈妈可给宝宝一件玩具，让宝宝注视着你将玩具放到盒中，盖上盖子，再让宝宝说出盒中玩具的名称。

词汇记忆：妈妈在讲述宝宝较熟悉的故事或教宝宝念宝宝熟悉的童谣、唱宝宝熟悉的歌时，可以有意识地停顿下来让宝宝补充，由易到难。

开始时可以让宝宝续上单字，以后可逐渐让宝宝续上一个词、一句话，这既可促进宝宝记忆力的提高，还可发展宝宝的语言能力。

● 观察能力的培养

比较高矮：让宝宝看爸爸比妈妈高，宝宝比妈妈矮。用玩具比比看，哪种动物高，哪种动物矮，或直接带宝宝到动物园实地参观。

培养上下、里外、前后方位意识：比如游戏时说："球在箱子里。""小车在箱子外面。"等等。

辨别多少：如分糖果给家人，看看分的是否一样多，放桌上比比看谁多谁少。也可以用专门的图画，训练宝宝认识多少。

宝宝社交能力训练

宝宝到1岁半时，就能够说50个词语，并呈级数增长。这时，宝宝开始把词连成句子，而且理解能力远远超出表达能力。当妈妈说"逛街去"，宝宝就会去拿鞋。到宝宝2岁时，就能够听从一些简单的指令，比如爸爸说"去拿本书"，宝宝就会去把书拿过来。

此时期的宝宝已有了语言，可以较多地和人交往，因此爸爸妈妈要教育宝宝初步懂得与人交往中一些简单的是非概念。

● 打招呼

爸爸妈妈要经常示范早晨见到人要说"早上好"，离家时挥手说"再见"，接受东西要说"谢谢"，同时要鼓励宝宝模仿。

● 辨别是与非

在日常生活中，与宝宝一起评论简单的是非观念，使宝宝自己分辨哪些是好事，哪些是坏事。要注意及时表扬宝宝所做的每一件好事。用眼神和手势示意，防止宝宝做不应做的事。并利用讲故事和打比方的办法让宝宝猜想事情的后果。

爸爸妈妈应常带宝宝到户外、公园去玩，鼓励他与人交往，并引导宝宝仔细观察遇到的事物，告诉宝宝他遇到事物的名称和特点，以提高宝宝的交流能力。

宝宝懂事了

适合月龄：1.5～2岁的宝宝

游戏过程

妈妈把苹果递给爸爸，爸爸要说："谢谢"；爸爸把饼干递给妈妈，妈妈也说："谢谢"，"宝宝把苹果给妈妈，好吗？"若宝宝不会，妈妈轻轻取过来说："谢谢，宝宝真乖！"让宝宝也学会把苹果递给爸爸妈妈。

游戏目的

让宝宝在爸爸妈妈的言行中学会礼貌地同别人交往，发展良好的社交能力。

寻找心爱的小玩具

适合月龄：1.5～2岁的宝宝

游戏过程

妈妈拿出一件宝宝最喜欢的玩具让他玩一会儿，然后当着宝宝的面用手绢盖住那个玩具，手绢的位置要是宝宝容易够到的地方，然后帮助宝宝把藏起来的玩具找到。可以稍微变换几个方向重复做这个游戏，边玩边问宝宝"玩具在哪儿？"并装作迷惑不解的样子。做过几次以后，宝宝就会知道玩具在哪儿并能自己把它找出来了。也可以换成其他的玩具或物品重复做这个游戏。

游戏目的

这个游戏让宝宝明白藏起来的东西并不是消失了，而是被其他东西遮挡住了，训练宝宝的分析能力，让宝宝学会寻找被遮挡住的东西，开发宝宝的早期智力。

主要营养

这个阶段的宝宝已经陆续长出20颗的乳牙，有了一定的咀嚼能力。如果还没断母乳的宝宝应该尽快换乳，否则将不利于养成宝宝未来适应生长发育的饮食习惯，而且不利于宝宝的身心发展。1.5～2岁的宝宝胃的容量有限，适宜少食多餐。1.5岁之前给宝宝在三餐后加2次点心，1.5岁之后减为三餐一点，点心可以在下午。加点心一定要适量，而且不能距离正餐太近，不要影响宝宝正餐的食用。

在给宝宝配餐的时候要注意多加蔬菜、水果。家长在烹饪的时候，也可把蔬菜加工成细碎软烂的菜末炒熟调味。适量摄入动植物蛋白，可用肉末、鱼丸、鸡蛋羹、豆腐等易消化的食物喂给宝宝。奶粉富含钙质，因此宝宝此时每天应摄入250～500毫升。还应注意给宝宝的主食要做到粗粮、细粮搭配，这样可以避免维生素B_1缺乏。

给宝宝补锌元素

锌是人体必需的营养素，如果人体内锌元素缺乏，氨基酸将无法正常合成蛋白质，这样就会导致宝宝无法增长骨骼细胞，从而引起生长发育的障碍，所以家长一定要及时给宝宝补充锌元素。

在日常生活中，应多给宝宝吃锌元素含量多的食物，如蛋、瘦肉、乳制品、莲子、花生、芝麻、核桃、海带、虾、海鱼、紫菜、栗子、杏仁、红豆等都含有锌食材；动物性食物比植物性食物含锌量高。如果经医生检测宝宝确实缺锌时，才可使用药物治疗，正常健康的宝宝都可通过食物补充锌元素。

一日参照食谱示例

时间	食谱
早晨	奶粉250毫升，鸡蛋1个，小花卷50克，1小匙花生酱
零食	1片烤面包或整个小饼干，1/2碗酸奶，1/2个香蕉
午餐	米饭1小碗，炒肝片胡萝卜片，鸡蛋或豆腐小白菜汤
零食	奶粉或豆浆1/2杯，面包50克，苹果1/2个
晚餐	木耳、肉末、豆腐丁、打卤面1碗（或羊肉胡萝卜馅包子，或白菜鸡蛋馅水饺50～100克），1碗大米稀粥
入睡前半小时	1杯配方奶

辅食喂养要点

要注意观察宝宝的饮食规律和食欲状况。对于1.5～2岁宝宝来说，可以吃的食品多了起来，胃的排空和饥饿感是在饭后4～6小时产生的。饮食过于杂乱，会影响宝宝的食欲，妨碍其消化系统和神经系统的发育。

这个时期的宝宝处在食欲、胃液分泌、胃肠道和肝脏等所有功能的形成发育阶段，所以为了宝宝的营养，除三餐外，应在上午10时和下午3时各加1次点心，否则满足不了宝宝的营养需要。当然也不能饮食过量，会影响宝宝的食欲，引起肥胖。

在喂食宝宝的时候，要让宝宝细嚼慢咽，不要吃得过饱，如果咀嚼慢，饱腹感就强。

给宝宝喝酸奶有讲究

鉴别品种

目前市场上，有很多种由牛奶或奶粉、糖、乳酸或柠檬酸、苹果酸、香料和防腐剂等加工配制而成的“乳酸奶”，其不具备酸牛奶的保健作用，购买时要仔细识别。

一定要注意生产厂家和生产日期，尽可能到大的超市去购买。

要饭后2小时饮用

乳酸菌很容易被酸性物质杀死，适宜乳酸菌生长的pH值为5.4以上，空腹胃液pH值在2以下，如果此时饮用酸奶，乳酸菌易被杀死，保健作用减弱；饭后胃液被稀释，pH值上升到3～5，此时饮用效果会更好，有助于宝宝的消化吸收。

饮后要及时漱口

随着乳酸饮料的食用增多，宝宝龋齿现象也在逐渐增加，这是乳酸菌中的某些细菌导致的。

如果宝宝在睡前饮用酸奶，并且没有清洗牙齿，在夜间厌氧菌就会损伤牙齿，所以宝宝在饮用酸奶后要及时漱口，以免影响牙齿的健康。

不要加热

酸奶中的活性乳酸菌，如经加热或开水稀释，便会大量死亡，不仅特有的风味会消失，还会让营养物质也损失殆尽。所以饮用时不必加热常温即可，也不要加开水饮用。

少给宝宝吃腌制食品

腌制品中亚硝酸盐含量过多

此时宝宝已经能明确选择自己喜欢的食物，有的宝宝会很爱吃酸菜、泡菜、咸菜、咸鱼、火腿、香肠等食品，但是这些食物均含硝酸盐和亚硝酸盐。这对宝宝的大脑和身体的发育都有不利的影响。

食盐过多会影响黏膜系统

食盐过多会对肠胃有害，并导致高血压，肾负担过重，导致鼻咽癌，易溃疡和发炎等现象。尤其宝宝的发育还很不完全，身体器官的抵抗力和调节能力都很弱，吃过多盐分的食物，会导致宝宝的肾负担过大而影响宝宝发育。

易引起人体维生素C缺乏

蔬菜在腌制过程中，维生素C被大量破坏，腌制后，维生素C的成分几乎“全军覆灭”。大量吃腌菜，会造成人体维生素C缺乏。

宝宝饮食的注意事项

如何培养宝宝正确的饮食习惯

宝宝从此阶段开始就应该逐渐培养正确的饮食习惯、慢慢适应成人饮食。家长不要过多地干涉宝宝的饮食，要保护宝宝自己对食物做出选择的能力。但也需要注意，像烧烤、火锅、腌渍、辛辣等刺激性食物，不可给宝宝喂食，要选低盐少油的清淡食物。虽说动物肝脏营养且富含维生素A，但也要适量服用，每天食用12克是比较适宜的，如过度食用也会影响宝宝健康。

接近2岁的宝宝仍然不能以鸡蛋为主食，家长为了宝宝身体健壮，几乎每餐都给宝宝吃鸡蛋，这种做法不科学。3岁之前的宝宝胃肠功能尚不成熟，所以摄入过多的鸡蛋会增加宝宝肠胃负担，易引起宝宝消化不良。

少吃多餐

有的父母总是想尽办法让宝宝多吃，生怕自己的宝宝长得慢，而俗话说："饱食众疾"，因为是过多地进食，不仅会使女孩初潮来得早，未来患乳腺癌的危险也大，还会为日后患高血压埋下隐患。同时，使大量的血液存积在胃肠道以助消化，造成大脑缺血、缺氧而妨碍脑发育，由此降低智商。更为糟糕的是过于饱食还可诱发大脑中纤维芽细胞生长因子分泌增多，使血管壁增厚而血管腔变小，因此，供血减少而更加加剧大脑缺氧。

饮食要清淡

父母给宝宝的膳食调味品应做到四少一多的原则。即少糖、少盐、少酱油、少味精、多醋。同时，还应该尽量避免咸、腌食品、食用罐头和含钠高的加工食品。味精、酱油、虾米等含钠极高，宝宝可限量进食。

专家建议，**1～6岁的宝宝每天盐不应超过2克，1周岁以前以每日不得超过1克为宜，3个月后的宝宝可适当吃些咸食。**宝宝膳食中应该加盐，只是尽量避免过多。对患有心脏病、肾炎和呼吸道感染的宝宝来说，更应严格控制饮食中的盐摄入量。

建议用"餐时加盐"的方法控制盐量，既可以照顾到口味，又可以减少盐摄入量。餐时加盐，即烹调时，或起锅时，少加盐或不加盐，而在餐桌上放一瓶盐，等菜肴烹调好端到餐桌时再放盐。因为就餐时放的盐主要附着于食物和菜肴表面，来不及渗入内部，而人的口感主要来自菜肴表面，所以吃起来咸味已够。这样既控制了盐量，又可避免碘在高温烹饪中的损失。

不适合宝宝吃的食物

此时宝宝开始学习成人的饮食，但多数的家长会采取“大人吃什么，宝宝就跟着吃什么”，尤其是终日在外面工作的职业女性，大多都会选用以便利性为主的食品，如：饼干、糖果、丸子、酸奶、薯条、汉堡等食物。你知道哪些食物是不适合宝宝食用的吗？

口味较重的调味料

沙茶酱、番茄酱、辣椒酱、芥末、味素，或者过多的糖等口味较重的调味料，容易加重宝宝的肾脏负担，干扰身体对其他营养素的吸收。

生冷海鲜

生鱼片、生蚝等海鲜，即使新鲜，但未经烹煮过程，容易发生感染及引发过敏的现象。

质地坚硬的食物

花生、坚果类及爆米花等食物，容易使宝宝呛到，尽量不要喂食宝宝。此外，像纤维素多的食材，如菜梗或是筋较多的肉类，都应该尽量避免食肉。

蜂蜜

蜂蜜是一种纯天然的而且无法消毒的食物，因为含有梭状肉毒杆菌芽孢，当受肉毒杆菌污染时，会在肠道内繁殖并释放出肉毒杆菌毒素，造成肉毒杆菌素中毒，再加上胃肠不易吸收，所以不应该让宝宝过多食用。

经过加工的食品

食品加工过程会破坏维生素，将蔬菜和水果晒干，可破坏维生素C，不过在风干的过程中维生素C损坏较多；水果在加工的过程中，维生素C经糖等泡后几乎完全破坏了；蔬菜经过腌制，维生素C大部分被破坏。

要满足宝宝对维生素C的需要，宝宝多吃新鲜水果和蔬菜即可。

经过油炸的食物

大量的食用油炸食品会对宝宝的智力、身体等发育产生很大的影响。过多的食用油炸食品，会使宝宝摄取过多的热量，加上宝宝的运动量比较少，很容易导致宝宝肥胖。另外，油炸食物会破坏食物中的维生素等营养物质，降低食物的营养价值。

宝宝肥胖严重时将会影响到身体的激素代谢，尤其是用于代谢血糖的胰岛素，从而导致宝宝血糖的紊乱。对宝宝的身高尤其是智力也会造成严重的影响。

饱餐后不要马上喝汽水

在进食后，胃黏膜会分泌出较多的胃酸，如果马上喝汽水，汽水中所含的碳酸氢钠就会与胃酸发生中和反应，产生大量的二氧化碳气体，这时胃已被食物完全装满，上下两个通道口即贲门和幽门都被堵塞，因此，二氧化碳气体不容易排出，积聚在胃内，所以胃感到胀痛，当超过胃所能承受的能力时，就有可能发生胃破裂或穿孔。

适量给宝宝吃水果

对于宝宝来说，水果虽好，营养丰富，但是也不能多吃。水果的主要成分就是果糖，宝宝摄入的果糖过多会造成缺乏铜元素，影响骨骼发育。吃过多水果，会导致宝宝腹泻、呕吐。

不要喂宝宝太硬的食物

1.5～2岁的宝宝应该可以吃很多种类的食品了，但是有些食品还是不能喂给宝宝。比如，类似蚕豆等硬的食品不要给宝宝吃，不光是出于牙齿的考虑，这些食品也有可能误入气管导致窒息。

换乳不宜太晚

给宝宝及时换乳

在宝宝1.5～2岁期间，没有断母乳的宝宝应尽快换乳，不换乳将不利于培养宝宝适应其生长需求的饮食习惯，更不利于宝宝身心的发展。此时的宝宝营养性贫血较多见，营养性贫血既与生长发育过快有关，也与喂养不当有关系。母乳或牛乳的含铁量都不高，如果没有适当地添加含铁丰富且易吸收的食物，如肉、肝脏、鱼、血豆腐、大豆、小米等，宝宝就很有可能发生缺铁性贫血症状。

在给宝宝添加食物时，应注意添加蔬菜、水果类食物，如柑橘、红枣、番茄等，可提高肠道对铁的吸收率。

宝宝不宜吃纯糖食物

纯糖和纯油脂的食物宝宝不宜过多摄入，如巧克力、糖果、含糖饮料、冰淇淋等食物，摄入过多会造成宝宝食欲下降，影响宝宝的生长发育，特别是在正餐前要禁止摄入纯糖和纯油脂的食物。

在宝宝1岁前是不需要摄入白糖的，1岁以后宝宝可以摄入白糖了，有些父母认为葡萄糖比白糖好而用葡萄糖替代白糖，这种做法是错误的。宝宝摄入的食物中，碳水化合物就是糖类，在体内均可转化成葡萄糖。因此，宝宝不宜再摄入过多的葡萄糖，更不能用葡萄糖代替白糖。

如果经常用葡萄糖代替白糖，那么宝宝肠道中的双糖酶和消化酶就会失去作用，长此以往就会使消化酶分泌功能低下，导致宝宝的消化能力减退，从而影响到宝宝的生长发育。

不要强迫宝宝进食

父母强迫宝宝进食，使进餐时的气氛紧张，也会影响宝宝的生长发育。因此，要给宝宝选择适合自己食物的权利。给宝宝制作食物时，可先喂面糊等单一谷类食物，然后再喂蔬菜水果、接着再添加肉类，这样的顺序可帮助宝宝消化吸收，并且符合宝宝消化吸收功能发展的规律。

此时，宝宝的食物就可以是肉泥和固体食物，可以把水果直接给宝宝吃，如苹果、香蕉等。让宝宝自己吃会有很大的乐趣。

给宝宝制作泥糊状食物时，应选择加工后颗粒细小，口感细腻嫩滑的食物，如苹果泥、蒸蛋等，这些食物有利于宝宝的消化吸收，等宝宝出牙后，可给宝宝喂食颗粒较粗大的食物，这有助于锻炼宝宝的牙齿，促进咀嚼功能的发展，这些方式都可让宝宝逐渐适应各种饮食，一定要避免强迫宝宝进食不喜欢吃的食物。

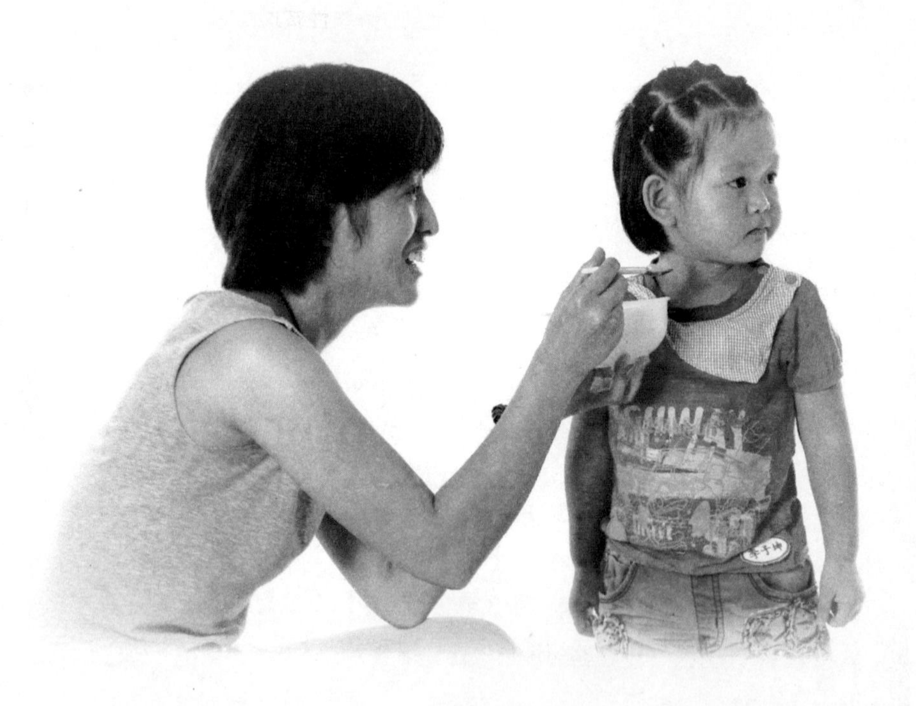

本阶段宝宝的日常照顾

Benjieduan Baobao de Richang Zhaogu

生活环境

为宝宝布置适度刺激的环境

有意识地给宝宝一些粗细、软硬、轻重不同的物品，使其经受多种体验。要注意给宝宝布置生活环境，不能给宝宝的玩具太多、太杂，显得“刺激过剩”，这样反倒使宝宝无所适从，导致宝宝兴趣不专一，注意力不易于集中，也不利于培养宝宝有条理的习惯。

在环境中给宝宝提供的东西不可过多，适度就行，但要注重启发宝宝多想一些玩的方法，激发宝宝动脑动手的兴趣。

给宝宝探索环境的机会

因为这一时期的宝宝会在家里爬上爬下，找东找西。家长不能因为怕宝宝把家里的东西搞乱，而把零散东西收拾起来，除了把危险、不安全的因素“收”起来后，应该有意识地提供给宝宝一些不同的、有趣的物品，使宝宝经受多种体验。宝宝也会怀着好奇和兴趣去摆弄各种物品，从中探索到各种物理知识和心理经验，对发展宝宝的智力也是很有利的。

宝宝有嫉妒心理怎么办

从1.5～2岁起，人的嫉妒心理就开始有了明显而具体的表现。起初，宝宝的嫉妒大多与妈妈有关。生活中，我们常可能看到这样的情形，当妈妈把自己的注意力转移到其他宝宝身上时，宝宝就会以攻击的形式对其他宝宝发泄嫉妒。

在幼儿园里，宝宝也会因为与小朋友争老师的宠爱，而表现争风吃醋，比如，如果老师夸奖其他小朋友，心存嫉妒的宝宝会大声喊叫："我也会啊！"宝宝直接而坦率地表露情感，根本不考虑后果。所以，应该积极地帮助此期的宝宝摒弃这一不良的嫉妒心理。

嫉妒心理产生的原因

一般宝宝产生嫉妒心理的主要原因有：受大人的影响，有些大人之间互相猜疑，互相看不起，或当着宝宝面议论、贬低他人，会在无形中影响宝宝的心理；另外，有的家长喜欢对自己的宝宝说他在什么方面不如某个小朋友，使宝宝以为家长喜欢其他小朋友而不爱自己，由不服气而产生嫉妒；也有的宝宝则因为能力较强（他自己也认为自己很有能力），而又没有受到"重视"和"关注"，所以，才会对其他有能力的小朋友产生嫉妒。

再有，家长比较溺爱的宝宝，更容易出现这样的问题。只有了解了宝宝产生嫉妒的原因，才能对宝宝进行有针对性的教育。

纠正宝宝嫉妒的方法

建立良好的环境

父母应当在家庭中为宝宝建立一种团结友爱、互相尊重、谦逊容让的环境气氛，这是预防和纠正宝宝嫉妒心理的重要基础；**要正确评价宝宝，如果表扬不当或表扬过度，就会使宝宝骄傲，进而看不起他人，或对自己产生不正确的印象，继而在特定的情况下，导致嫉妒的产生，**所以，家长也应该适当地指出宝宝的长处和短处，使宝宝明白人人都有长处和短处，小朋友之间要互相学习，帮助宝宝正确评价自己。

进行谦逊美德的教育

让宝宝懂得“谦虚使人进步，骄傲使人落后”的道理。让宝宝明白即使别人没有称赞自己，自己的优点仍然存在，如果继续保持自己的优点，又虚心学习别人的优点，就会真正地长久的得到大多数人的喜爱。

要引导宝宝树立正确的竞争意识

家长要引导和教育宝宝用自己的努力和实际能力去同别人相比，不能用不正当、不光彩的手段去获取竞争的胜利，把宝宝的好胜心引起积极的方向。

宝宝为什么会说谎

宝宝说谎的原因

宝宝说谎主要有两方面原因：第一，自卫。当宝宝意识到如果实话实说有可能受到惩罚时，宝宝往往会出于自卫的心理而说谎。第二，想象与现实分不清，将未满足的愿望或幻想当成现实。

这种情况是由宝宝正常心理发育的特点所决定的，宝宝的记忆保持时间不长，他们往往会把想象中的事情当做现实中发生的事情，这样就会产生所谓的“说谎”现象。

如何纠正宝宝说谎

首先，父母应该如实传达宝宝即将面临的情感体验，无论这种体验是积极的还是消极的，都应按照宝宝自己感受到的去说。

比如，宝宝生病了需要打针吃药，有些父母往往会骗宝宝说打针不疼、吃药不苦，这种做法是不正确的，即使是善意的谎言。

其次，家长与宝宝说话时，家长不要有言语方面的暗示。

比如，妈妈早上催宝宝起床上学时，宝宝还想再睡一会儿，哼哼唧唧的一脸苦相不愿起床，此时妈妈最好不要问："是不是哪儿不舒服了"之类的话，这会驱使宝宝为达到目的而谎称头痛或肚子痛。

再次，父母作为宝宝的启蒙老师，在日常生活中应言行一致，尤其应避免当着宝宝的面说谎。如果家长以身作则，宝宝也会参照而形成诚实的品质。

最后，父母应尽量做到奖惩有度。

如果宝宝是出于好奇、顽皮、不小心而非故意做错事，父母就不应粗暴体罚，而要耐心教导。如果宝宝犯了错误还说谎，父母此时应加大惩罚力度，因为他在第一个错误未更正的情况下，又犯了第二个错误。

本阶段宝宝的健康呵护

Benjiedaun Baobao de Jiankang Hehu

宝宝高热不退是怎么回事

一般情况下，由于宝宝体温调节中枢发育尚不完善，对外界的刺激反应易于泛化，因此，常会发烧到39℃～40℃。

这个年龄段的宝宝出现高热不退的原因，除感冒外，还可考虑为患儿急疹，但这种情况多在高热四五天后体温下降，全身出疹，病情好转。若宝宝患扁桃体炎、急性中耳炎，高热也多维持数天不退，应到医院请医师确诊。

请家长们注意

高热患儿除按时服药并进行物理降温外，宜在通风良好（不是穿堂风）的房间里休息。家长需注意及时给患儿补充水分，观察其尿量，尤其是饮食要求易消化、富于营养的半流质食物。

有些家长既不给宝宝服药，又没有对其进行精心护理，只知道带宝宝去医院，甚至1天去4～5次医院，其实这种做法对宝宝病情反而不利。

如何预防宝宝急性结膜炎

急性结膜炎是细菌或病毒感染所导致的眼结膜急性炎症。急性结膜炎的患儿发病急，常见的症状有眼皮发红、肿痛、怕光、白眼珠发红、眼角分泌物多、睡醒时甚至睁不开眼，有时眼周、颊部也红肿，并伴等症状。

这种病传染性很强，因此，患儿的眼泪及眼角分泌物接触到的物品，如脸盆、手巾等，都应单独使用；给患儿点眼药的前后都要用肥皂洗手；不要用给患儿擦过药的手揉眼睛；在医生的指导下使用眼药，再服用消炎药就可以很快治愈。

提防宝宝啃咬物品中毒

防范原因

此阶段的宝宝喜欢往嘴里放一些东西，有些东西可能含有毒性，在宝宝将一些东西送入口中的时候，危险也随之而来，所以，家长一定要做好监护工作，提防宝宝啃咬东西中毒。

安全防范措施

一些文具含有毒素，如铅笔外面的彩色图案可能含有重金属，这会在宝宝啃咬时发生危险，所以应教育宝宝不要啃咬铅笔或其他一些物品。

宝宝的一些饰品也会给宝宝带来危害，**如亮晶晶的耳环，项链、手链或脚环等，这些都是宝宝的最爱，但这些饰品的材质中含有毒性，如铅等，并且对于小件的饰品，宝宝还有可能吞入肚子而发生危险，**所以，家长尽量不要让宝宝佩戴饰品，并且还要将一些小件的饰品收起来，以免宝宝吞进肚子发生危险。另外，其他的一些东西都要预防宝宝啃咬，随时发现随时制止。

当然，对于处于口欲期的宝宝来说，制止他不往嘴里放东西是不可能的，所以，为了满足宝宝特殊的生理需要，也可以适当的买些淀粉玩具给宝宝玩，这种玩具以淀粉为材料制作而成，避免了其他物品可能产生毒性的特点，这样即使宝宝啃咬，也不会出现问题。

2～3岁的幼儿

本阶段宝宝特点

Benjieduan Baobao Tedian

身体发育标准

体重	男孩平均14千克，女孩平均13.4千克
身长	男孩平均95.1厘米，女孩平均94.2厘米
头围	男孩平均49.2厘米，女孩平均48.5厘米
胸围	男孩平均50.9厘米，女孩平均49.7厘米
牙齿	乳牙已经长全，共20颗

生长发育标准

睡眠

此阶段的宝宝，平均每天晚上要睡10～12个小时，一般不会再有夜啼的现象了。但遇到生病或精神受太大刺激时，还会出现夜间哭闹的现象。

排便

一旦发现宝宝有大小便的表示，一定要迅速做出反应，不能拖延，因为宝宝只能自我控制很短时间。

每当宝宝能自己控制住大小便并主动表示出来时，应及时表扬，让他产生一种自豪感，这有助于宝宝规律大小便习惯的养成。

智能发育状况

动作

大型的体育器械对于2～3岁的宝宝来说，比较难以操作，但宝宝对此却很好奇。所以为了满足宝宝的好奇心，从小激发他运动的热情，家长可以带宝宝去玩大型的运动器械。引发玩的兴趣，同时指导宝宝正确地玩耍。比如玩大型滑梯，家长要告诉宝宝攀高时手要抓紧、脚要踩牢，要缓慢地走到滑梯顶端，坐在滑梯里慢慢滑下来。让宝宝多玩几次，在他们攀、爬、滑等一系列的活动中发展运动能力。鼓励宝宝尝试其他更多的大型体育器械，关键是要告诉他们怎么玩，激发他们玩的兴趣，并参与实践。

在此阶段，家长可以带宝宝到户外玩耍，如放风筝、登山等等，这可以让宝宝在一系列的走、跑、跳运动过程中，增加宝宝的腿部力量，保持身体平衡性和协调性，使其身体运动智能得以良好的发展。

语言

让宝宝向别人介绍自己，清楚地讲出自己的姓名、年龄和性别，可以有效地培养宝宝的语言表述能力，此外对于培养他们的语言智能有着很重要的作用。

平时家长应收集一些好听的、通俗易懂、短小精悍的诗歌、儿歌念给宝宝听。在给宝宝念诗歌、儿歌的同时，也可结合宝宝的生活，合理地选择。如宝宝要睡了，妈妈可以念“宝宝困了”，如果宝宝吃饭吃不干净，妈妈可以抓住这一机会，对宝宝进行教育，给宝宝念“锄禾日当午”等，这样做可以培养宝宝对语言的理解能力、欣赏能力等。

心理

宝宝只有知道自己确实是存在的，才能知道如何爱护自己。对于此阶段的孩子已经明确了自己的存在，知道自己的身体部位，也能表达自己的各种感觉，如疼痛感、饥饿感等。但因为年龄关系，他们仍需要深化对自己外在特点的认识，这样才能逐渐使宝宝在心理上形成对自己的深刻认识。因此，父母要在日常生活中，通过各种方式来训练孩子认识自我。

每天坐下来和宝宝说会儿话，我听你说或你听我说，无论宝宝说什么话，都不要训斥宝宝。对于年龄较小的宝宝，他们的语言表述能力还不完善，所以家长在跟他们聊天时，宝宝总会出现言语不连贯、用语不当、重复等情况，对此，家长不可当面指责，只要多示范，宝宝渐渐就会进步了。

智能发育与潜能开发

Zhineng Fayu yu
Qianneng Kaifa

宝宝个性培养与生活自理训练

对于2～3岁的宝宝来说，许多令人兴奋的事情都发生在这个阶段，所以该阶段对宝宝是一个挑战。对于爸爸妈妈来说，这并不是一个令人讨厌的阶段，而是一个令人惊奇的阶段。

这时宝宝会处处模仿大人——妈妈扫地他也扫地；爸爸擦桌子他也擦。在自理能力上，开始学着大人的样子拿起牙刷刷牙。在个性上，这时宝宝既独立又依赖，因此好多做爸爸妈妈的都抱怨说："我家的宝宝快成了'小尾巴'了。"

宝宝的个性发展与培养

2～3岁的宝宝个性发展非常快，这时宝宝体会到了自己的意志力，懂得有可能通过争斗来统治别人。 这时候宝宝的括约肌也开始发挥作用，宝宝学会了控制大小便，可是一旦失禁并挨了训斥，宝宝就会觉得羞愧。这个时期宝宝的性格可以从三个方面来描述：

活动性，即所有行为的总和，包括运动量、语速、充沛的活动精力等等；情绪化，即易烦乱、易苦恼、情绪激烈，这样的宝宝比较难哄；交际性，即通过社会交往寻求回报，这样的宝宝喜欢与别人在一起，也喜欢与别人一起活动，他们对别人反应积极，也希望从对方那得到回应。宝宝的性格是这三个部分的混合体，三部分的比例可能有多有少。

不同个性宝宝的培养方案	
好动的宝宝	好动的宝宝动个不停，睡眠不多，爸爸妈妈要适应他的这种特点，并且鼓励宝宝在其他两方面也要有所发展
情绪化的宝宝	情绪化的宝宝爱哭闹，爸爸妈妈就要细心的照料、支持、指导和帮助宝宝，这样会让宝宝觉得更安全些，也就不会那么易于激动了
爱交际的宝宝	爱交际的宝宝与好动的宝宝一起玩游戏能鼓励他们集中注意力，并延长他们集中注意力的时间

宝宝的心理特征与教育

这时宝宝的逆反心理开始出现，并且好奇心也很强，于是凡事宝宝都想自己解决，但由于经验不足，不仅常常把事情搞砸了，也会给身边的人带来很多麻烦。此外，这时宝宝的依赖心理与分离焦虑情绪也很明显，由于这些个性特点，使宝宝很难与人相处。

● 依赖心理与分离焦虑

妈妈才刚离开一会儿，宝宝就早已鼻涕眼泪的涂了一脸，这到底是怎么回事呢？本阶段正是宝宝产生“依赖”心理之时，因此这时宝宝会对最亲近的人产生“分离焦虑”，他就像一块橡皮糖似的黏着妈妈，否则会哭闹不休，如此“依赖”会让妈妈很伤脑筋，在这时，爸爸妈妈常常会考虑是否应该将宝宝送入托儿所。

● 逆反心理

这时宝宝的逆反心理也出现，凡事都想自己来做。

由于各种能力的不断增长，宝宝会走、会跑、会说话，所以他会常常觉得：“我已经长大了，可以自己完成所有的事。”以至于凡事都想自己来做，但是往往做得不是很好，弄得爸爸妈妈也跟着紧张。

对于照顾者来说，2岁多的宝宝真是太难对付了，不闹时乖得像可爱的小天使，一旦发起脾气来简直像个“小恶魔”，实在让人不敢领教。

● 难以与人相处

2岁多的宝宝即使上了托儿所，通常也是老师心中难缠的角色，因为这时的宝宝比较容易出现抢同学玩具的情形，偶尔还会出现咬人、推人的情况。其实，这与宝宝心理的变化有一定的关系。

宝宝刚从舒适的家里进入另一个陌生的环境，难免会有些不适应，在家里他是唯一的宝贝，他会理所当然地认为："所有的东西都是我的！"看到别人有的东西自己也想拥有，这是2岁宝宝的一个特性，也是爸爸妈妈和老师们最感棘手的问题。

● 2～3岁宝宝的心理教育

2～3岁的宝宝心理和行为都在发生变化。

随着智力和语言能力的发展，宝宝开始有了一些属于自己的想法，但是由于没有自己处理事情的实践经验和能力，因此常常会有一些不容易让别人理解的行为出现，从而造成爸爸妈妈的困扰，增加了亲子之间的冲突。

但是如此反而会让宝宝更加任性，爸爸妈妈应该拥有正确的教养观念：疼爱宝宝，但不要溺爱宝宝，在宝宝淘气时要坚持原则；当宝宝吵闹时，要用他可以理解的话语告诉他，那样做是不对的。

与宝宝更好相处的教育方法	
一致性的教育模式	如果宝宝已经入托了，爸爸妈妈要多与学校的老师沟通。爸爸妈妈可以将宝宝在家里的情况记录下来，然后将记录带到学校和老师一起讨论，建立起家庭教育和学校教育尽量一致的教育模式，这样才不会使宝宝无所适从，同时对宝宝的心理和行为也比较容易把握，易于引导
故事教育	许多爸爸妈妈也许会质疑："和小宝宝讲道理，他能听得懂吗？"可千万别小看宝宝的能力，用宝宝听得懂的语言与他对话，效果通常都不错。很多时候，用讲故事的方式来引导宝宝，尝试和宝宝正向沟通，或许会有意想不到的效果
坚持原则	不少爸爸妈妈在宝宝要脾气时，会采取妥协、满足宝宝的需求等消极的解决方式，以求能迅速地让宝宝安静下来

培养宝宝良好的人格品质

3岁前期是个性的奠基和萌芽时期，从这时起培养宝宝品质，有益于宝宝将来成为一个热爱生活、有所作为的人。宝宝的良好品质大致有：爱心、快乐、信念、勇气、正直。

● 五种优良品质

五种良好的人格品质	
爱心	爱心是美的心灵之花，有助于形成良好的情操。爸爸妈妈本身具有一颗仁慈的心，宝宝能模仿和体验到爸爸妈妈的爱心，并能逐渐获得爱心
快乐	快乐的经历有助于造就高尚而杰出的个性，使人热爱生命。让宝宝做他自己想做的事情，并让宝宝在亲子交往中获得快乐，有助于培养宝宝乐观向上的精神和活泼开朗的性格
信念	在这时期虽然宝宝还谈不上有信念，但已经有了自己幼稚的计划和愿望，爸爸妈妈要慈爱而耐心地倾听，并予以鼓励
勇气	在宝宝遇到困难时，爸爸妈妈要鼓励宝宝有勇气和信心，自己想办法克服困难、解决问题
正直	拥有正直的品德才会拥有真正的朋友，获得真正的友谊。2～3岁的宝宝是靠最初的模仿来实践正直的品德的，所以爸爸妈妈应成为正直的典范

● 好品质的培养方法

使宝宝拥有良好品质，爸爸妈妈要从以下做起：

尊重并多给一些自由：培养宝宝优良的品质，首先爸爸妈妈必须学会尊重宝宝，并多给他一点自由，这对宝宝独立性与创造性的培养是非常重要的，而独立性和创造性的培养又是形成完美个性的重要内容。

爸爸妈妈在对宝宝日常生活的照顾中，一定要从实际出发，尽力做到：**让宝宝自己学习，自己作出各种决定；允许宝宝用更多的时间去学习新东西；指导宝宝去完成较难的任务；并且要注意倾听宝宝的需求……**总之，要使宝宝受到尊重和重视，给他进行创造性尝试和独立思考的机会。

爸爸妈妈对宝宝表现出的任何一点创造性的萌芽，都要给予热情的肯定和鼓励，这样才能有助于宝宝从小养成独立思考和勇于创新的个性品质。

以身作则，树立榜样：爸爸妈妈要树立起榜样，要以自己的良好的个性品质去影响宝宝。宝宝大部分的行为方式，是模仿爸爸妈妈的行为学到的。

表扬和批评要恰如其分：爸爸妈妈要运用适当的表扬和批评，帮助宝宝明辨是非，提高道德判断能力，这在宝宝个性发展中起着“扬长避短”的作用。不过，爸爸妈妈在表扬宝宝时，要着重指出宝宝值得表扬的品质、能力或其他方面的具体行为，而不宜表扬宝宝整个人，不宜笼统地加以肯定或赞赏。

健康的身体与情绪：培养宝宝的良好品质，要保证宝宝有个健康的体魄和愉快的情绪，因为一个人的个性往往与他的体质、情绪有关，宝宝如果长期身体不好，就会表现出性情忧郁；而宝宝身体健康，往往会表现出活泼可爱。

培养宝宝好品质的亲子游戏

二人三足

适合月龄：2～3岁的宝宝

游戏过程

把绳子绑在妈妈和宝宝的脚上，一起向预定的终点进发；边走边可以喊“1、2、1、2”的口号，促进两个人行动一致。

游戏目的

让宝宝学会互相合作。

跷跷板

适合月龄：2～3岁的宝宝

游戏过程

妈妈的大手牵着宝宝的小手，让宝宝坐在妈妈的脚上，用妈妈的大脚托起宝宝，然后妈妈的脚上下摆动，让宝宝找到跷跷板的感觉。

游戏目的

培养亲子之间的情感，营造和谐的家庭气氛。

宝宝穿衣能力培养训练

宝宝在上了幼儿园之后，必须要自己穿、脱衣裤，如果宝宝在家没有掌握这项本领，到了幼儿园后，看到别的小朋友会自己穿、脱衣裤，内心就会产生紧张甚至自卑的心理，这对宝宝尽快适应入园生活和心理健康发展会产生不良的影响。

爸爸妈妈必须在入园前，就教会宝宝自己穿、脱比较简单的衣物。

●穿上衣训练

通常，宝宝的上衣有的前面系扣，有的套头，套头的衣服穿起来相对比较麻烦，因此爸爸妈妈可先从教宝宝穿前面系扣的衣服开始，再教他穿套头衫。刚开始，爸爸妈妈可以通过玩游戏的方式，激发宝宝穿衣时配合的热情。如让宝宝学习把胳膊伸进袖子里，可以这么说“宝宝的小手要钻山洞了”，慢慢的，宝宝就会自觉地把胳膊伸进去。

教宝宝学扣扣子时，爸爸妈妈要先告诉宝宝扣扣子的步骤：先把扣子的一半塞到扣眼里，再把另一半扣子拉过来，同时配以很慢的示范动作，反复多做几次，然后让宝宝自己操作，并要及时纠正宝宝不正确的动作。

穿套头衫时，要先教宝宝分清衣服的前后里外，领子上有标签的部分是衣服的后面，有兜的部分是衣服的前面，有缝衣线的是衣服的里面，没有缝衣线的是衣服的外面。然后，再教宝宝穿套头衫的方法：先把头从上面的大洞里钻出去，然后再把胳膊分别伸到两边的小洞里，把衣服拉下来就可以了。

●穿裤子训练

学习穿裤子和学习穿上衣一样，都要先从认识裤子的前后里外开始。裤腰上有标签的在后面，有漂亮图案的在前面。

爸爸妈妈先教宝宝把裤子前面朝上放在床上，然后把一条腿伸到一条裤管里，把小脚露出来，再把另一条腿伸到另一条裤管里，也把脚露出来，然后站起来，把裤子拉上去就可以了。

● **穿鞋子训练**

给宝宝准备的鞋子最好是带粘扣的，这样比较方便宝宝穿、脱。妈妈要先教宝宝穿鞋的要领：把脚塞到鞋子里，脚指头使劲儿朝前顶，再把后跟拉起来，将粘扣粘上就可以了。对宝宝来说，分清鞋子的左右，是一件困难的事情，通常需要很长的时间练习才能掌握。

宝宝如厕能力培养训练

在培养宝宝的如厕能力时，爸爸妈妈要专门带宝宝到卫生间熟悉环境，让宝宝逐渐了解排大小便都应该在卫生间里进行。

如果宝宝够不着冲水的按钮，爸爸妈妈可以帮忙，但一定要让宝宝参与，这样有利于宝宝养成便后冲水的好习惯。

大便有规律

爸爸妈妈可根据对宝宝大便情况的观察，到差不多的时间就开始把他，让宝宝形成固定的条件反射。等宝宝可以独立蹲下大便后，爸爸妈妈可以提醒宝宝该大便了，直到不需要提醒、宝宝也能在固定的时间自己大便为止。

让宝宝学会使用蹲厕

由于大部分幼儿园或其他公共场所的卫生间是蹲厕，使用蹲厕的方法和使用坐便器不同，因此，需要对宝宝进行蹲厕训练。

便后擦洗的卫生习惯

便后擦洗是必须养成的卫生习惯，即使3岁的宝宝，一般也还做不到自己完全擦干净，所以需要进行专门训练。

妈妈可以先将手纸撕下来叠成小方块，拉完后，在肛门边多擦几次，注意，告诉宝宝尽量不要让手碰到，也不要使太大的劲，以防将手纸弄破。

宝宝一般都很喜欢玩水，洗手对他来说通常是一件趣事，一般都会主动配合，妈妈只需教给宝宝正确的洗手方法就可以了。

宝宝吃饭能力培养训练

宝宝在上幼儿园之前，还没有学会自己拿勺吃饭，到了幼儿园，吃饭这种简单的事情，就会引起宝宝的紧张情绪，这种紧张的心情不仅会影响宝宝的胃口，还会影响宝宝对幼儿园生活的认可。因此，让宝宝学会自己吃饭，是必不可少的一个环节。

● 培养按时吃饭的习惯

在家中，有的爸爸妈妈过于迁就宝宝，想什么时候吃就让他什么时候吃，一方面会增加爸爸妈妈的负担，另一方面还会使得宝宝无法形成良好的饮食规律，入园后自然无法适应，在这一点上，爸爸妈妈要做到定时开饭。

● 不挑食、不偏食

无论从宝宝生长发育的角度，还是从入园准备的角度来看，爸爸妈妈都应该让宝宝养成不挑食、不偏食的好习惯。

数学思维及想象力开发训练

要想让宝宝喜欢学数学，就要从小培养其欣赏艺术。因为，聆听音乐和涂鸦绘图，会对人类形成一定的信息刺激，这些刺激会在宝宝的头脑之中形成稳定的“链接”，而这些“链接”对促进大脑学习数学，思考抽象的逻辑问题产生积极的影响。

在宝宝3岁之前，如果爸爸妈妈能经常和他一起听音乐、涂鸦绘图，就等于在为宝宝日后学数学做好了充分的准备。

让宝宝喜欢上数学小游戏

这个年龄段是宝宝计数能力发展的关键期，爸爸妈妈在生活中要多对宝宝进行“数量与数字的积累”教育，如和宝宝一边走，一边说：“1步，2步，3步……”也可以让宝宝数生活里一切能数的东西，培养宝宝对数与量的理解能力。

在教宝宝学数学的同时，爸爸妈妈还要注意宝宝逻辑能力的培养，比如让宝宝比较远近，来开发宝宝的思维能力。

测量粗细

适合月龄：2～3岁的宝宝

游戏过程

让宝宝环抱粗壮的大树和妈妈的腿，然后让宝宝观察粗细。让宝宝体会不同的形状与粗细。

游戏目的

通过环抱不同粗细物体的游戏，能提高宝宝的观察力，建立粗与细的概念。

宝宝想象力开发小游戏

俗话说："3岁小孩粘人精。"这个年龄的小孩对任何事物的态度都很认真，凡事喜欢追根究底，喜欢"动手动脚"。但爸爸妈妈千万不要以为这是坏毛病，因为这是宝宝的想象力在发挥作用。

爸爸妈妈在这个时候，一定要耐心，给小天才们更多思考的机会和动手的机会，给他们更多的主动权，如从识别图形改为画出认识的图形，让宝宝组合、拆分一些结构较复杂的物品，让宝宝做一些简单的小实验与动手小游戏。

做一个纸花园

适合月龄：2～3岁的宝宝

游戏过程

在阳光明媚的下午，由爸爸妈妈带着宝宝一起动手做一个纸花园。用剪刀将彩色的剪纸剪成郁金香花朵的形状，然后用透明胶带把它们粘在吸管上，再将这束鲜花插在花瓶中，让房间充满温馨的气氛。

游戏目的

通过家人的互动，增进爸爸妈妈与宝宝之间的相互了解，相互关爱。通过自制鲜花，提高宝宝的动手能力及创新思维。

宝宝认知与社会交往能力培养

在这时期，爸爸妈妈要多让宝宝走出家门，在外界广阔的天地里除了让宝宝学习运动、语言，以及与人交往的能力之外，也让他有充分的时间观察外界五颜六色的花草树木以及环境的变动，以锻炼宝宝的认知、视听和观察的能力。

宝宝社交能力培养训练

培养宝宝的社交能力，爸爸妈妈要扩展宝宝的交际圈。平时，要经常带宝宝外出做客或购买物品，还要经常请邻居小朋友或者宝宝的小伙伴到家中与宝宝一起玩。

● 协同合作

爸爸妈妈要想办法为宝宝创造这种一起玩的条件。为宝宝提供与同伴一起玩的机会，如到邻居家串门，再安排需要两人合作的游戏，如盖房子、拍手、拉大锯等，训练宝宝能与同伴一起玩。

让宝宝与同龄宝宝一起玩，给他们相同的玩具，以避免争夺。**当一个宝宝做一种动作或出现一种叫声时，另一个宝宝会立刻模仿，互相笑笑，这种协同的游戏方式是此时期的特点。**宝宝们不约而同的做法会使他们因为默契而得到快乐。

● 分享食物和玩具

经常讲小动物分享物品的故事给宝宝听，让宝宝知道食物应该大家一起分享。在宝宝情绪好的时候，给他两块糖，告诉他拿一块给小朋友与同伴吃。

宝宝社交智能开发小游戏

今天宝宝做东

适合月龄：2～3岁的宝宝

游戏过程

教宝宝做请柬，可以用画笔在卡片上做出一张请柬的模子，然后让宝宝学着画，然后领着宝宝去小伙伴家里发放请柬给他们，并和他们的爸爸妈妈一起招呼，让他们一定要来做客。等到小伙伴们来了以后，让你的宝宝把点心都分给他们。

游戏目的

培养宝宝动手能力、社会交往能力。

宝宝认知能力培养小游戏

随着心理的发展，宝宝的认知能力进一步发展，具有概括性和随意性，他们可以利用词把知觉的对象从背景中分出。

这时宝宝的感知表现出随意性的萌芽，也就是观察力的形成。因此，这时爸爸妈妈要引导宝宝进行初步的观察力开发。

分水果

适合月龄：2～3岁的宝宝

游戏过程

将盛着各种水果的篮子放到宝宝的面前，再拿出一些玩偶，由妈妈抱着。然后对宝宝说："大熊要吃苹果，宝宝请你帮它拿一个苹果。"随意说出篮子内的水果，或叫宝宝拿不同的水果。

游戏目的

这个游戏可以训练宝宝的认知能力和记忆力。

宝宝音乐与艺术智能开发

宝宝是天生的小音乐家。他们都热衷于音乐创造，摇椅子、拍小手、敲打玩具和跳舞等等，他们喜欢创造自己的节奏和旋律，而且乐此不疲。

涂鸦绘画可以带给宝宝丰富的感官体验。**当宝宝用手指在桌上乱划乱涂时，他的头脑里就会产生某种链接，**因此涂鸦绘画同样有助于提高宝宝的思维能力。

开发宝宝的音乐才能

爸爸妈妈可以把每天必须和宝宝一起做的琐事，唱给宝宝听，或者用宝宝最熟悉的旋律唱出他的名字；还可以把家里的锅和木勺，让宝宝自己敲打出节奏来，自己“作曲”。让音乐成为开发宝宝智能的好帮手，成为宝宝生活的一部分。

如果你的宝宝视力弱，你可以握着他的小手随着音乐一起舞动，一边唱歌，一边让他摸这摸那，认识自己的小脚趾、小胳膊等等。

如果宝宝开口说话比较迟，那么爸爸妈妈经常和宝宝一起唱他熟悉的儿歌，就是学习新词的好方法。对于宝宝来说，唱一首押韵和重复的儿歌，比说话更容易接受。

如果宝宝听声音的分辨能力弱，爸爸妈妈说得很清楚的单词，他也不能完全听懂，那么爸爸妈妈要经常自编自唱，并鼓励宝宝跟自己一起打节拍。**宝宝都是儿歌和绕口令的爱好者，他们喜欢唱歌，喜欢节奏，喜欢念朗朗上口的儿歌，有时候他们走路做事都爱合着自己发明的节奏。**

总之，如果宝宝有某些生理上的缺陷，音乐可以帮助宝宝弥补这些缺陷。因此，让宝宝了解音乐，享受音乐。这不仅有助于宝宝的语言学习，也可以产生一种令他终生受益的思维链接，让宝宝的才能在音乐中得以良好的开发。

涂鸦绘画智能开发训练

涂鸦绘画对宝宝来说，重要的是创造的过程，而不是结果。因此，爸爸妈妈最好不要要求宝宝画出什么，而是鼓励他独立地探索和发现。培养宝宝的绘画能力，爸爸妈妈要做好以下几点：

● **给宝宝准备不同种类的材料**

不一定非要买那些贵的或特别的材料，找那些家常的东西就可以了，比如，废纸、蜡笔、胶水、碎布料、报纸、鸡蛋盒、纸巾、纸盒、管子、塑料餐盘、细绳等等。

● **称赞要具体**

只说“真漂亮”是不够的，要用些特别的、描述性的语言来赞美宝宝的“杰作”。譬如具体地说说宝宝使用过的颜色或创作方法。

● **展示宝宝的作品**

当爸爸妈妈把宝宝的艺术作品贴在冰箱或墙上，让每个人都能看到时，宝宝就会感受到大人的欣喜，知道爸爸妈妈很欣赏他的创作能力。这是增强宝宝自信心的一个好方法。

● **帮助宝宝开个好头**

在绘画时，如果宝宝看起来好像被难住了，不知道该怎么开始，这时爸爸妈妈可以用提问的办法来提示他。譬如，宝宝想画只小猫，妈妈可以说：“想一想，小猫它有几条腿啊？”

音乐智能开发小游戏

扭腰踏出小舞步

适合月龄：2~3岁的宝宝

游戏过程

先教宝宝基本动作，如扭扭腰、踏踏脚、转个圈等，宝宝熟练后，就能随着音乐旋律节拍跳出以上动作。

游戏目的

让宝宝学会跟着节奏跳舞。

饮食特点

2～3岁的宝宝，已经长齐了20颗乳牙，咀嚼能力大大增强，能直接吃许多大人的食物了，如面条、鱼肉、饺子、馒头等，可是3岁儿童的咀嚼能力只有成人的20%，在准备宝宝的食物方面还是需要给予特殊的照顾。此时，较硬的食物还是不能给宝宝吃，有些食物还需要为宝宝单独做，比如肉要切碎点，炖的烂点，米饭要闷软点，千万别为怕麻烦而导致宝宝营养不良。

这个时期的宝宝活动能力已经非常强，所需要的热量能量比宝宝早期时要增多，每天所需要的热量大概为5 040～6 300千焦。**为了保证宝宝每天能够获取充分的热量，需要科学地安排好日常饮食。每天需要补充蛋白质4～50克、脂肪30～50克、牛奶400毫升、主食150～180克、水果150～200克以及新鲜蔬菜200～250克。**如果宝宝每次摄取食物的量达不到以上要求，而活动量又比较大，就需要在主餐之外再吃些点心，如糕点、饼干等。

饮食如何安排

宝宝2岁以后走路已经很轻松自如，行走的范围也不断扩大，智力发展正处于很关键的时期，所以这个时期一定要给宝宝补充足够的营养和热量来满足宝宝的需求。

加强宝宝的咀嚼能力

2岁以后已长出20颗左右的乳牙，有了一定的咀嚼能力，把肉类、蔬菜等食品切成小片、细丝或小丁就可以，不仅能满足宝宝对营养需求，还可以加强宝宝的咀嚼能力。饺子、包子及米饭等，还有各类面食都适宜这个时期的宝宝。

适当给宝宝吃些点心

根据宝宝食量的大小，每天安排三餐和一次点心，以确保每天摄入足够的营养和食物。

可以选用水果、牛奶、营养饼干等作为点心，但为了不影响正餐要控制宝宝吃点心的数量和时间。

不要给宝宝吃刺激性的食品

为了增进宝宝的食欲，宝宝的饮食要考虑到品种及色、香、味、形的变换，但是不能给宝宝吃刺激性的食品，比如酒类、辣椒、咖啡、咖喱等，也不应该给宝宝吃油条、油饼、炸糕等食品。

注意食品种类的多样化

豆类、鱼、肉、奶、蛋、水果、蔬菜、油各类食品都要吃。各类食品之间要搭配合理，粗细粮食品、荤素食品摄入的比例要适当，保证营养均衡，不能偏食。

每天要吃主食100～150克，蛋、肉、鱼类食品大概75克，蔬菜100～150克，还需250克左右的牛奶。

给宝宝制作安全好吃的零食

宝宝吃零食的问题很多妈妈都左右为难，不给宝宝吃零食，又有点不近人情，也不可能不吃；给宝宝吃吧，又担心宝宝娇弱的身体受到添加剂的伤害。试试自己动手给宝宝制作健康的小零食。

名称	原料	方法
自制烤薯片	红薯(紫薯)，植物油	先把红薯洗干净去皮，切成块；烤盘刷满植物油，把切成片的红薯铺平放在烤盘里；烤箱预热到160℃后把红薯片放入烤盘，时间为40～45分钟
奶油玉米	玉米棒，植物黄油，冰糖	先把玉米棒洗干净，切成3厘米厚的小段；将切好的玉米段放入锅里，加适量水和冰糖，用大火烧开后，用中火煮30分钟，然后放入少许植物黄油，使玉米带有香香的奶油味

本阶段宝宝的日常照顾

Benjieduan Baobao de Richang Zhaogu

及时纠正宝宝不合群

两岁以后的宝宝非常喜欢和同龄宝宝一起玩，开始转向对社会性的需求。但是也有个别宝宝不合群，这是不正常现象，出现不合群的原因可能有以下几种。

心理压抑

父母感情不和或家庭遭受挫折，易造成宝宝性格孤僻，不愿意接近陌生人。

依恋家长

有些宝宝从小没离开过家长的怀抱，适应环境的能力差。入园后爱哭闹，有的宝宝甚至出现精神紊乱现象，如有时哭着要小便，却硬是不肯尿在便盆里；平时不和小伙伴玩，不适应幼儿园的生活。

环境约束

有的家庭对宝宝过分宠爱，保护过度，不准其走街串门，使得宝宝长期失去与人交往的机会，见到陌生人显得胆怯、不自然，更不会主动找小朋友玩。

总之，无论是精神因素还是其他因素，造成宝宝不合群的主要原因是缺少交际机会。所以，父母应激发宝宝活泼的天性，抽出一定的时间和小伙伴玩耍。对于胆小的宝宝，应创造机会鼓励他多与人接触。

怎样教宝宝自己的事自己做

当宝宝满两岁以后，家长就要开始培养宝宝的自主能力，让宝宝学洗手、系鞋带、扣纽扣等。即使父母现在花点时间，麻烦一点儿，只要宝宝掌握了方法，将来父母就会变得轻松起来。

让宝宝自己整理玩具

现在的宝宝都有很多的玩具，宝宝在两岁左右就应该让他养成整理东西的习惯，家长可以适当协助宝宝。父母要在宝宝的手够得到的地方，为宝宝做一个整理架，让宝宝自己把容易收藏的玩具放在架子上。

父母在给宝宝做整理架时，可以给架子贴上蓝、黄、红、绿等颜色的纸带，玩具上也贴上这些颜色，以帮助宝宝放置各类玩具，贴有红色纸带的玩具就让宝宝收藏在有红色纸带的架子上。

不要让宝宝一次拿出很多玩具，要让他养成整理好一个再拿下一个的习惯，这样训练下去，宝宝最后的整理工作就会变得很轻松。这种习惯的养成最初要用命令的方式进行，父母要有一些强制性的指导，才能让宝宝养成习惯。

让宝宝学习简单的技能

如果父母认为两三岁的宝宝什么都不能做，那就错了。事实上，在宝宝两岁左右时，父母就可以把一块擦桌布放在他的手中，让他学着干家务，此外，还可以叫宝宝帮忙拿东西，擦桌子、椅子，扫地等简单的家务，所以，家长可以找一些简单的事让宝宝做。

让宝宝在生活中学习简单的技能是一种有效的教育方式。在教宝宝学习这些简单的技能时，无论宝宝做得怎样，家长决不可批评宝宝。家长的批评会让宝宝丧失信心，而且还会让宝宝感到自卑。宝宝自己动手做事的习惯就难以养成，直接影响了宝宝以后的自理能力。由此可见，家长应该重视宝宝的做事成果，鼓励宝宝做事，宝宝就会对自己更有信心，也会增强生活的自理能力。

本阶段宝宝的健康呵护

Benjieduan Baobao de Jiankang Hehu

培养宝宝的自我保护意识

引导宝宝记住父母或家人的名字、地址等；不要碰家里的一些危险用品，如插座、煤气、酒精等。告诉宝宝不能乱吃药，特别是带甜味的药品；宝宝生病的时候，告诉宝宝怎样做才对身体恢复有好处，生病期间哪些东西不能随便吃。总之，只要家长有了安全意识，宝宝在潜移默化中也会树立安全意识，当然就会在日常的生活和活动中提高自我保护的能力。

乳牙疾病危害大

宝宝小小的乳牙如果护理不当，会给宝宝带来无法弥补的危害。

影响肠胃功能的发育	乳牙疾病产生的痛苦，会让宝宝因疼痛而无法将食物咀嚼完全，这样会增加宝宝肠胃的负担，造成消化不良或其他方面的肠胃疾病
影响营养的均衡摄入	宝宝正处在快速的生长发育期，然而乳牙疾病会降低宝宝的咀嚼功能，影响营养的摄入，对宝宝的成长带来危害
影响颌面部的正常发育	咀嚼功能的刺激能促进颌面骨正常发育。若乳牙疼痛，宝宝容易养成偏侧咀嚼的习惯，时间长了，容易使两色颌骨和面部发育不对称
影响心理发育	乳门牙若太早断折，尤其是在宝宝3岁之前，易对宝宝发育造成影响，若受到小朋友的取笑，会使宝宝变得不爱开口说话，丧失自信心，导致心理问题
影响恒牙的正常萌出	如果乳牙龋坏严重，会影响宝宝恒牙胚的发育和形成；若因产生龋齿而过早脱落，会使恒压的萌发空间丧失，导致恒压排列不整齐

{附录：关于疫苗}

Fulu Guanyu Yimiao

接种疫苗是防止宝宝患上相应传染性或感染性疾病的最有效、最经济的方法。但新闻中、网络上频频报道的严重不良反应以及问题疫苗事件却让年轻的爸爸妈妈们顾虑重重。如何既能让宝宝接种疫苗，又能尽可能地避免悲剧发生呢？年轻的爸爸妈妈可以尝试主动“出击”，了解疫苗基本情况，为宝宝做出正确的选择。

了解疫苗

其实了解疫苗并不困难，在宝宝接种疫苗之前，家长要了解宝宝接种的是什么疫苗，这个疫苗可以预防什么疾病，接种疫苗可能出现哪些不良反应，哪些宝宝不能接种这种疫苗，什么情况下可以暂缓接种该疫苗以及收费疫苗的价格等等。只要家长想了解接种疫苗的相关事项，都可以咨询接种点的医务工作人员。

选择疫苗

如果有不止一种疫苗可以预防同样的疾病，家长可以自主选择其中任何一种给宝宝接种。比如，宝宝到了接种脊髓灰质炎疫苗的年龄，父母有权给宝宝选择OPV（口服脊髓灰质炎减毒活疫苗）、IPV（脊髓灰质炎灭活疫苗）或者儿童五联疫苗（吸附无细胞百白破灭活脊髓灰质炎和b型流感嗜血杆菌（结合）联合疫苗）中的任意一种。IPV和OPV都可以预防脊髓灰质炎，五联苗中含有IPV的成分，在预防脊髓灰质炎的同时还能够预防百日咳、白喉、破伤风和b型流感嗜血杆菌引起的侵入性感染，减少了宝宝接种的针次。如果家长在选择疫苗时遇到困惑，一定要咨询对疫苗了解最深、最全面的预防保健人员，而不要盲目听从亲朋好友或其他非专业人士的个人建议，否则很可能因为对疫苗了解得不全面而做出不恰当的选择。

我国将疫苗划分为一类疫苗和二类疫苗。一类疫苗又称计划免疫疫苗，是指政府免费向公民提供，公民应当依照政府的规定受种的疫苗：如乙肝疫苗、百白破疫苗、脊髓灰质炎疫苗等。二类疫苗是由公民自费并且自愿受种的其他疫苗，如灭活脊髓灰质炎疫苗、五联疫苗、肺炎7价疫苗、Hib疫苗、水痘疫苗、轮状疫苗等。二类疫苗虽然需要家长自费，是指从防病的角度上说也是应该给孩子接种的。因为我们的目的是要保证孩子的健康，尤其是不要让孩子患这些已经可以通过疫苗来预防的疾病。所以，只要是孩子健康需要的，适合孩子体质的，就可以选择，而不用过分在意该疫苗是一类苗还是二类苗。

为了保障宝宝安全的接种，每位家长都应该主动了解要给宝宝接种的疫苗，多和医生沟通，以便提高宝宝接种疫苗的安全性。

北京市免疫规划疫苗免疫程序（2009年1月1日启用版）

年龄	卡介苗	乙肝疫苗	甲肝疫苗	脊灰疫苗	无细胞百白破疫苗	麻疹疫苗	麻风疫苗	麻腮疫苗	乙脑减毒活疫苗	流脑疫苗
出生	●	●								
1月龄		●								
2月龄				●						
3月龄				●	●					
4月龄				●	●					
5月龄					●					
6月龄		●								●
8月龄							●			
9月龄										●
1岁									●	
18月龄			●		●			●		
2岁			●						●	
3岁										● (A+C)
4岁				●						
6岁					●（白破）			●		
小学四年级										● (A+C)
初中一年级		●								
初中三年级					●（白破）					
大一新生					●（白破）	●				